塔里木盆地超深井石油工程重点技术研究

赵海洋　编著

中国石油大学出版社

山东·青岛

图书在版编目（CIP）数据

塔里木盆地超深井石油工程重点技术研究 / 赵海洋
编著. --青岛 ： 中国石油大学出版社,2020.12
ISBN 978-7-5636-6896-0

Ⅰ. ①塔… Ⅱ. ①赵… Ⅲ. ①塔里木盆地－超深井－
石油工程－研究 Ⅳ. ①TE

中国版本图书馆 CIP 数据核字（2020）第 216830 号

书　　名：塔里木盆地超深井石油工程重点技术研究
　　　　　TALIMU PENDI CHAOSHENJING SHIYOU GONGCHENG ZHONGDIAN JISHU YANJIU
编　　著：赵海洋
责任编辑：穆丽娜（电话 0532-86981531）
封面设计：我世界（北京）文化有限责任公司
出 版 者：中国石油大学出版社
　　　　　（地址：山东省青岛市黄岛区长江西路 66 号　邮编：266580）
网　　址：http://cbs.upc.edu.cn
电子邮箱：shiyoujiaoyu@126.com
排 版 者：青岛天舒常青文化传媒有限公司
印 刷 者：山东顺心文化发展有限公司
发 行 者：中国石油大学出版社（电话 0532-86981531，86983437）
开　　本：787 mm×1 092 mm　1/16
印　　张：25.25
字　　数：647 千字
版 印 次：2020 年 12 月第 1 版　2020 年 12 月第 1 次印刷
书　　号：ISBN 978-7-5636-6896-0
定　　价：198.00 元

编 委 会

序

　　塔里木盆地是我国最大的含油气沉积盆地,面积达 40 余万平方千米。经过多年的勘探开发实践,塔里木盆地正成长为我国西部的能源经济中心。塔里木盆地的远景油气资源总量约为 200×10^8 t 油当量,因此该盆地被地质学家称为 21 世纪中国石油战略接替地区。2018 年,该盆地油气产量当量近 $4\ 000 \times 10^4$ t。塔里木盆地还是我国碳酸盐岩油气藏开发的主战场之一。塔里木盆地塔河油田是中国第一个古生界海相碳酸盐岩亿吨级大油田,2018 年 2 月塔河油田累产油气当量突破 1×10^8 t 大关,其中生产原油 $9\ 291 \times 10^4$ t,生产天然气 88×10^8 m³,折算油气当量约 1.02×10^8 t,为我国能源安全和西部战略接替做出了重大贡献!

　　进入 21 世纪以后,塔里木盆地油气勘探开发不断取得新突破。其中,2016 年顺北油气田取得重大突破与发现,是中国石化在碳酸盐岩海相石油勘探的新发现,资源量达到 17×10^8 t,其中石油 12×10^8 t、天然气 $5\ 000 \times 10^8$ m³。

　　在塔河油田、顺北油气田勘探开发过程中,面临着超深、高温、高盐、非均质强等诸多工程技术难题。中国石化西北油田石油工程技术人员始终充分发挥"敢为人先、创新不止"的塔河精神,依靠科技进步,取得了一系列石油工程技术成果,推动了我国超深碳酸盐岩油藏的高效开发。

　　进入"十三五"以来,中国石化西北油田面临着塔河油田稳产和顺北油气田上产两大难题,石油工程技术人员始终直面极限挑战,敢于创新,敢于实践,石油工程技术创新不断取得新突破。在钻完井方面,形成了顺北优化钻井技术、缝洞型储层防漏堵漏技术、高温高压裂缝型气藏钻井技术、断溶体储层试井解释技术和超深高温高压油气井完井测试技术;在采油方面,形成了机采井健康评价体系、缝洞型油藏注氮气防窜增效技术、缝洞型油藏粘连颗粒堵水技术、水驱流道调整技术、高含沥青质稠油降黏技术;在储层改造方面,持续深化裂缝扩展、应力场监测、断溶体酸压、脉冲波基础理论研究,形成了暂堵酸压技术、高效酸化技术、脉冲波压力技术和延迟酸技术；在地面、防腐方面，形成了负压气提脱硫技术、就地分水技术、天然气含氮在线检测技术、新型高分子防腐涂层及衬层技术、钢质管道非焊接连接技术和高矿化度水条件下压力容器内构件选材技术。在碳酸盐岩油藏石油工程技术的创新与实践方面，西北油田分公司石油工程技术研究院始终走在国际前列！

　　西北油田分公司石油工程技术研究院编著了《塔里木盆地超深井石油工程重点技术研究》，内容涉及广泛，包括钻井、完井、测试、监测、机械采油、稠油降黏、提高采收率、储层改造、地面工程建设和油田防腐等的最新进展。本书所涉及内容是对塔里木盆地碳酸盐岩油藏石油工程技术难题系统攻关的成果，是对新方向、新技术、新工艺大胆创新实践的总结，凝聚了西北油田石油工程技术人员的心血，能够为从事碳酸盐岩油藏开发事业的工作人员提供最新的思路与方法。希望本书的出版能够为碳酸盐岩油藏石油工程技术的进步起到积极的推动作用。

前　言

　　中国石化西北油田分公司石油工程技术研究院是中国石化西北油田分公司的全职科研单位,承担着西北油田分公司的钻井、完井、测试、采油、储层改造、修井、地面、防腐等专业技术的方案设计、工艺研发及推广应用等工作,为西北油田塔河油田、顺北油气田的高效勘探开发提供了全方位的石油工程技术支撑。

　　塔河油田是中国第一个古生界海相碳酸盐岩亿吨级大油田,储集体以缝洞为主,缝洞发育规模及形态不确定性大,非均质性极强。储集空间连通关系极为复杂,导致油水关系极为复杂,没有统一的油水界面。塔河油田具有超深(5 000～7 500 m)、原油超稠(50×10⁴～180 ×10⁴ mPa·s/50 ℃)、高温(120～140 ℃)、高矿化度(22×10⁴ mg/L)、高含硫化氢(0～10×10⁴ mg/m³)等特点,而超深、高温、高盐、高含硫化氢、强非均质性等诸多因素给石油工程技术带来了巨大的挑战。

　　顺北油气田为奥陶系碳酸盐岩裂缝-洞穴型油气藏,储层依靠断裂带而分布。顺北油气田主要表现出“深、大、高、多、差、强”六大特点:储层埋藏深,高达7 500～9 000 m;储层差异大,垂向延伸深,横向发育窄;钻井液漏失量大,单井总漏失量平均838 m³;温度高达160～180 ℃,压力高达88～103 MPa;上覆复杂地层多,二叠系易漏、易塌,志留系易漏、易涌、易塌,奥陶系易塌,目的层易漏、易涌;地表环境差,沙丘起伏,地表易流动;流体腐蚀性强,H_2S含量中低,CO_2含量中等。这些客观条件给石油工程技术带来了更大的挑战。

　　近年来,西北油田分公司石油工程技术研究院以“成为碳酸盐岩石油工程技术的领航者”为愿景,大力弘扬“敢为人先、创新不止”的塔河精神,在塔河油田稳产和顺北油气田上产过程中,钻井在顺北油气田高效钻井方面、完井测试在超深高温高压油气井完井方面、采油在缝洞型油藏改善水气驱方面、储层改造在非主应力方向高效动用方面、地面建设在提高集输效率方面、油田防腐在系统防腐方

1

面,均取得了巨大的进步。

全书共分钻井工程、完井测试工程、采油工程、储层改造工程、地面工程、防腐工程六章,系统总结了近年来西北油田石油工程技术进展,是中国石化西北油田分公司石油工程技术研究院集体智慧的结晶。

本书第一章由易浩、于洋、彭明旺、刘彪、沈青云、李斐、路飞飞、李光乔撰写,第二章由徐燕东、张杰、宋海、苏鹏、潘丽娟、王勤聪等撰写,第三章由赵海洋、陈元、秦飞、丁保东、刘磊、钱真、冯一波、彭振华、曹畅、张潇撰写,第四章由赵海洋、张雄、赵兵、鄂宇杰、刘志远、陈定斌、张俊江、李永寿、方裕燕、宋志峰、应海玲撰写,第五章由赵德银、张菁、黎志敏、郭靖、姚丽蓉等撰写,第六章由曾文广、石鑫、张江江等人撰写,全书由中国石化采油气工程高级专家、西北油田分公司副总工程师兼石油工程技术研究院院长赵海洋进行校核审定。

由于内容多、时间仓促,加之水平有限,书中不足之处在所难免,敬请读者批评指正。

编著者

2020 年 10 月

目　录

1

第一章
钻井工程技术进展

近年来,顺北油气田上产、塔河油田稳产以及塔中北坡等外围区块勘探对钻井工程提出了更高的要求。立足于塔里木盆地的复杂地质特征,以问题为导向,通过技术攻关与现场实践,钻井工程技术取得了一系列进展,推进了勘探开发部署步伐。

钻井工艺方面,针对顺北一区二叠系地层、深部古生界地层机械钻速低的问题,开展了提速技术评价与优化,并进行了气体钻井可行性研究;针对顺北油气田超深井钻井安全问题,开展了70钻机安全分析与评估、钻具安全评价与推荐以及水平井循环降温能力研究;针对高压气井井控问题,开展了安全钻井压力控制技术研究;针对塔河油田"缝洞"钻遇低的问题,开展了随钻超前缝洞地震预测工艺探索。

钻井液方面,针对塔河油田奥陶系缝洞型储层漏失、顺北油气田二叠系及奥陶系裂缝型储层漏失问题,开展了钻井液堵漏材料评价和凝胶堵漏技术攻关;针对塔中北坡高温高压裂缝型气层气侵问题,开展了抗高温超高密度钻井液和封缝堵气技术攻关;针对环保新要求,开展了钻井液环保评价前瞻性研究;针对顺北火成岩侵入体井壁失稳问题,开展了防塌技术研究;针对麦盖提2区二叠系承压及高压盐水侵问题,开展了钻井液技术攻关。

固井方面,针对塔中北坡高压气井井筒完整性问题,开展了防气窜固井技术和套管柱完整性技术攻关,并进行了水热合成固井材料前瞻探索;针对顺北油气田二叠系、志留系等地层固井漏失问题,开展了低压易漏层固井技术研究;针对塔河油田井口套管失效问题,开展了实验评价。

通过科研攻关,形成了顺北一区优化钻井技术系列,推进了顺北油气田 100×10^4 t产能建设;形成了缝洞型储层防漏堵漏技术储备,是塔河油田增储上产的新利器;形成了高温高压裂缝型气藏钻井技术储备,对保障塔中北坡安全快速钻井具有重要意义。

第一节　钻井工艺技术

一、顺北一区北部二叠系地层钻井提速技术评价与优化

1. 技术背景

顺北一区5号断裂带北区二叠系地层平均厚度大(548 m),英安岩、玄武岩发育,地层硬

度高,采用常规钻进方式机械钻速低(仅 1.78 m/h),平均使用钻头数量 8 只,起下钻次数多,已钻井平均钻井周期达 34.36 d,占二开井段钻井周期的 54%,影响了顺北一区规模开发的效率,制约着钻井提速提效。针对该区二叠系厚度大、岩石强度高、钻井周期长等问题,通过开展钻井提速技术评价与优化研究,使该区实现高效开发和降本增效的目标。

2.项目成果

成果 1:优化设计了高抗冲击性 PDC 复合片。

针对二叠系火成岩发育,井段长,英安岩、玄武岩硬度高,可钻性差,常规 PDC 钻头崩齿且易早期失效等问题,利用独特粉料粒度级配设计增强了金刚石晶粒间的键合致密度,提升了复合片抗微裂纹扩展、崩齿和碎裂的能力,优化设计出高抗冲击性 PDC 复合片(图 1-1-1)。

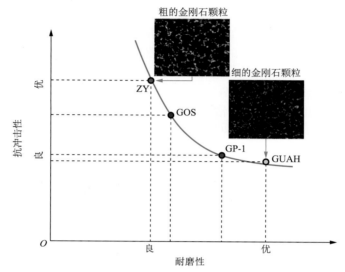

图 1-1-1 不同高抗冲击性 PDC 复合片抗冲击性能图

成果 2:优化设计了高效穿夹层 PDC 钻头。

通过有限元优化和室内测试,设计出高效穿夹层 PDC 钻头,异形复合片与岩石接触面积减小 30%,达到并超过地层的门限破碎应力,有效提升破岩效率(图 1-1-2)。

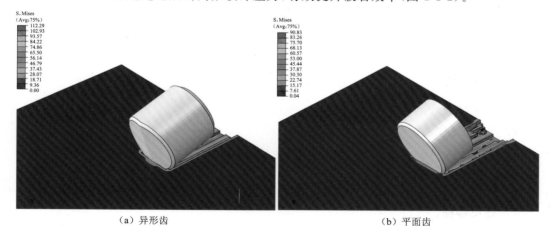

(a)异形齿　　　　　　　　　　　　(b)平面齿

图 1-1-2 异形齿与平面齿切削地层产生应力对比图

成果 3：优化设计了适合火成岩地层钻进的混合钻头。

通过对牙轮切削齿相对于 PDC 切削齿高低差、牙轮与刀翼的方位角对切削效率的影响等因素进行分析，优化出适合该区二叠系火成岩地层钻进的混合钻头（图 1-1-3）。该钻头利用牙轮齿预破碎降低 PDC 的切削载荷，同时限制 PDC 的吃深，更适合于硬夹层中的钻进。

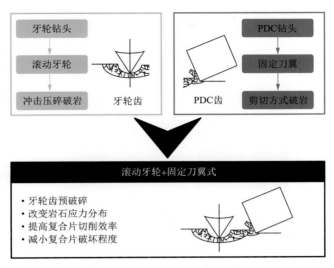

图 1-1-3　混合钻头破岩机理图

3. 主要创新点

基于地层岩石力学特性分析及钻头优化，提出了针对二叠系地层的分层提速方案，即上部地层采用穿夹层 PDC＋大扭矩螺杆技术钻进，中下部地层采用混合齿钻头＋大扭矩螺杆提速技术钻进。

4. 推广价值

该研究成果在现场应用后提速 30％，因此可在二叠系地层中全面推广应用，以提高钻井效率，保障优快钻井。

二、顺北一区新井身结构钻井提速技术评价与优化

1. 技术背景

顺北一区辉绿岩侵入体覆盖区原有井身结构面临完钻井眼尺寸小（120.65 mm）、复杂处理难度大、测量仪器抗温能力低、难以有效测控井眼轨迹和沟通远部储集体等难题，致使钻井周期长，严重阻碍了该地区深部地层油气资源勘探开发的进程。针对原井身结构面临的上述问题，优化出非标井身结构（374.65 mm×298.5 mm×2 000 m＋269.9 mm×219.1 mm×6 558 m＋190.5 mm×168.3 mm×7 419 m＋143.9 mm 裸眼完井）。本技术攻关的总体目标是结合地层特征，配套钻头和动力钻具等提速工具，形成一套针对性较强的钻井提速技术方案。

2.技术成果

成果1：建立了地层岩石力学特性及可钻性剖面。

通过分析测井曲线，建立了地层岩石力学特性及可钻性曲线图（图1-1-4）。初步分析表明，可钻性排序为：二叠系上部砂泥岩＜二叠系凝灰岩＜石炭系、泥盆系砂泥岩＜奥陶系砂泥岩＜二叠系英安岩＜志留系石英砂岩＜奥陶系火成岩＜二叠系玄武岩。

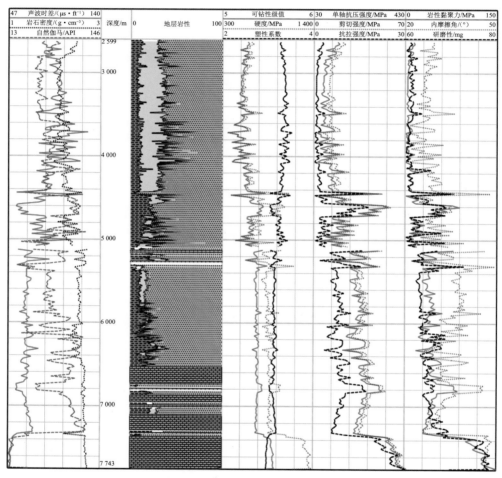

图1-1-4　顺北一区地层可钻性分析结果

成果2：明确了钻井提速方向。

通过调研顺北一区前期完钻井钻进工艺情况，总结了顺北一区全井施工难点，并针对性地提出了解决思路和钻头及动力钻具的优化方向（表1-1-1）。

表1-1-1　顺北一区分层施工难点和解决思路

序　号	井　段	存在问题	解决思路	优化方向
1	二叠系以上地层	复合片抗冲击能力不足，耐磨性不足	优选综合性能强的PDC复合片、强攻击线型、优化布齿技术研究	快速钻进PDC＋高转速大扭矩等壁厚螺杆

序 号	井 段	存在问题	解决思路	优化方向
2	二叠系地层	常规提速思路效果欠佳	高抗冲击性复合片、非平面复合片、混合钻头混合破岩机理	穿夹层 PDC、混合钻头＋低转速大扭矩等壁厚螺杆
3	二叠系以下地层	地层压实程度强，破岩效率低	优化布齿快钻进技术研究、尖圆齿复合破岩、斧型复合片	尖圆齿 PDC＋高转速大扭矩等壁厚螺杆
			耐高温定子橡胶材料配方研究、耐高温定子注胶工艺研究	
4	三开井段	侵入体机械钻速慢、破岩效率低	高抗冲复合片、尖圆齿复合破岩技术	尖圆齿 PDC＋150 耐高温大扭矩等壁厚螺杆
			150 马达线型设计优化、耐高温橡胶性能评价	
5	四开井段	定向效率差、破岩效率低	尖圆齿复合破岩	定向 PDC＋小尺寸耐高温大扭矩等壁厚螺杆
			耐高温等壁厚螺杆	

成果 3：建立了分层提速技术方案。

通过分层钻头优化设计、非标井眼动力钻具研究，形成了新结构井全井分层提速技术方案（表 1-1-2）。

表 1-1-2　顺北一区分层钻井提速技术方案

井 段	一开 (374.65 mm) 0～2 000 m	二开(269.9 mm)			三开 (190.5 mm) 6 600～7 419 m	四开 (143.9 mm) 7 419～7 680 m
		二叠系以上 2 000～4 500 m	二叠系 4 500～5 000 m	二叠系以下 5 000～6 600 m		
钻 头	KS1953SGR	KS1953DGR	KPM1633DST	KS1652DGRX KS1652DFRX	KS1352DGRX KS1352DGR	KM1362DGR
螺 杆	244 mm 等壁厚、转子 5 头、马达 3.3 级	197 mm 等壁厚、转子 5 头、马达 3.7 级或 4.0 级			150 mm 等壁厚、转子 7 头、马达 4 级	120 mm 等壁厚、转子 7 头、马达 4 级
趟 数	1	1	2	2	3	1
钻速目标	＞50 m/h	＞20 m/h	＞2.5 m/h	＞4 m/h	＞2 m/h	＞2 m/h
结构形式	穿夹层 PDC 钻头	＋ 混合齿钻头		＋ 尖圆齿 PDC 钻头	＋ 等壁厚螺杆	

成果 4：现场应用提速效果显著。

分层提速技术方案在 SHB1-11 井、SHB1-13 井等 6 口井开展了现场试验，其中 2 口井全井应用(表 1-1-3),提速提效效果显著,SHB1-11 井全井平均机械钻速 6.39 m/h,较设计机械钻速 5.16 m/h 提高了 24%,钻进周期 97 d,较设计钻进周期 133 d 缩短了 36 d。

表 1-1-3 顺北一区分层钻井提速技术方案全井应用的效果

井 号		钻进周期/d (不含中完时间)	一开周期 /d	二开周期 /d	三开周期 /d	四开周期 /d
SHB1-11	设计周期	133	5	67	39	22
	实钻周期	97	3	62	23	9
	节约周期	36	2	5	16	13
SHB1-13	设计周期	136	5	67	37	27
	实钻周期	113	3	62	21	27
	节约周期	23	2	5	16	0

3. 主要创新点

基于地层岩石力学特性及可钻性,分井段配套了全井分层提速技术方案。

4. 推广价值

以非标尺寸钻头和等壁厚螺杆为主的全井分层提速技术方案在顺北新结构井实施中取得较好的提速提效效果,可在顺北一区含侵入体区域配合非标井身结构推广使用,以加快油气资源勘探开发的进程。

三、塔中北坡古生界地层钻井提速技术优化评价

1. 技术背景

塔中北坡油气藏埋深 7 000~8 000 m,古生界地层巨厚,其中石炭系、泥盆系、志留系、桑塔木组是制约钻井提速的关键井段,该井段岩石具有硬度高、研磨性高和可钻性级值高的特点,属于典型的"三高"地层。当钻遇该地层时,PDC 钻头切削地层深度浅,且常常伴有剧烈的黏滑振动现象,既制约了机械钻速的提高,又增加了井下施工风险。针对上述问题,拟开展古生界地层钻井提速技术优化评价。

2. 技术成果

成果 1:基于钻具井下振动的形式和危害分析,提出了扭转冲击钻井保护工艺和轴扭两向冲击钻井保护工艺。

(1)扭转冲击钻井保护工艺:扭转冲击载荷可提高 PDC 钻头的瞬间切削载荷,缩短底部钻具的扭矩累积时间,减小滑脱转速并消除黏滞现象,使钻进更加平稳(图 1-1-5)。

(2)轴扭两向冲击钻井保护工艺:在轴向和扭转两向冲击的作用下,PDC 齿侵入地层深度和破岩扭矩得到提高,因此相比单纯的轴向和扭转冲击,其破岩体积最大,破岩速率最高(图 1-1-6)。

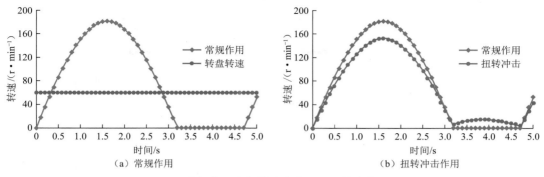

图 1-1-5　常规作用和扭转冲击作用下的转盘转速波动

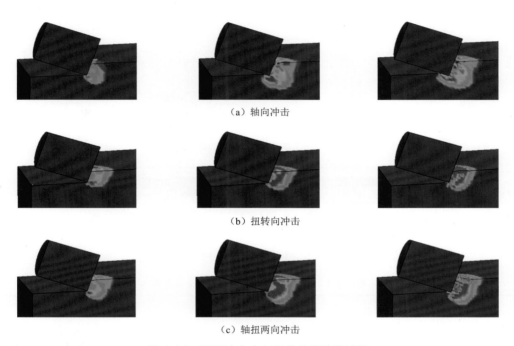

（a）轴向冲击

（b）扭转向冲击

（c）轴扭两向冲击

图 1-1-6　不同冲击方向下的单齿破岩过程

成果 2：建立了地层可钻性分层。

采用聚类方法对地层可钻性分层：三叠系以上单轴抗压强度 30～90 MPa，岩石强度最低；二叠系、石炭系以下个别地层单轴抗压强度 120～220 MPa，可钻性级值高；三叠系和二叠系有少量分布，单轴抗压强度 60～150 MPa。岩石强度参数分群数据点如图 1-1-7 所示。

成果 3：形成了高效钻井配套技术。

基于地层聚类分析结果建立了优化评价模型，对顺北区块国内外的钻头、螺杆和提速技术进行了优选，在优选基础上形成了 2 套高效"PDC＋动力钻具"钻井配套技术，即高速旋冲钻井技术（图 1-1-8）和多维冲击钻井技术（图 1-1-9）。

成果 4：提出了塔中北坡古生界整体提速方案。

提出了 1 套塔中北坡古生界整体提速方案：以高速旋冲钻井技术与多维冲击钻井技术为主要提速手段的提速方案（表 1-1-4～表 1-1-6）。

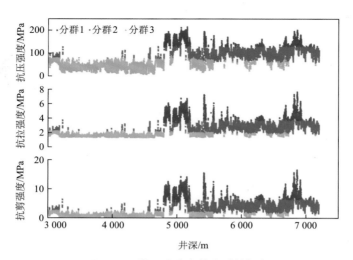

图 1-1-7　岩石强度参数分群数据点

图 1-1-8　高速旋冲钻井工具结构

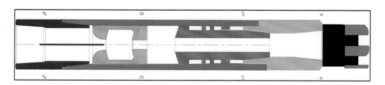

图 1-1-9　多维冲击器结构剖视图

表 1-1-4　1号断裂带二叠系地层提速方案

井段 /m	提速工艺	推荐钻头	进尺 /m	机械钻速 /(m·h⁻¹)
4 780～5 340	第一、二趟钻： PDC＋多维冲击器＋等壁厚螺杆	KS1653DGRX	560	4

表 1-1-5　5号断裂带二叠系地层提速方案

井段/m	提速工艺	推荐钻头	井段 /m	进尺 /m	机械钻速 /(m·h⁻¹)
4 780～5 340	第一、二趟钻： PDC＋多维冲击器	MSI613	4 780～4 960	180	2.5
	第三、四趟钻： PDC＋多维冲击器	KS1653DGRX	4 960～5 340	380	3.5
	平　　均				3.11

表 1-1-6　石炭系及以下地层提速方案

井段 /m	钻井工艺	推荐钻头	井段/m	进尺/m	机械钻速 /(m·h⁻¹)
5 340～7 554	第一趟钻： 高效 PDC＋多维冲击器/ 高速旋冲工具＋等壁厚螺杆	SDI516/ KS1653DGRX/ SF55H3	5 340～7 000	1 660	4
	第二趟钻： 高效 PDC＋多维冲击器＋ 等壁厚螺杆	SDI516/ KS1653DGRX/ SF55H3	7 000～7 554	554	3
	平　均				3.28

成果 5：在 SHB5-1X 和 SHB5-4H 开展了现场试验，平均提速 30.1%～98.9%。三叠系及以上地层与常规螺杆钻进方式相比，平均机械钻速提高 34.1%，平均单趟钻进尺提高 30.8%（图 1-1-10）；二叠系地层与其他钻进方式相比，平均机械钻速提高 98.9%，平均单趟钻进尺提高 43.2%（图 1-1-11）；石炭系及以下地层与扭力冲击器相比，平均机械钻速提高 30.1%，平均单趟钻进尺提高 191.8%（图 1-1-12）。

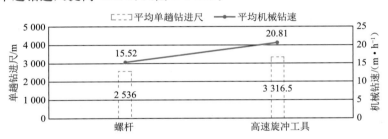

图 1-1-10　三叠系及以上地层单趟钻进尺和平均机械钻速

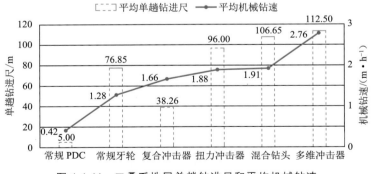

图 1-1-11　二叠系地层单趟钻进尺和平均机械钻速

3. 主要创新点

创新点 1：提出了轴扭两向冲击的深井硬地层钻井保护工艺。

创新点 2：基于古生界地层的岩石力学性质，提出了基于高速旋冲工具和多维冲击器的分层提速技术。

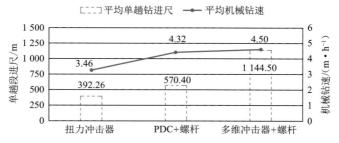

图 1-1-12　石炭系及以下地层单趟钻进尺和平均机械钻速

4. 推广价值

扭转冲击和轴扭两向冲击钻井保护工艺可有效减少井下振动损伤并辅助钻头破岩,从而提高钻井速度,可在顺北地区二叠系、石炭系至奥陶系桑塔木组等地层试验及推广,推动顺北油气田钻井提速提效。

四、顺北地区古生界地层气体钻井可行性分析

1. 技术背景

顺北地区储层埋藏深(＞8 000 m),古生界地层岩石可钻性差,易塌易漏层位多,其中二叠系及以下地层中段长 2 900 m,占全井段的 39%,钻井周期占全井钻井周期的 78%,平均机械钻速小于 3.0 m/h,导致顺北地区深部地层钻井周期长。通过理论与实验研究,筛选了古生界气体钻井适宜井段,优化设计了气体钻井工程参数,制定了适宜于顺北地区古生界地层的气体钻井技术实施方案,并开展了气体钻井经济性评价,为顺北地区古生界地层实施气体钻井提供了技术支持。

2. 技术成果

成果 1:明确了顺北 1 井区地层出水展布规律。

基于气体钻井水层识别及地层出水量计算模型(图 1-1-13),明确了顺北 1 井区水层及出水量纵、横向展布规律,初步分析表明二叠系、奥陶系桑塔木组地层适于进行气体钻井。

成果 2:优化出适用于气体钻井的井身结构。

建立了顺北 1 井区干、地层出水及钻井液转换过程中的坍塌压力剖面。研究表明,地层出水后坍塌压力系数增加至 0.5 以上(图 1-1-14),不满足气体钻井要求。结合出水量与井壁稳定性分析结果,为满足气体钻井工艺实施要求,优化了 4 套适用于气体钻井的井身结构(图 1-1-15)。

成果 3:设计了气体钻井工程参数。

基于相似地层可钻性与机械钻速对比,预测了顺北 1 井区二叠系火成岩、奥陶系桑塔木组气体钻井的机械钻速;综合考虑井眼扩径、井深变化的影响,设计了顺北 1 井区气体钻井工程参数(表 1-1-7)。

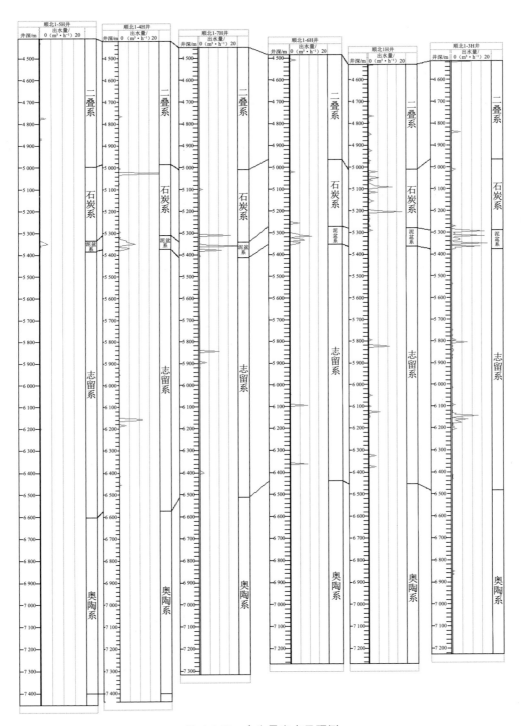

图 1-1-13 古生界出水量预测

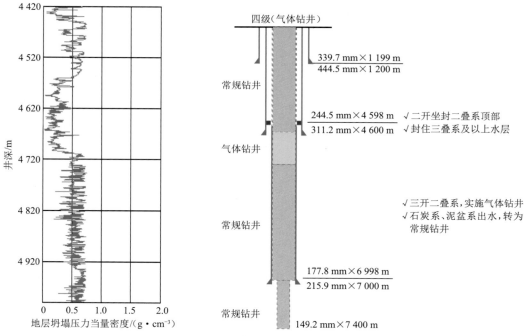

图 1-1-14　气体钻井二叠系坍塌压力当量密度　　　　图 1-1-15　井身结构优化(无侵入体)

表 1-1-7　顺北 1 井区气体钻井工程参数

方案序号	侵入体	井身结构	层位	井眼尺寸/mm	井段/m	注气量/(m³·min⁻¹)	泵压/MPa	增压机数量/台	压缩机数量/台
1	无	四级	二叠系	215.9	4 600~5 000	130~170	2.42~3.91	4	6~7
2		五级	二叠系	241.3	4 600~5 000	140~180	2.14~4.11	5	6~8
			桑塔木组	165.1	6 200~7 000	160~200	2.58~4.61		7~8
3	有	五级	二叠系	241.3	4 600~5 000	140~180	2.56~4.15	5	6~8
4		六级	二叠系	333.4	4 600~5 000	190~230	3.68~4.34	5	8~9
			桑塔木组	165.1	6 500~7 000	160~200	2.83~4.61		7~8

3. 主要创新点

创新点 1：通过出水量预测、井壁稳定性分析以及气体钻井参数评价，建立了顺北 1 井区气体钻井可行性评估及适宜井段筛选方法。

创新点 2：为满足气体钻井实施要求，设计了 4 套适用于顺北 1 井区古生界地层气体钻井的井身结构方案。

4. 推广价值

研究形成的气体钻井可行性分析方法可以在巴什托、天山南、麦盖提等外围区块应用，以判断是否适合采用气体钻井工艺。

五、顺北油气田 70 钻机安全分析与评估

1. 技术背景

随着顺北一区逐步向蓬莱坝组和西南方向布井,储层埋深不断增加,部分井垂深超过 8 000 m。由于工区目前只有 7 台 90 钻机,大部分井主要采用 70 钻机施工。虽然部分 70 钻机钻杆盒进行了升级改造,但仍存在实钻井深超过名义钻井深度、长期大负荷工作引起疲劳隐患等问题。本技术攻关的总体目标是形成一套适用于顺北工区的 70 钻机安全评估及检测方案,为该区块实现安全、快速、高效成井提供有力的技术保障。

2. 技术成果

成果 1:完成了 70 升级改造钻机在最大工况下的承载能力分析及安全性评估。

采用 Safi 软件对升级改造的 3 套钻机进行了建模,完成了 3 种工况(工作工况、预期工况、非预期工况)下钻机静态载荷的结构强度计算(表 1-1-8,图 1-1-16),计算结果(最大载荷值 $U_{LS}=0.99$,API 要求最大载荷值 $U_{LS}\leqslant1$,安全)满足标准强度要求。通过对结构件进行动态加载,分别加载至 200 t,250 t,300 t,350 t,400 t 和 450 t,最大载荷值处的应力与材料的应变呈线性变化趋势,满足弹性变形理论。

表 1-1-8　顺北 3 套钻机 3 种工况下最大 U_{LS} 值

序　号	钻机编号	出厂编号	工作工况 最大载荷 U_{LS} 值	预期工况 最大载荷 U_{LS} 值	非预期工况 最大载荷 U_{LS} 值
1	70156JH	2007-35	0.98	0.93	0.71
2	70152JH	2008-034G	0.99	0.91	0.96
3	70588XN	2013-028G	0.96	0.96	0.73

成果 2:完成了 70 升级改造钻机最大载荷能力计算分析,推荐了极限钻深。

基于 API 推荐的钻井钢丝绳安全系数(最大钩载工况≥2,额定钻柱工况≥3),并考虑钻柱的摩阻及游动系统的冲击力,计算钻机允许最大套管净重 429 t,最大钻柱净重 299 t,而顺北油气田已完钻的 20 口井施工作业中最大套管净重 411.3 t,最大钻柱净重 295 t,评估结果为安全。针对顺北两套常用井身结构最大工况下的载荷,同时考虑钻具安全系数,推荐 70 钻机极限钻深为 8 500 m。

成果 3:形成了一套适用于顺北油气田 70 钻机的安全检测方法。

完成了 3 套钻机天车、井架、底座的 CAT 三类检测及全生命周期健康检测。基于检测结果(表 1-1-9),提出了适用于顺北油气田 70 钻机的检测、大修周期及降低风险的相关措施。

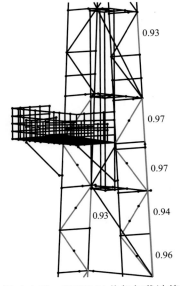

图 1-1-16　70588XN 井架加载计算
图中数字为 U_{LS} 值

表 1-1-9　顺北钻机推荐检测周期(天车、井架、底座)

检验类别	检验内容	顺北钻机推荐检测周期 (天车、井架、底座)
API CAT Ⅰ类	运行期间对产品的外观目视检查,指示其不当性能	工作期间:每天
API CAT Ⅱ类	Ⅰ类检验加上承载部件和滑轮更彻底的检验	每次天车、井架、底座起升前
API CAT Ⅲ类	进行全部承载零件和构件的彻底检验	钻井深度≤7 000 m时:每2年 钻井深度>7 000 m时:每2口口井
API CAT Ⅳ类	Ⅲ类检验,加上设备拆卸并清洗至需要程度,以便实行全部规定关键区域的无损检验	钻井深度≤7 000 m时:每10年 钻井深度>7 000 m时:每5年

3. 主要创新点

创新点 1:通过升级改造 70 钻机在静、动载荷下的建模分析,结合现场检测结果,形成了一套适用于顺北油气田 70 钻机的安全检测评估方法。

创新点 2:首次采用井架全生命周期健康检测系统进行了钻机井架的全方位检测。

4. 推广价值

可应用 70 钻机安全检测方法对顺北工区现有钻机施工能力进行分析评价,按照推荐的允许最大载荷值优选钻机进行施工,助力顺北工区实现安全、快速、高效成井。

六、超深井钻具安全强度计算方法评价

1. 技术背景

随着顺北油气田勘探开发向深部迈进,井深普遍超过 8 000 m,且地层流体中高含 H_2S,钻具组合在满足防硫条件下,钻具抗拉强度安全系数偏低,存在钻具抗拉强度不满足安全钻井要求的风险。目前国内常用的钻具安全强度计算方法有安全系数法、拉力余量法,而在超深井的钻具设计中,这两种方法的计算结果存在较大差异,需要对这两种计算方法在顺北超深井的适应性进行评价,推荐出适合超深井的钻具强度计算方法,为顺北超深井的安全钻井提供理论支撑。

2. 技术成果

成果 1:完成了现有钻具强度校核方法调研分析。

调研与评价了不同钻具扣型(图 1-1-17)受力特征与钻具强度校核方法,现场因考虑计算方便而普遍采用静强度校核方法,即安全系数法和拉力余量法,区别仅在于安全系数与拉力余量取值略有差异。

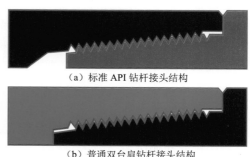

(a)标准 API 钻杆接头结构

(b)普通双台肩钻杆接头结构

图 1-1-17　普通接头与双台肩接头

成果 2：建立了一套保证钻具安全的校核新方法。

第一步采用静强度方法进行设计，以 API 规范和石油行业标准为依据，采用 SF 与 MOP 联合判别式确定极限使用长度，同时满足钻具最低安全系数 1.30 与拉力余量 200 kN；第二步按静强度方法校核，进行抗挤、抗内压、抗扭强度校核，满足对应的安全计算图版数值；第三步按双向应力强度校核，考虑温度和外挤力对钻具属性的改变，满足静强度计算参数值；第四步按动强度方法校核修正，考虑井身质量与疲劳极限，满足对应的钻具安全计算图版（图 1-1-18、图 1-1-19）。

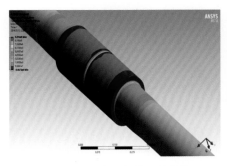

图 1-1-18 钻具疲劳强度模拟

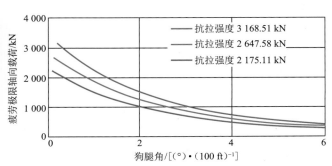

图 1-1-19 疲劳极限轴向载荷与狗腿角变化关系曲线

3. 主要创新点

提出了一套钻具强度设计新方法，即先进行静强度抗拉设计，再进行高温、抗挤、双向应力强度校核，最后校核受狗腿度影响产生的钻具疲劳强度。

4. 推广价值

直井井深大于 8 300 m 时，可采用该计算方法对钻具进行多因素校核，提高钻具使用的可靠性，助力顺北工区钻井进一步提速提效，降低钻井成本。

七、顺北一区水平井循环降温能力分析

1. 技术背景

顺北一区油气井垂深大、井筒温度高（部分井眼温度超过 170 ℃）。实钻表明，国内现有额定抗温 175 ℃ 的 MWD 仪器实际工作温度达到 165 ℃ 时存在仪器探管烧毁或无信号现象，导致钻井后期处于盲打状态，无法有效控制井眼轨迹。通过开展对不同井眼尺寸、深度、温度梯度和排量下的循环降温能力研究，明确 MWD 仪器的抗温工作环境，有利于井位部署与定向轨迹控制，满足现场施工要求。

2. 技术成果

成果 1：绘制了奥陶系储层温度平面展布图。

根据测井、测试井筒温度分析结果，绘制出储层一间房组（图 1-1-20）、鹰山组温度平面

展布,包括电测温度、生产测井温度及二者温度差值的梯度。研究表明,温度自东北向西南呈逐渐增加的趋势。

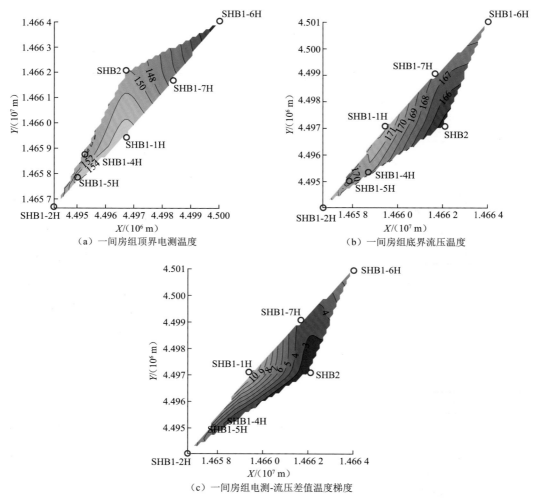

图 1-1-20　顺北 1 号断裂带一间房组温度平面展布

成果 2：编制了小井眼温度场计算软件。

根据井筒循环瞬态温度场数学模型,基于 MATLAB 可视化 GUI 平台,编制了小井眼温度场计算软件。软件由参数输入模块、地层传热分析模块、循环计算模块、系统输出模块 4 个模块构成(图 1-1-21),计算精度大于 95%(图 1-1-22)。

成果 3：完成了温度敏感性因素评价。

结果表明,钻井液比热容、钻井液/钻具导热系数对井底循环温度影响较大(图 1-1-23、图 1-1-24);机械钻速、钻井液黏度、切力、排量(≤14 L/s)、入口温度对井底循环温度不敏感(图 1-1-25、图 1-1-26)。其中,因存在热平衡点深度,故入口温度与小排量对井底循环温度不敏感,而提高钻井液比热容或钻井液/钻具导热系数可使热平衡点下移。

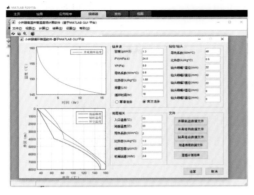

图 1-1-21　软件模拟界面

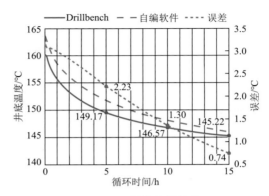

图 1-1-22　误差分析结果

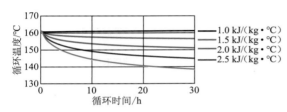

图 1-1-23　不同比热容下循环温度-循环
时间关系曲线

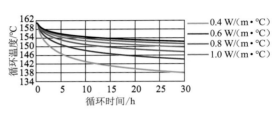

图 1-1-24　不同导热系数下循环温度-循环
时间关系曲线

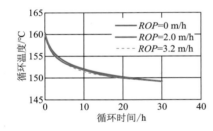

图 1-1-25　不同机械钻速 ROP 下
循环温度-循环时间关系曲线

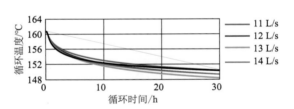

图 1-1-26　不同排量下循环温度-循环
时间关系曲线

3. 主要创新点

创新点 1：基于"He 模型"理论，考虑能量守恒方程在水平段的径向和轴向热传导特性及小井眼水力学特性影响，建立了顺北一区井筒循环瞬态温度场数学模型，编制了地层传热分析模块与循环温度场计算模块，实验精度达到 95% 以上。

创新点 2：基于构建的新型温度场计算模型，建立了顺北一区不同温度敏感性参数的温度场图版。

创新点 3：首次提出了实现超深小井眼温度降低方法：一是提高钻井液比热容，二是提高钻井液/钻具导热系数。

4. 推广价值

建立的 165.1 mm，149.2 mm 和 120.65 mm 3 种井眼温度场图版可作为实际钻井过程

17

中温度剖面变化的参考,在高温井中用于计算循环降温能力。

八、高压气井安全钻井压力控制

1. 技术背景

塔中北坡高压气井面临碳酸盐岩储层压力预测困难、缝洞型油藏压力敏感、钻井过程中易漏易涌,气侵严重等复杂问题,气体一旦侵入井筒,在体积不膨胀阶段,常规井口溢流监测方法无法发现气侵,随循环上升压力逐步降低,气泡逐步增多,至井口附近急剧增多,导致溢流监测滞后。因此,通过研究井下压力变化在气体未运移至井口前及时发现溢流,有利于指导钻井液密度调整与制定控制措施,提前处理井控问题。

2. 技术成果

成果 1:推导了一套影响气液置换量的方程式。

基于气液置换实验(图 1-1-27)与量纲和谐性原理,推导了一套影响气液置换量的方程式。研究表明,钻井液黏度越大,重力置换速率越低(图 1-1-28);密度越高,置换量波动越大;裂缝宽度越大,置换量越大。

图 1-1-27　气液置换模拟装置

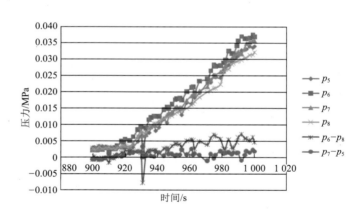

图 1-1-28　重力置换阶段压力变化示意图

$p_5 \sim p_8$ 为 5~8 监测点的压力;

$p_6 - p_8$ 和 $p_7 - p_5$ 分别为两监测点压差

成果 2:编制了高温高压气井早期溢流监测软件。

建立了井筒多相流流动模型,模拟了井筒压力(图 1-1-29)、多相流动参数、钻井液池增量等参数随时间的变化规律,编制了一套高温高压气井早期溢流监测软件,成功应用 3 口井,相对误差小于 10%(图 1-1-30)。

成果 3:推荐了早期溢流监测方法。

推荐了基于 PWD 压力测量与水力学软件相结合的早期溢流监测方法,在 PWD 仪器所处位置,压力每 20 min 的变化率大于 0.6% 时,可判断为溢流。

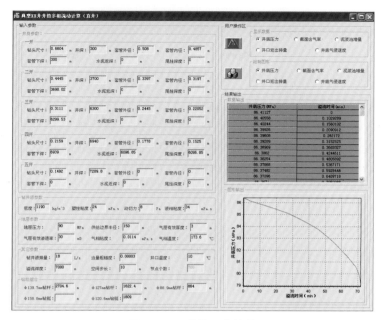

图 1-1-29 井筒压力计算

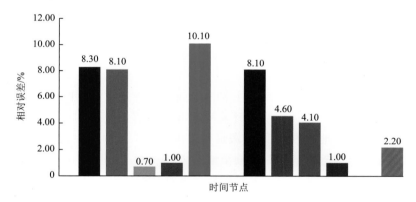

图 1-1-30 高温高压气井早期溢流监测软件计算值与实测值相对误差

3. 主要创新点

推荐了一套基于 PWD 压力测量与水力学软件相结合的早期溢流监测方法,将实测的 PWD 测量值与水力学计算的压力变化值相比较,实时跟踪测量位置压力变化幅度,指导早期溢流监测。

4. 推广价值

在 PWD 仪器满足抗温抗压条件下,当顺南气田与顺北油气田气井出现气侵时,可运用该技术指导井底压力控制,降低溢流风险。

九、随钻超前缝洞预测工艺探索

1. 技术背景

塔河油田碳酸盐岩缝洞型油藏埋深 5 500～8 000 m，由于地震预测精度有限，难以准确描述缝洞体的位置，因此往往需要进行酸压完井以沟通缝洞。随着开发的深入，缝洞体的规模逐步变小，使得新井更难准确钻遇"缝洞"，酸压完井的比例逐渐提高，钻完井的投资成本进一步加大。若能提高缝洞体位置的地震预测精度，钻井时能实时监测井眼与缝洞的相对位置，并实现直接钻遇多个缝洞体，则可以有效地提高单井产能，并降低钻完井成本。

本技术攻关的总体目标是完成碳酸盐岩缝洞型油藏随钻地震探测系统方案设计，形成碳酸盐岩缝洞型油藏随钻地震探测技术方法，论证随钻地震探测缝洞体的可行性，为实现碳酸盐岩缝洞型油藏安全、快速、高效成井指明方向。

2. 技术成果

成果 1：形成了碳酸盐岩缝洞型油藏随钻地震预测系统方案。

基于地表震源的随钻地震技术可在钻井过程中通过地表震源采集储层的地震数据，且不干扰钻井过程，实现对钻头前地层速度、地层压力的准确预测和地层的精细构造成像，探测能力大于 100 m，精度能够达到 ±10 m（>6 000 m 井深），从而预见性地指导钻井。

基于地表震源的随钻地震探测系统主要由地面震源激发系统、井下信号接收系统及无线信号传输系统组成（图 1-1-31）。钻井时采用地面气枪震源（图 1-1-32）激发，井下地震检波器（图 1-1-33）采集随钻地震数据后，将波形数据保存在工具内存中，在井下实时处理校验炮数据并通过泥浆脉冲传输系统实时传输至地面。

钻前可以利用附近已钻井数据和多种地质信息对基准地质模型进行约束层析反演及成像；在钻井过程中，通过随钻地震测量不断获得地下新的数据，利用这些新的信息对该井附近基准地质模型和成像做进一步的更新后，可以提高井下地层预测精度（图 1-1-34）。

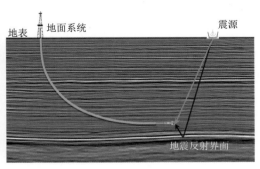

图 1-1-31 基于地表震源的随钻地震技术

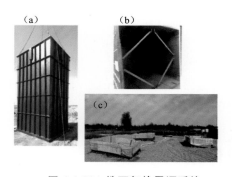

（a）　　　　（b）

（c）

图 1-1-32　地面气枪震源系统

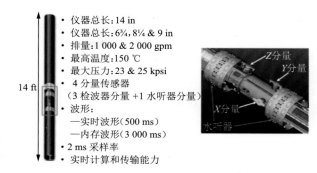

- 仪器总长：14 in
- 仪器总长：6¾, 8¼ & 9 in
- 排量：1 000 & 2 000 gpm
- 最高温度：150 ℃
- 最大压力：23 & 25 kpsi
- 4 分量传感器
  （3 检波器分量 +1 水听器分量）
- 波形：
  —实时波形（500 ms）
  —内存波形（3 000 ms）
- 2 ms 采样率
- 实时计算和传输能力

14 ft

图 1-1-33　井下地震检波器

1 in= 25.4 mm,1 ft= 0.304 8 m,1 gpm= 3.785 L/min;1 kpsi= 6.895 MPa

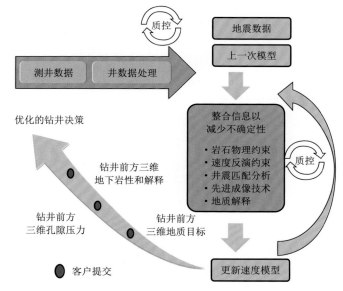

图 1-1-34　随钻地震数据更新流程

成果 2：形成了随钻超前缝洞预测技术方法。

基于地表地震的随钻地震技术的数据，通过时变子波提取、品质因子求取、各向异性（TTI）速度建模 3 个环节来完成随钻地震各向异性速度建模及在钻进过程中速度模型的更新。采用较高精度和效率的快速束偏移技术作为随钻地震高精度偏移成像方法，基于压缩感知的稀疏反演技术获得高信噪比的成像剖面，进而基于高精度绕射波成像技术进行缝洞体的预测。建模、成像、预测 3 个环节依次推进后，能够对碳酸盐岩油藏中的缝洞体进行准确预测，以达到辅助钻井准确钻遇储层的目标。

3. 主要创新点

创新点 1：通过调研和理论分析，结合碳酸盐岩缝洞型油藏地质特点，形成了一套适用于塔河油田的碳酸盐岩缝洞型油藏随钻地震探测系统方案。

创新点 2：基于地表地震的随钻地震技术的数据，在依次推进建模、成像、预测 3 个环节后形成了随钻超前缝洞预测技术方法，能够对碳酸盐岩油藏中的缝洞体进行准确的预测。

4. 推广价值

可在塔河工区开展随钻地震技术先导试验，通过实时监测井眼与缝洞的相对位置，实现精确钻遇缝洞体，从而有效地提高单井产能，并降低钻完井成本。

第二节　钻井液体系

一、裂缝型地层封堵效率室内实验评价

1. 技术背景

塔河油田储层段发育多种缝宽的裂缝，在钻进过程中微裂缝（<0.5 mm）易发生微漏失，随钻井液的侵入，极易发展成严重漏失甚至恶性漏失。针对这一问题，通过对微裂缝封堵配方进行室内实验评价与优化，形成随钻防漏工艺技术，达到有效封堵储层微裂缝的目的。此外，塔河油田储层段发育存在的较大裂缝（0.5～2 mm）极易引发钻井液严重漏失，甚至无法继续钻进。针对此类裂缝，通过室内实验评价形成承压堵漏体系，有效封堵 0.5～2 mm 裂缝，并具有较高承压能力，最终形成奥陶系承压堵漏技术，为迅速封堵储层漏失裂缝、钻达设计井深提供技术保障。

2. 技术成果

成果 1：完成了塔河 10 区奥陶系裂缝型储层漏失特征分析。

统计塔河 10 区奥陶系地层漏失情况，分析了奥陶系裂缝特征及防漏堵漏技术难点，如储层纵、横向非均质性强，孔洞及裂缝大小差异大，钻井过程中可能会同时发生漏失、井涌、H_2S 污染等现象，确定了堵漏材料的选择原则，并提出了相应的堵漏技术思路，即可酸溶解堵的储层堵漏技术。

成果 2：进行了现场钻井液性能优化与常用堵漏材料评价分析。

根据现场实际使用情况，引进 MV-CMC 和 KPAM 来提高钻井液体系的悬浮性，优化后的钻井液配方热滚后的性能优于现场钻井液，能满足钻井的流变性和悬浮性要求，可作为后续堵漏材料性能评价的基础钻井液配方。系统评价了现场常用堵漏材料，包括竹纤维、单向压力屏蔽剂 PB-1、堵漏剂 SQD-98、高软化点沥青、石灰石粉、核桃壳粉、堵漏剂 CXD、堵漏剂 FDL-1 和大理石颗粒的封堵性、酸溶率（表 1-2-1）、粒度分布及与钻井液配伍性等性能。

表 1-2-1　不同堵漏材料酸溶率测试结果

序　号	堵漏剂名称及代号	酸溶率/%	序　号	堵漏剂名称及代号	酸溶率/%
1	堵漏剂 SQD-98	90.8	5	石灰石粉	99.9
2	单向压力屏蔽剂 PB-1	74.0	6	核桃壳粉	4.9
3	堵漏剂 FDL-1	26.2	7	竹纤维	60.8
4	堵漏剂 CXD	67.4	8	大理石	99.1

成果 3:完成了随钻防漏配方研制与性能评价。

研制的随钻防漏配方为:混油聚磺钻井液＋1％高软化点沥青＋2％石灰石粉＋1％PB-1。该配方可随钻封堵裂缝宽度小于或等于 0.5 mm 的裂缝(图 1-2-1),封堵层承压能力大于 5 MPa,抗温可达 140 ℃。形成的堵层在 15％盐酸和 140 ℃白油中溶解后残渣少于 15％。随钻防漏配方对钻井液黏度、滤失性、摩阻系数和泥饼黏滞系数影响不大。

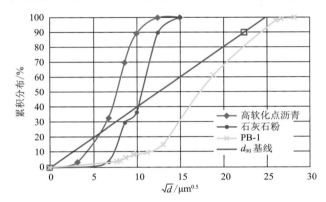

图 1-2-1　最大裂缝宽度 500 μm 随钻防漏颗粒的理想尺寸分布图

成果 4:完成了承压堵漏配方研制与性能评价。

研制的承压堵漏配方为:混油聚磺钻井液＋20％大理石＋1％高软化点沥青＋2％石灰石粉＋1％PB-1。该配方可封堵裂缝宽度为 0.5～2.0 mm 的裂缝(图 1-2-2),封堵层承压能力大于 8 MPa,抗温可达 140 ℃。该配方封堵层在 15％盐酸中的酸溶率为 91.8％,经 140 ℃白油溶解,酸溶率上升为 95.9％,即残渣少于 5％。

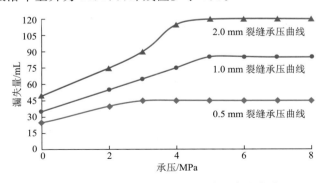

图 1-2-2　承压堵漏配方 HTHP 堵漏实验曲线

3. 主要创新点

创新点 1：通过理论设计和实验评价相结合，以正交实验为指导，利用 d_{90} 理论，创新性地优选并构建了随钻防漏配方：混油聚磺钻井液＋1%高软化点沥青＋2%石灰石粉＋1%PB-1。

创新点 2：利用曲面响应设计方法，根据不同的漏失量，优选级配不同粒径的大理石颗粒（10～16 目，16～28 目，＞28 目），创新性地研制了承压堵漏配方：混油聚磺钻井液＋20%大理石（不同粒径大理石颗粒比例 x_1，x_2，x_3）＋1%高软化点沥青＋2%石灰石粉＋1%PB-1。

4. 推广价值

截至 2018 年底，塔河油田 10 区 229 口井中有 116 口井发生了漏失，漏失率达 51%，平均每口井漏失量约 300 m^3，折合钻井液费用约 30 万元。随钻防漏和承压堵漏技术在 TH10116 井进行了现场应用，试验无漏失。随钻防漏和承压堵漏技术对保障塔河区块储层段安全钻井、加快提速提效进程极具推广价值。

二、防漏堵漏材料抗高温性能实验优选

1. 技术背景

塔河油田储层为裂缝型灰岩地层，钻进时极易发生裂缝型恶性漏失，常规堵漏技术难以迅速有效地形成封堵，延长了钻井周期，增加了钻井成本。针对这一问题，通过优化抗高温凝胶堵漏体系，形成抗高温凝胶堵漏工艺技术，实现迅速有效解决塔河油田储层段恶性漏失的目的，为提高堵漏效率、节约钻井周期提供技术保障。

2. 技术成果

成果 1：形成了抗高温凝胶堵漏配方。

根据塔河油田裂缝发育特点，对凝胶堵漏进行了适应性分析。在核心处理剂 HPAM、六亚甲基四胺及对羟基苯甲酸甲酯等处理剂优选的基础上，阐述了地下成胶原理，并引入纤维材料及刚性材料提高凝胶强度，研制的抗高温凝胶堵漏配方为：0.75%HPAM＋0.8%对羟基苯甲酸甲酯＋0.4%六亚甲基四胺＋0.4%耐温聚合物＋0.6%纤维（图 1-2-3）＋1.2%核桃壳＋0.15%草酸＋0.2%硫脲。

成果 2：完成了抗高温凝胶堵漏配方性能评价。

堵漏凝胶体系具有较好的流变性、悬浮能力及抗污染能力，抗温在 140 ℃以上，在 2～5 mm 缝宽岩芯中具有较好的承压能力，可承压 10 MPa，具有良好的耐温性、封堵性。堵漏凝胶体系加重到 1.36 g/cm^3 时仍能保持良好的高温成胶性。成胶时间可依据现场需要控制在 4～10 h 内，在 15 d 内具有良好的稳定性。

3. 主要创新点

创新点 1：突破性地引入纤维材料及刚性材料，提高了凝胶体系的耐温性、强度和封堵能力，研制了抗高温凝胶堵漏配方，抗温在 140 ℃以上，可承压 10 MPa。

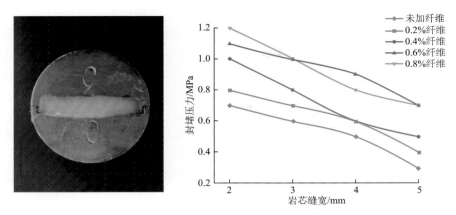

图 1-2-3　不同纤维加量时凝胶封堵能力

创新点 2：在连续高温 140 ℃的条件下，15 d 内堵漏凝胶体系的封堵能力无明显变化，具有良好的热稳定性。根据施工情况，破胶剂 PGJ-2 在短时间内可以实现凝胶的彻底破胶（图 1-2-4），不影响后期产能恢复。

图 1-2-4　堵漏凝胶未加破胶剂与加入破胶剂 8 h 后的对比

4. 推广价值

截至 2018 年底，在塔河油田 10 区 229 口施工井中，漏失量大于 500 m³ 以上的恶性漏失达 20% 以上，漏失时间 5 d 以上，恶性漏失单井损失大于 100 万元。如按每年应用 30～40 井计算，若 20% 发生恶性漏失，单井节约费用 100 万元，可节省钻井成本 600 万以上，具有广阔的应用前景。

三、钻井液堵漏材料实验评价

1. 技术背景

塔河油田、顺北油气田近年所用钻井液堵漏材料一般按各生产厂家提供的企业标准进行检验，无法与其他厂家的堵漏材料的封堵效果进行量化对比，这给室内确定堵漏配方、堵漏材料的检测标准与现场堵漏材料质量把控带来了一定的困难。因此，根据堵漏材料使用现状，通过调研国内外堵漏材料分类、组成、评价方法所需仪器、评价指标及相关标准，对颗粒类、纤维类、树脂类、凝胶类、随钻封堵类材料开展了特性评价实验,形成了实验室评价各类堵漏材料简单、统一的方法,在塔河油田、顺北油气田堵漏材料的评价及室内堵漏配方的确定上有一定的指导性。

2. 技术成果

成果 1:形成了颗粒类堵漏材料评价标准。

针对颗粒类堵漏材料,考虑不同尺寸匹配不同漏失通道,通过实验选择粒径或筛余量界定尺寸;考虑形状各异,选用不同方法和仪器确定材料的强度,并尽可能简化、统一,实验测定堵漏承压能力,确定塔河、顺北工区内所需颗粒类堵漏材料强度的具体指标:筛余量小于或等于10%,3.5 MPa 压力下 5 min 的破碎率小于或等于30%,所需实验仪器为标准筛、破碎率试验机或手动液压泵(表 1-2-2)。

表 1-2-2 颗粒类堵漏材料性能指标及实验仪器

性　　能	指　　标	实验仪器
筛余量/%	≤10	标准筛
破碎率(3.5 MPa,5 min)/%	≤30	破碎率试验机或手动液压泵
破碎率(高温后 3.5 MPa,5 min)/%	≤30	破碎率试验机或手动液压泵

成果 2:形成了纤维类堵漏材料评价标准。

针对纤维类堵漏材料,以游标卡尺量取纤维长度,通过封堵实验确定针对不同缝宽所需的纤维长度指标。实验中将 0.2% 的纤维分散于水中,观察其分散结团特性,当纤维强力大于或等于 10 cN 时封堵性可增加 1.5 MPa。确定了纤维类材料的评价指标(长度、强力、分散性)及对应所需仪器、评价方法和定量指标(表 1-2-3)。

表 1-2-3 纤维类堵漏材料性能指标及检测方法

纤维类型	指　　标			检测方法
	纤维长度 /mm	纤维强力 /cN	分散性	
封 1 mm 纤维	2～5	≥10	0.2% 加量下易分散	纤维长度: 长度均一的纤维使用游标卡尺或标尺测量; 长度不均一的纤维使用 GB/T 14336—2008 方法测量 封堵性能: 等速伸长型单纤维拉伸仪 分散时间: 水中测 0.2% 加量下分散时间
封 3 mm 纤维	5～12	≥10	0.2% 加量下易分散	
封 5 mm 纤维	10～18	≥10	0.2% 加量下易分散	

成果 3:形成了树脂类堵漏材料评价标准。

调研国内外资料,目前暂无树脂类堵漏材料相应的评价方法及标准,经封堵实验确定膨胀倍数作为树脂类材料的评价指标。将 1% 基浆加入 1% 树脂类材料封堵 1 mm 裂缝,当树脂材料膨胀倍数小于 3 时可将堵漏基浆的承压能力提高 0.5 MPa,从而确定了树脂类堵漏材料的评价指标及检测方法(表 1-2-4)。

表 1-2-4　膨胀树脂类堵漏材料性能指标及检测方法

性　能	指　标	检测方法
1 h 膨胀倍数	≤3	在产品设定的条件下进行吸水膨胀实
6 h 膨胀倍数	≤6	验,测试体积比

成果 4:形成了凝胶类堵漏材料评价标准。

凝胶类堵漏材料因其在进入漏层前具备流动性、可进入不同尺寸的漏失通道而成为堵漏技术研究的热点,但因成胶条件不同,国内外暂无成胶判断标准及封堵能力确定的相关报道。实验表明,当凝胶黏度大于或等于 10 800 mPa·s 时,控制漏速能力最强,故以凝胶黏度表征其封堵能力,凝胶抗水、油污染能力大于或等于 10%,污染后布氏黏度大于 10 000 mPa·s,作为西北工区内凝胶类堵漏材料评价指标(表 1-2-5)。

表 1-2-5　凝胶类堵漏材料性能指标及检测方法

性　能	指　标	检测方法
布氏黏度/(mPa·s)	≥10 000	
抗水污染能力/%	≥10	在产品设定的条件下用布氏黏度计测试
抗油污染能力/%	≥10	

成果 5:形成了随钻封堵类堵漏材料评价标准。

随钻封堵类堵漏材料评价标准虽然较多,但相对统一,主要参考中国石油天然气集团公司标准(Q/SY 1096—2012《钻井液用随钻堵漏剂》)。借鉴该标准,结合塔河、顺北所用随钻封堵类堵漏材料,形成了随钻封堵类堵漏材料的评价指标:表观黏度增加量小于或等于 5 mPa·s,封闭滤失量小于或等于 20 mL,相应筛余量小于或等于 10%,评价仪器为六速旋转黏度计、高温高压砂床滤失仪和标准筛(表 1-2-6)。

表 1-2-6　随钻封堵类堵漏材料性能指标及检测方法

性　能	指　标	检测方法
表观黏度增加量/(mPa·s)	≤5	在 5% 土浆中加入 2%~5% 随钻堵漏剂,使用六速旋转黏度计测试加入前后的黏度值,计算表观黏度差
封闭滤失量/mL	≤20	在 5% 土浆中加入 2%~5% 随钻堵漏剂,使用高温高压砂床滤失仪测试 0.69 MPa 压差下 100 g 砂床的封闭滤失量
相应筛余量/%	≤10	用 80 目、100 目、120 目标准筛进行筛余量测试

3. 主要创新点

首次对塔河、顺北工区堵漏材料进行了分类,并制定了相应的实验室评价方法、所需仪器及具体指标,为堵漏配方的确立起到促进作用,同时规范了实验室堵漏处理剂的评价办法。

4. 推广价值

按塔河、顺北工区每年对现场使用的各类堵漏材料进行抽检评价约 100 次计算,一种堵漏材料外送抽检以 5 000 元/次计,每年堵漏材料实验评价约节约 50 万元。

四、裂缝型地层凝胶延缓漏失实验评价

1. 技术背景

顺北区块二叠系火成岩裂缝发育,钻完井过程中易发生恶性漏失,同时二叠系地层易破裂,导致堵漏难度大,采用常规架桥封堵难以满足要求;奥陶系储层在钻完井过程中同样易漏失,储层保护困难,这些问题严重制约了顺北区块的高效开发。针对工区地层特征和钻完井作业难点,以成胶动力学理论为基础,采用无机材料复合插层技术,研发高性能凝胶堵漏体系。针对二叠系裂缝型地层,通过改变交联方式和交联结构研发抗高温(120 ℃)的高黏性共混凝胶封堵剂,确保钻井作业安全、顺利、有效;针对奥陶系钻井过程中易漏失而造成储层污染的问题,研发一种抗超高温(160 ℃)的高弹性可固化凝胶暂堵剂,明确其作用机理,使之具备良好的防漏功能与储层保护效果;通过现场试验,形成工区防漏堵漏及储层保护工艺技术,为提高顺北井区钻井效率,安全、高效开发顺北区块提供有力的技术支撑。

2. 技术成果

成果 1:研发了二叠系高黏性共混凝胶堵漏体系。

高黏性共混凝胶堵漏体系(图 1-2-5～图 1-2-7)的配方为:2% 胶凝剂 J4+0.5%～1.5% 复合交联剂+0.02% 硫脲+5% 增韧材料,该体系抗温 90～130 ℃,成胶时间 8～24 h 可控,稳定周期大于 120 d,无滤饼情况下在缝宽约 1 mm 的短岩芯中能抵抗的钻井液循环压差高达 10 MPa,混入纤维和固相颗粒 B(核桃壳)后在 2.2 mm 裂缝岩芯承压达 9 MPa。

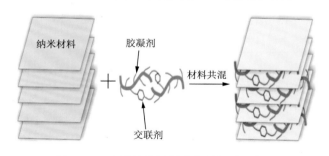

图 1-2-5　高黏性共混凝胶交联机理示意图

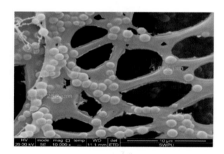

图 1-2-6　高黏性共混凝胶微观特征

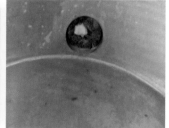

图 1-2-7　高黏性共混凝胶防漏性能测试

成果 2：研发了奥陶系高弹性可固化共混凝胶延缓漏失体系。

高弹性可固化共混凝胶延缓漏失体系（图 1-2-8～图 1-2-10）配方为：2％胶凝剂 J3＋1％交联剂 PEI＋0.02％硫脲＋5％增韧材料，该体系抗温 130～160 ℃，成胶时间 1.5～4.5 h 可控，稳定周期大于 10 d，在 0.31 mm 微裂缝岩芯中承压达 12 MPa，混入纤维和粒径分布广泛的颗粒后在 2.2 mm 裂缝岩芯中承压可达 10 MPa。

图 1-2-8　奥陶系高弹性可固化
共混凝胶延缓漏失体系

图 1-2-9　奥陶系高弹性可固化共混凝胶
在裂缝中的分布

图 1-2-10　高弹性可固化共混凝胶在岩芯裂缝中的分布状态

3. 主要创新点

创新点 1：基于无机材料复合插层理论，从交联结构设计角度出发，研发了二叠系高黏性和奥陶系高弹性可固化两种共混凝胶延缓漏失体系，无滤饼情况下裂缝岩芯抵抗钻井液循环压差大于 10 MPa。

创新点 2：研发的奥陶系高弹性可固化共混凝胶抗温 130～160 ℃，稳定周期大于 10 d，突破了当前凝胶类堵漏剂抗温性能极限。

4. 推广价值

随着顺北油气田勘探开发进度的加快，非常规的高温高压超深井带来的漏失难题越来越普遍。两种共混凝胶延缓漏失体系可对工区防漏堵漏及储层保护起到较好的效果，为提高顺北井区钻井效率，安全、高效开发顺北区块提供有力的技术支撑，具有广阔的应用前景。

五、抗高温凝胶防漏堵漏技术实验评价

1.技术背景

针对顺北地区二叠系火成岩地层、奥陶系碳酸盐岩地层井漏,以及塔河油田侧钻井前期井筒准备期间发生失返性漏失等问题,进行了一系列的堵漏攻关研究,其中因凝胶堵漏技术具有成胶时间可调整、自适应裂缝大小、滞留能力强、风险低的特点,故对凝胶堵漏技术进行了专项攻关研究。从前期研究结果来看,大多数凝胶室内评价良好,但不同凝胶体系有不同的评价项目及方法。为了统一抗高温凝胶实验评价,针对不同类型凝胶体系的成胶时间、抗温性能及承压性能等关键性指标进行系统分析并在室内进行评价。同时结合现场实际情况,提出适合于顺北油气田的凝胶体系,为其高效开发提供技术支持。

2.技术成果

成果1:完成了抗高温凝胶调研。

抗高温凝胶发展现状调研表明:近年来的最新研究成果提出了有机-无机杂化提升交联聚合物凝胶耐温耐盐性的新理念,通过共价键、螯合键复合结构的超分子交联凝胶结构,制成了耐温 150 ℃、耐盐 22×10^4 mg/L 的长期有效的交联聚合物凝胶,较好地解决了常规无机凝胶固化时间短、不好控制,有机凝胶耐温抗盐性差的难题,在一定程度上代表着抗高温化学凝胶的发展方向。

成果2:建立了抗高温凝胶成胶实验、流变实验及承压实验等的评价方法。

成胶实验采用高温稠化仪、滚子炉,流变实验采用高温高压流变仪,抗压性能实验采用滚子炉、增压养护釜、匀加荷压力试验机,承压实验(图 1-2-11)采用填砂管、1.5 in 套管、7 in 套管进行实验。

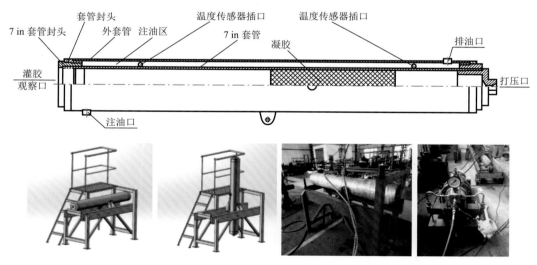

图 1-2-11　7 in 套管承压模拟装备示意图及实物图

成果3：完成了抗高温凝胶抗温能力实验评价。

交联聚合物凝胶成胶时间受催化剂、基液浓度、交联比、温度影响，多种因素相互影响、相互制约。基于响应面法对成胶时间进行研究，通过回归法建立相对应的数学关系式，由回归方程的系数可知，4种因素对凝胶成胶时间影响的显著性顺序为：催化剂＞基液浓度＞交联比＞温度。当交联聚合物凝胶在基液浓度7%（质量分数）、交联比10∶1.1时，其凝胶抗温性能可达160～180℃，填砂管承压能力为21 MPa，胶体韧性、弹性很好，强度较好，胶体完整度较高，具有较好的封堵性能（图1-2-12～图1-2-13）。

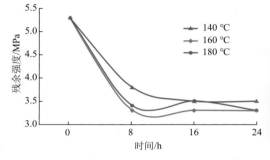
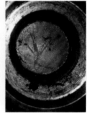

图1-2-12 抗高温凝胶抗温能力实验评价　　　　图1-2-13 抗高温凝胶测试过程状态

成果3：完成了不同温度下凝胶悬空承压强度实验评价。

以温度为变量，基液浓度、交联比、成胶长度、胶塞直径均一致，测定其在1.5 in钢管中的承压强度。由公式$p = 4fh/D - \rho gh$（f为交联聚合物凝胶与套管内壁的附着系数，h为成胶长度，D为胶塞直径，ρ为密度，g为重力加速度）可知，交联聚合物凝胶承压强度发生变化只与温度有关，即可建立温度与附着系数关系模型。在不同温度条件下承压强度实验数据分析表明，当$T \leqslant 100$℃时，$f = 0.01T + 0.32$，承压能力与温度成正比关系；当$T > 100$℃时，$f = 1.32$，承压能力基本不受温度影响。由此可以根据模拟实验数据（表1-2-7、图1-2-14）建立回归方程。

表1-2-7 不同温度下交联聚合物凝胶承压能力变化

编　号	基液浓度/%	凝胶交联比 （聚合物基液∶交联剂∶催化剂）	温度/℃	承压强度/MPa
1	5	100∶2.5∶0.1	60	0.92
2	5	100∶2.5∶0.1	70	1.00
3	5	100∶2.5∶0.1	80	1.14
4	5	100∶2.5∶0.1	90	1.23
5	5	100∶2.5∶0.1	100	1.32
6	5	100∶2.5∶0.1	110	1.30
7	5	100∶2.5∶0.1	120	1.34
8	5	100∶2.5∶0.1	130	1.32

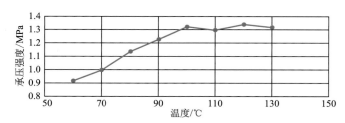

图 1-2-14　温度对交联聚合物凝胶悬空承压强度的影响

3. 主要创新点

研制了 7 in 套管悬空承压模拟装置,该装置实验长度最大为 1 735 mm,可以进行 300 mm,600 mm,900 mm,1 200 mm,1 500 mm 和 1 700 mm 长度凝胶的承压实验(安装套管内活塞实验最大长度为 1 635 mm),最大承受安全压力为 70 MPa,控制温度在室温~160 ℃可调。

4. 推广价值

抗高温凝胶成胶时间可控,能够形成高强度的胶塞(填砂管承压 21 MPa),抗温性能好(160~180 ℃),能有效提高破碎性和裂缝型地层的承压能力,对于失返性及恶性漏失井均具有较好的堵漏效果,在顺北油气田复杂井段具有一定的应用价值。

六、可酸溶防漏堵漏技术评价与优化

1. 技术背景

奥陶系碳酸盐岩地层埋藏深、温度高,地层裂缝发育,安全窗口窄,钻井时易发生井漏、井涌,增加钻井周期,特别是小井眼井钻井周期长、井眼浸泡时间长、起下钻开停泵压力激动大等都更易发生漏失等复杂情况,经济损失极大,同时侵入储层的大量固相也加大了储层保护的难度。通过对 9 口井资料的调研、分析,提出小井眼井防漏堵漏技术对策,通过酸溶率实验优选出架桥颗粒、酸溶性纤维、硅质填料、片状材料等堵漏材料,通过紧密堆积理论计算出封堵层颗粒间的最佳级配,对不同堵漏配方开展一系列缝板实验评价承压能力,形成适用于奥陶系储层的堵漏配方,为裂缝发育、易漏失的奥陶系储层防漏堵漏提供技术参考。

2. 技术成果

成果 1:形成了奥陶系碳酸盐岩地层小井眼井的钻井液堵漏对策——防堵结合,以防为主。

利用酸溶性随钻堵漏材料提高地层承压能力,防止小漏及诱导性漏失,当发生中漏、大漏或失返性漏失时,采用酸溶性裂缝堵漏材料或酸溶水泥进行堵漏;同时选用抗温、抗压能力可达要求的材料作堵漏原料,保证堵漏配方整体的抗温性能及承压能力。

成果 2:形成了小井眼井缝洞型地层抗高温酸溶性堵漏材料配方。

通过优选新型耐高温、可酸溶堵漏材料,使用紧密堆积理论(图 1-2-15)优化粒径级配,形成了适用于小井眼井缝洞型地层的抗高温酸溶性堵漏配方系列(1～5 mm 缝板实验模拟,图 1-2-16、图 1-2-17),该系列具有较高的酸溶率(＞75％),承压能力强(＞10 MPa),可抗温200 ℃,在低黏切钻井液中具有较强的悬浮稳定性,非常适用于奥陶系小井眼井缝洞型地层堵漏。

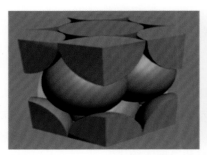

图 1-2-15　紧密堆积理论粗、中、细颗粒的充填和堆积

图 1-2-16　1 mm 缝板楔型模块及缝板模块

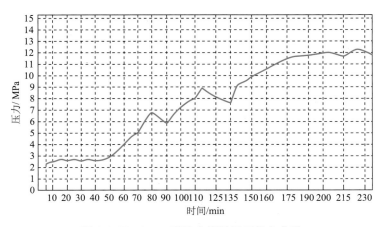

图 1-2-17　1 mm 裂缝中堵漏承压能力曲线

成果 3:制定了奥陶系防漏堵漏施工方案。

以酸溶性随钻堵漏剂和酸溶性抗高温承压堵漏剂为基础堵漏剂,制定了奥陶系防漏堵漏方案,并在两口漏失井 TP193 和 TK915-13H 井开展了堵漏试验,均一次性堵漏成功。

3. 主要创新点

创新点 1:首次对小井眼井奥陶系目的层提出了钻井液防漏堵漏技术对策:防堵结合,以防为主。

创新点 2:形成了酸溶性堵漏配方系列(1～5 mm 缝板实验模拟),堵漏配方系列的酸溶率大于 75%,处理剂简单,形成一袋化产品,现场施工环节简化,减少人为差异。

4. 推广价值

按每年钻 80 口井计算,碳酸盐岩储层中钻的井约占 70%,其中奥陶系漏失约占 65%,漏失量为 200～1 200 m³,因漏失损失的时间为 3～120 d,单井损失大于 240 万/井。如按每年 30～40 井应用该防漏堵漏方案计算,单井节约钻井液材料费用约 30 万元、堵漏材料费用约 20 万元,节约堵漏处理周期按 10 d 计算,可节省钻井成本约 170 万,具有广阔的应用前景。

七、高温高压裂缝型气层封缝堵气机理研究

1. 技术背景

塔中北坡奥陶系天然气储层段埋藏深,温度达 200 ℃,储层压力高达 180 MPa,在钻进过程中,由于气侵严重、气液置换速度快、循环排气时间长,导致储层段钻井周期长,严重制约了勘探开发进程。本技术攻关的总体目标是通过对该地区裂缝发育情况、气侵情况进行分析,开展实验模拟和数值模拟,深化认识塔中北坡高压气层气侵机理,为后续技术工艺提供理论基础。

2. 技术成果

成果 1:完成了顺南区块实钻资料分析。

分析了现场地质特征、施工参数、国内外封缝堵气技术研究现状,为后期实验研究和数值模拟奠定了基础。研究认为,顺南区块的井漏与气侵主要发生在四开/五开井段(5 000～7 000 m);地层发育宽度大于或等于 2 mm 的大缝和 0.1～2 mm 的微小缝,裂缝密度为 1 条/m～40 条/m,有垂直缝、斜缝、水平缝多种产状,缝长在数十厘米至数米之间;裂缝型碳酸盐岩地层以置换气侵、负压气侵为主,目前主要通过采用控制压力钻井技术(MPD)和提高附加密度来预防与控制。

成果 2:基于实验分析和理论计算,探究了天然裂缝和诱导裂缝的漏失机理。

建立了天然裂缝及诱导裂缝一维漏失模型,根据建立的天然漏失模型,确定基本参数,分别改变其中的影响因素,研究了缝宽、缝高、压差、钻井液性质对天然裂缝漏失、漏失深度的影响规律,构建了碳酸盐岩形变方程,确定了其开启压力与缝宽响应关系。漏失影响因素数学模型为:

$$\frac{n}{2n+1}\left(\frac{1}{K}\right)^{\frac{1}{n}}\frac{1}{2^{1+\frac{1}{n}}}\frac{\partial}{\partial x}\left[w^{2+\frac{1}{n}}\left(-\frac{\mathrm{d}p}{\mathrm{d}x}-\frac{2n+1}{n+1}\frac{2\tau_y}{w}\right)^{\frac{1}{n}}\right]$$

式中 n——流型指数;

K——稠度系数，$Pa \cdot s^n$；

τ_y——动切力，Pa；

p——压力，Pa；

x——径向坐标，m；

w——裂缝宽度，μm。

成果3：实验模拟了现场钻遇裂缝瞬间（短时间）与后续发生漏失的气侵（漏失）规律。

研究显示，裂缝倾角越大，气侵（漏失）越快；垂直缝漏失深度＞倾斜缝漏失深度＞水平缝漏失深度；垂直缝气侵速度＞倾斜缝气侵速度＞水平缝气侵速度；漏失深度在5 min超出1 m，气侵速度范围为0.3～3 L/min；漏失正压差越大，漏失深度越大（图1-2-18），气侵速度越低。钻井液中随钻堵漏材料的浓度以及粒径可以封堵微小裂缝，但对2 mm以上的大裂缝难以形成有效封堵；在堵漏浆中添加较多大粒径封堵材料后成功封堵5 mm裂缝；封堵成功后，封堵层具有一定的封缝堵气能力（图1-2-19）。

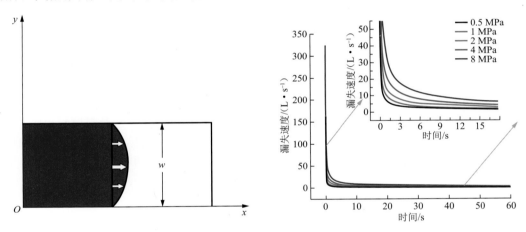

图 1-2-18 不同压差作用对漏失速度的影响

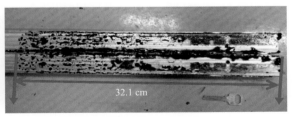

图 1-2-19 2 mm 裂缝堵漏浆封堵实验模拟

成果4：完成了置换气侵和负压气侵数值模拟。

使用ANSYS Fluent与Comsol有限元流体力学软件，建立了多相流模型，模拟了置换气侵与负压气侵两种气侵的发生过程（图1-2-20）。研究表明，置换气侵在开始0.1 s内速度较快，气侵速度达2 kg/s，0.1 s后由于裂缝内外压差减小，流速降低至较小值，基本稳定在0.1～0.6 kg/s，体积流速为0.37～1.91 L/s；缝高、缝宽对气液置换气侵的速度影响较大，压差的影响次之；压差增加、黏度降低、密度增加会加剧漏失。负压气侵在刚开始前0.1 s内快速达到峰值30～60 kg/s，0.1～0.2 s后稳定在18～50 kg/s，体积流速为37～190 L/s；在气侵

35

过程中,漏失几乎没有发生;负压气侵受缝高、缝宽的影响较大,受钻井液性能的影响略小;气侵过程流速越大,井下压力波动越大,对于井壁稳定以及井下复杂情况控制不利。

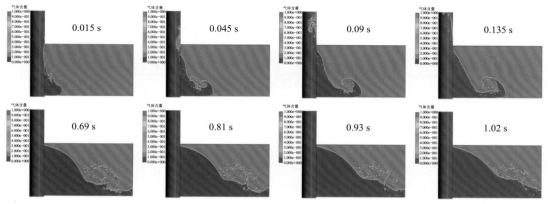

图 1-2-20　4 mm 裂缝不同时间的侵入模拟

3. 主要创新点

创新点 1:建立了天然裂缝一维漏失模型以及诱导裂缝一维漏失模型;分析揭示了压差、裂缝形态、钻井液性质对天然裂缝漏失的影响规律;构建了碳酸盐岩形变方程,确定了其开启压力与缝宽的关系;根据现场与实验评价需求设计了一套可视化气侵与封堵模拟装置。

创新点 2:使用 ANSYS Fluent 与 Comsol 有限元流体力学软件,建立了多相流模型,模拟了置换气侵与负压侵入两种气侵的发生过程,揭示了压差、裂缝形态、钻井液性能对气侵(漏失)的影响规律。

4. 推广价值

通过实验模拟了置换气侵与负压气侵的发生过程,揭示了压差、裂缝形态、钻井液性能对气侵(漏失)的影响规律,同时开展数值模拟,研究了气液置换气侵与负压气侵机理下钻井液性能对漏失的影响,为塔中北坡裂缝型碳酸盐岩地层封缝堵气技术提供了理论基础。

八、高温高压裂缝型气层封缝堵气实验评价与优化

1. 技术背景

塔中北坡奥陶系储层属碳酸盐岩裂缝型储层,具有高温(200 ℃)、超高压(>160 MPa)特点,储层段气窜严重,循环排气时间长,并且威胁井控安全。基于高温高压地层特征及气侵机理,需要形成一套随钻封缝堵气配方和一套裂缝堵漏配方,形成预防、减缓气侵的工艺技术措施,以保证顺南高压气井的安全钻进。

2. 技术成果

成果 1:提出了成膜封缝堵气技术并进行成膜封缝堵气。

优化出高性能的成膜封缝堵气钻井液体系,该钻井液体系具有性能稳定、抗温 200 ℃、

静态正向承压能力 8 MPa 以上、实验裂缝宽度 10～300 μm 之间、密度 1.80 g/cm³ 以下等特点。该钻井液体系配方为：井浆＋2.5%～3.5% 成膜剂＋2%～3%木质素纤维＋2.5%～3.5%云母＋1%～2%纳米二氧化硅＋1%～2%超细碳酸钙＋加重剂。成膜前后封堵层微观结构对比如图 1-2-21 所示，成膜封缝堵气钻井液体系储层保护性能评价见表 1-2-8。

放大 500 倍   放大 1 000 倍   放大 500 倍   放大 1 000 倍

放大 2 000 倍   放大 5 000 倍   放大 2 000 倍   放大 5 000 倍

（a）成膜前   （b）成膜后

图 1-2-21　成膜前后封堵层的微观结构对比

表 1-2-8　成膜封缝堵气钻井液体系储层保护性能评价

裂缝宽度 /mm	K_o /($10^{-3}\mu m^2$)	K_d /($10^{-3}\mu m^2$)	渗透率恢复率/%	实验条件			实验液体
				压差/MPa	时间/min	出液量/mL	
0.03	263	239	90.87	3.5	60	0	井浆＋封缝堵气材料
	233	206	88.41	3.5	60	0	
	255	223	87.45	3.5	60	0	
平均恢复率/%	88.91						
备注	K_o 和 K_d 分别表示损害前和损害后气测渗透率						

成果 2：形成了一套抗高温堵漏钻井液配方。

抗高温堵漏钻井液配方为：井浆＋0.5%～1%木质素纤维＋8%～10%GZD（A 级：B 级：C 级和 D 级＝2:1:1）＋6%～8%SQD（中：粗＝1:1）＋1%～2%碳酸钙＋加重剂。该钻井液体系以超高酸溶率（＞99%）的刚性颗粒 GZD 为架桥充填颗粒，具有性能稳定、抗温 200 ℃、静态正向承压能力 8 MPa 以上、实验裂缝宽度 10～300 μm 之间、密度 1.80 g/cm³ 以下等特点（图 1-2-22、图 1-2-33）。

3. 主要创新点

提出了成膜封缝堵气技术，将传统的物理封堵和化学成膜相结合形成了一套随钻封缝堵气配方，该配方抗温 200 ℃，静态封堵后渗透率下降 95% 以上，微裂缝封堵承压能力大于 8 MPa，实验裂缝宽度在 10～300 μm 之间，适用密度在 1.80 g/cm³ 以下的钻井液体系。

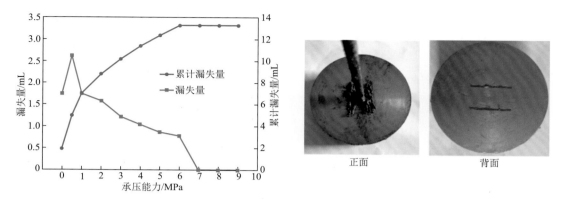

正面 背面

图 1-2-22 2 mm 裂缝的封堵承压实验评价

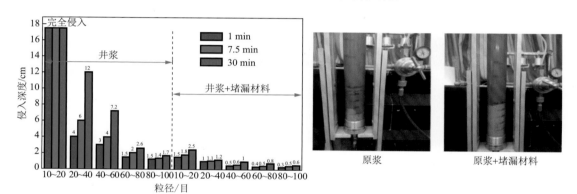

原浆 原浆+堵漏材料

图 1-2-23 抗高温堵漏钻井液体系性能评价

4. 推广价值

针对高温高压超深井,该技术能起到很好的防漏堵漏效果,同时具备良好的储层保护性能,可以对储层漏失段实现屏蔽暂堵,为后期酸化改造创造很好的基础,有利于增产和长期稳产,因此具有广阔的应用前景。

九、抗高温高压新型气层封堵剂实验评价

1. 技术背景

塔中北坡奥陶系储层属碳酸盐岩裂缝型储层,具有高温(200 ℃)、超高压(>160 MPa)的特点,储层段气窜严重,循环排气时间长,并且威胁井控安全。基于对高温高压气侵机理的理论认识,通过开展新型封缝堵气抗高温处理剂的研发和实验评价,为高温高压地层封缝堵气技术提供必要的处理剂研发思路和技术支撑。

2. 技术成果

成果 1: 研发了耐 200 ℃ 高温的 MCA 结晶型纳微米封堵剂。

该封堵剂具有优异的热稳定性和力学性能,粒径分布在 1~50 μm 之间,在低温阶段与

钻井液中的其他成分不发生化学反应;在高温阶段,逐渐发生反应,生成的结晶可以在裂缝
处填充,随着反应的继续,结晶也可以继续生长,并且与 RHJ-3、硅溶胶配合可以起到复合封
缝的效果(图 1-2-24、图 1-2-25)。

图 1-2-24　210 ℃高温下长径比逐渐增大(5~20 μm)

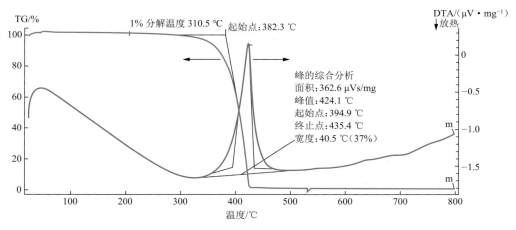

图 1-2-25　封堵剂在工作温度下的稳定性

TG 为热重数据;DTA 为差热分析数据

成果 2:研发了基于多糖类物质反应型耐高温封堵剂。

采用水热合成方法,通过添加剂与原料进行化学反应来改变水热过程中的成核生长过
程。形成的封堵剂为分散性颗粒或团聚性颗粒,180 ℃时发生反应,耐酸耐碱,颗粒尺寸分
布在 1~20 μm 之间,钻井液中可溶性多糖溶液为分子分散,可以进入地层细微裂缝中,发生
碳化,团聚后可以形成较大尺寸的团聚体,适合封堵不同大小的裂缝(图 1-2-26),在加量为
5%时,可保证封堵颗粒数量。

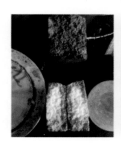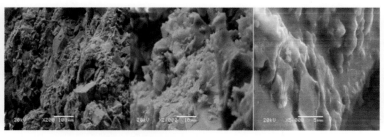

图 1-2-26　封堵剂在裂缝中形成致密封堵层

3. 主要创新点

创新点1:研发了抗温达200 ℃的结晶型封缝堵漏剂。该材料粒径分布为1～50 μm,130 ℃条件下可以逐渐形成晶体,对钻井液的流变性无影响,可以有效改善失水性能,表现出良好的配伍性。

创新点2:研发了超高温多糖类反应型封堵剂。该体系粒径主要为纳米、微米级别,常温不起反应,高温180 ℃条件下逐步形成碳化体,具有高强的、团聚致密的特征,为超深钻井提供了技术储备。

4. 推广价值

随着塔中北坡勘探开发进度的加快,非常规的高温高压超深井带来的漏失难题越来越普遍。超高温多糖类反应型封堵剂具有低成本、抗温好、性能稳定的特点,可以进一步评价和应用。MCA结晶型纳微米封堵剂作为可在130 ℃以上逐步结晶、缝内自由生长的堵漏材料,可以用于中、深部微孔隙和微裂缝发育地层,起到强化井壁的作用,助力顺北工区钻井提速提效,降低钻井成本,具有广阔的应用前景。

十、抗高温高密度钻井液体系实验评价与优化

1. 技术背景

塔中北坡顺托区块储层温度高(接近200 ℃)、压力系数大(2.23 g/cm³)、井控风险大、钻井液密度高(2.28 g/cm³)。前期钻井过程中,当温度高于180 ℃时,高密度钻井液沉降稳定性差,流动困难,影响安全钻进,同时显著增加了井控风险。高温高密度钻井液由于组分较多,受温度、压力、外力流体等众多因素的影响,其性能调控本来就非常困难,再加上长时间的高温作用,其性能的稳定调控更是异常困难,这也属于当前高温高密度钻井液技术研究领域的一个世界性难题。针对上述世界级工程技术难题,迫切需要跟踪国内外高温高密度钻井液技术前沿,开展相关基础理论研究,明确长时间高温作用下高密度钻井液失效机制,制定合理的钻井液技术对策。在此基础上系统开展高温高密度钻井液优化实验研究,形成满足目标区块钻井工程需要的抗高温高密度钻井液技术,为塔中北坡深井/超深井钻探开发提供有效的钻井液技术支撑。

2. 技术成果

成果1:室内研究了不同处理剂对抗高温高密度钻井液的影响作用规律。

实验表明,不同钻井液配浆土对高密度钻井液性能影响显著,聚合物种类对钻井液老化前后的流变性影响显著(图1-2-27),磺化酚醛树脂是影响抗高温高密度钻井液高温高压滤失量的主要因素。通过对加重固相材料及暂堵材料进行级配可有效地改善抗高温高密度钻井液的综合性能(图1-2-28、图1-2-29)。在长时间高温作用下,磺化处理剂的高温交联作用不可避免。

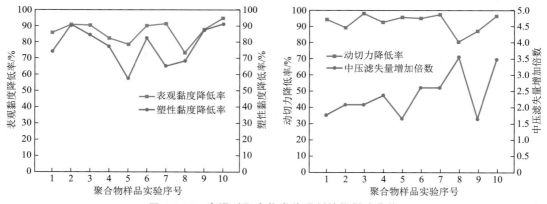

图 1-2-27　高温对聚合物类处理剂性能影响曲线

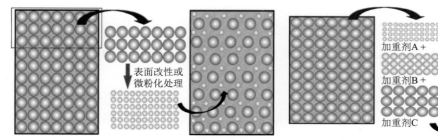

图 1-2-28　单一加重剂改性/微粉化复配　　　图 1-2-29　几种加重剂复配

成果 2：优化出适用于不同工况的抗高温高密度钻井液配方。

实验优选了抗高温高密度钻井液关键处理剂，以此优化得到了 4 组适用于不同工况的抗高温高密度钻井液配方，其在 200 ℃高温老化 15 d 后性能保持稳定，沉降系数 $SF \leqslant 0.53$，满足了现场钻井技术需求（表 1-2-9）。

表 1-2-9　3# 优化钻井液配方主要性能表

序　号		200 ℃下老化时间/h	AV /(mPa·s)	PV /(mPa·s)	YP /Pa	$Gel_{10''}$ /Pa	$Gel_{10'}$ /Pa	FL_{API} /mL	pH	SF	$HTHP$ /mL
3# 优化 钻井液 配方		老化前	87	53	34	21	42.5	1.0	11.0	—	—
		24	64	43	21	10	21	0.8	9.5	0.506	7.0
		72	87	47	40	22	39	0.5	9.5	0.511	6.0
		120	99	53	46	27	49	1.0	9.5	0.514	6.0
		144	110.5	57	53.5	29	51	1.1	9.5	0.516	13.0
		168	107	60	47	30.5	56	2.0	9.5	0.522	14.0
		192	116.5	62	54.5	27.5	54	2.2	9.0	0.522	15.0
		240	120	66	54	25	52	2.7	9.0	0.516	20.0
		360	127	71	54	20.5	47	3.4	9.0	0.523	30.0

成果 3：结合塔中北坡现场工况，针对不同钻井开次，设计了抗高温高密度聚磺钻井液施工方案。

考虑到实际钻井过程可能钻遇高压气层需要关井，钻井液面临长时间井下高温的作用，提出了分段循环,采用新配制的钻井液逐步置换井下钻井液以建立循环的技术方案。

3. 主要创新点

创新点 1:首次提出并分析了高压热水的物理化学特性对抗高温高密度水基钻井液性能的影响。

创新点 2:提出了抗高温高密度钻井液流变性调控"低固相、低摩阻、适度分散"微观机理及新方法。

4. 推广价值

形成了耐高温 180～200 ℃、密度范围 2.0～2.3 g/cm³ 的抗高温高密度水基钻井液体系配方,实现了 15 d 静态老化条件下 $SF \leq 0.53$ 的技术指标,且该钻井液体系的流变性和滤失性较好,长期耐高温稳定性好,可在高温高压井中推广应用。

十一、顺北区块却尔却克组井壁强化技术实验评价

1. 技术背景

顺北、顺托等区块却尔却克组深部火成岩侵入体厚度大,地层破碎,井壁易失稳。SHB4 井五开却尔却克组钻遇破碎带,井壁掉块严重,起下钻频繁阻卡,划眼难至井底,被迫 2 次进行侧钻,严重影响钻井时效。本项目主要目标是通过开展火成岩侵入体岩石力学特征及理化性能研究,明确坍塌主控因素,为解决破碎性地层井壁失稳、携岩等问题提供技术支撑。

2. 技术成果

成果 1:基于岩性分析完成了火成岩水敏性评价。

工区火成岩地层以石英和斜长石为主,黏土矿物含量较少,且黏土中不含水敏性蒙脱石。工区火成岩阳离子交换容量分布在 10～25 mmol/kg 之间(图 1-2-30),比表面分布在 0.012 1～0.512 4 m²/g(表 1-2-10),整体阳离子交换容量与比表面偏低,表明工区火成岩水敏性较低,水化能力较弱。

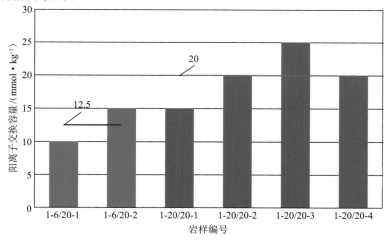

图 1-2-30　工区火成岩阳离子交换容量分布柱状图

表 1-2-10 工区火成岩比表面测试结果

序 号	岩样编号	BET 比表面/(m²·g⁻¹)	累计孔体积/(mL·g⁻¹)	平均孔径/nm
1	1-6/20-8	0.012 1	0.016 8	5 568.451 5
2	1-6/20-9	0.251 8	0.001 3	21.159 1
3	1-13/20-6	0.050 7	0.000 6	46.082 6
4	1-13/20-7	0.137 0	0.016 1	470.885 5
5	1-13/20-8	0.512 4	0.021 9	171.283 1
6	1-20/20-1	0.325 9	0.125 4	1 539.389 4
7	1-20/20-2	0.169 8	0.000 83	194.649 7

成果 2：完成了火成岩岩石力学评价。

由岩石力学参数实验可知，火成岩内聚力为 22.1 MPa，内摩擦角为 50.34°，抗张强度分布范围为 2.92～6.33 MPa，压入硬度分布范围为 865.8～2 008.54 MPa。原始地层条件下，工区火成岩压入硬度高，对钻头的研磨能力较强。火成岩力学参数整体数值较高，岩石强度较大，力学稳定性较好。

成果 3：完成了火成岩地应力分布特征分析。

通过成像测井分析（图 1-2-31）及声发射实验（图 1-2-32），却尔却克组火成岩地层地应力分布为潜在正断型，垂向地应力分布在 2.20～2.42 MPa/100 m 之间，水平最小地应力分布在 1.58～2.05 MPa/100 m 之间，水平最大地应力分布在 1.79～2.40 MPa/100 m 之间。

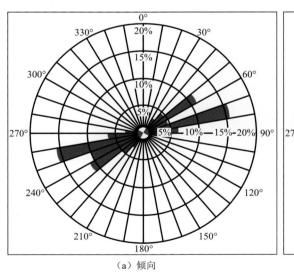

（a）倾向

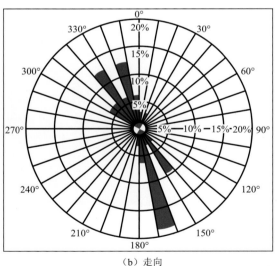

（b）走向

图 1-2-31 诱导缝产状图

成果 4：明确了火成岩侵入体坍塌主控因素。

通过扫描电镜（图 1-2-33），火成岩可见一定开度的微裂缝（2.25～3.01 μm）。由于存在微裂缝，水相将沿裂缝或微裂纹侵入地层，降低裂缝面间的摩擦力，进而削弱火成岩的力学强度；另外，侵入的液相将产生水力尖劈作用，导致地层破碎，诱发井壁失稳。

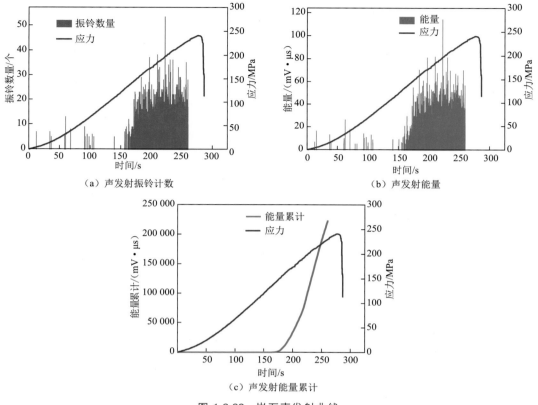

（a）声发射振铃计数

（b）声发射能量

（c）声发射能量累计

图 1-2-32　岩石声发射曲线

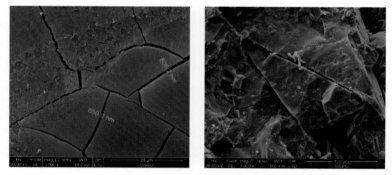

图 1-2-33　火成岩扫描电镜图

3. 主要创新点

创新点 1：通过岩石矿物组分、扫描电镜、室内声发射及力学实验等，研究了顺北地区火成岩理化性能及力学特性。

创新点 2：研究了裂缝产状、分布及钻井液密度对火成岩岩石力学强度的影响，明确了火成岩侵入体井壁垮塌主控因素。

4. 推广价值

通过实验分析却尔却克组火成岩侵入体岩石力学特性,研究了钻井液密度、微裂缝产状及分布对火成岩地层井壁稳定的影响,为顺北区块侵入体覆盖区安全钻井提供了理论基础。

十二、钻井液环保评价

1. 技术背景

近年来随着环保法规日益严格,对油田的环保工作提出了更高的要求。钻井液体系处理剂复杂,钻井液体系多样,但国内无专门的钻井液环保标准,这增加了钻井液体系环保性优化的难度,导致研究、优化方向不明确。因此,需要调研了解国内外钻井液相关环保法律法规,对塔河油田现用钻井液体系进行环保评价,形成钻井液体系环保评价推荐做法。

2. 技术成果

成果1:完成了国内外环保型钻完井液体系调研。

对国内外环保型钻完井液体系进行了广泛深入的调研,环保型钻井液以天然大分子钻井液、甲酸盐钻井液、烷基葡萄糖酸苷钻井液、硅酸盐钻井液、高性能水基钻井液、合成基钻井液和新型仿生基钻井液(图1-2-34)七大类为主。油田环保型钻完井液水基体系的主要发展方向为高性能水基和类油基钻完井液。

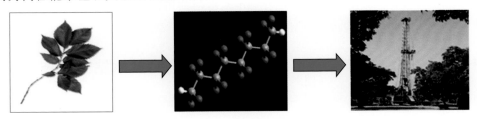

图1-2-34　仿生基钻井液示意图

成果2:完成了钻井液处理剂环保性能调研。

通过大量钻井液处理剂的环保性能调研得出,钻井液处理剂的化学需氧量(COD)大部分未达到《污水综合排放标准》(GB 8978—1996)的三级标准值(500 mg/L),五日生化需氧量(BOD$_5$)部分达到该标准的二级标准值(30 mg/L)以下,重金属中镉、铅超标严重,色度和pH部分达到《污水综合排放标准》,部分可生物降解,生物毒性显示无毒。

成果3:制定了钻井液及处理剂环保指标推荐值。

基于对国内各大油田及自治区环保现状及环保排放标准的调研,通过分析检测现用聚磺水基钻井液及相关处理剂的重金属、BOD$_5$、COD、生物毒性和生物降解性,结合自治区现场情况,确定出适用于塔里木盆地的钻井液及处理剂环保指标推荐值(表1-2-11)。

3. 主要创新点

在目前国内并无钻井液相关环保标准出台的情况下,自行选择相关环保指标进行探索性研究,对形成钻井液体系及处理剂环保推荐标准具有一定的参考意义。

表 1-2-11　钻井液及处理剂相关环保指标推荐标准值

序 号	检测项目		GB 8978—1996 标准值	
			二　级	三　级
1	COD/(mg·L⁻¹)		120	500
2	BOD₅/(mg·L⁻¹)		30	300
3	生物降解性 BOD₅/COD		—	
4	苯并芘/(mg·L⁻¹)		0.1	
5	生物毒性		不同检测方法评价结果有差异,"化学品急性经皮毒性试验方法"以低毒、无毒为参考标准	
6	重金属离子含量/(mg·L⁻¹)	汞(Hg)	0.05	
7		镉(Cd)	0.1	
8		总铬(Cr)	1.5	
9		砷(As)	0.5	
10		铅(Pb)	0.1	

4. 推广价值

形成的钻井液体系及处理剂环保推荐标准对塔河油田钻井液处理剂和钻井液体系的环保评价具有一定的指导意义。

十三、麦盖提 2 区二叠系承压技术与抗高钙盐水钻井液技术

1. 技术背景

麦盖提 2 区井下情况复杂,具体表现为:沙井子组黏卡、掉块、漏失,开派兹雷克组掉块、软泥岩缩径,以及库普库兹满组出水、漏失、掉块。YZ1 井在库普库兹满组处理井漏时出现垮塌埋钻,侧钻后又出现漏失与出盐水并存,无法满足固井条件,被迫封井。为有效应对可能出现的类似复杂情况,提高钻井效率,亟须开展提高地层承压能力和提高钻井液抗钙能力的攻关研究,并形成钻井液关键技术,保障该区块的勘探开发进程。

2. 技术成果

成果 1:明确了钻井液体系优化方向。

通过对已完钻邻近井的二叠系钻井复杂情况分析,得出二叠系的主要复杂情况有:沙井子组黏卡、掉块、漏失,开派兹雷克组掉块、软泥岩缩径,以及库普库兹满组出水、漏失、掉块。在二叠系全过程施工中,特别是在钻井液密度为 $2.02 \sim 2.10\ \mathrm{g/cm^3}$,库普库兹满组的高压盐水层与沙井子组低压漏层共存,形成负安全密度窗口($\Delta p \geqslant -0.30 \sim -0.20$ MPa)情况下,需提高已钻地层和库普库兹满地层的承压能力,才能有效压住库普库兹满地层出水(当量密度≥

$2.02\sim2.10$ g/cm³,低渗),同时防止钻井液被地层盐水侵破坏其性能。

成果 2：提出了逢缝即堵技术。

为提高地层承压能力,研究提出了逢缝即堵技术,优选了适合逢缝即堵技术的特殊堵漏材料——刚性颗粒封堵剂,并建立了实验方法,对刚性颗粒进行了一系列实验(图 1-2-35～图 1-2-38)。实验发现,刚性颗粒能够在很短时间内、很少漏失量条件下在地层模拟裂缝中形成渗透率很低的填塞层,且填塞层能够承受以上压力。同时验证了刚性颗粒抗高温、能酸溶、不与钻井液和地层流体反应的特性。

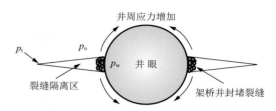

图 1-2-35 "应力笼"理论基本原理示意图

p_w—井筒液柱压力;p_o—地层压力;
p_t—裂缝尖端内流体压力

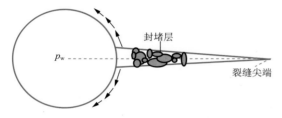

图 1-2-36 裂缝变短,提高井壁承压能力

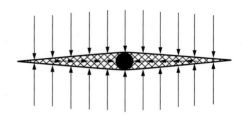

图 1-2-37 刚性封堵剂受裂缝闭合压力等作用

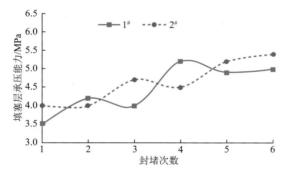

图 1-2-38 刚性颗粒组合封堵组合裂缝填塞层承压能力

1# 配方:1.5% O 级刚性颗粒+1.0% A 级刚性颗粒+1.0% B 级刚性颗粒+1.0% C 级刚性颗粒+1.0% E 级刚性颗粒+
1.0% F 级刚性颗粒;

2# 配方:1.5% O 级刚性颗粒+1.5% A 级刚性颗粒+1.5% B 级刚性颗粒+1.5% C 级刚性颗粒+1.5% D 级刚性颗粒+
1.5% E 级刚性颗粒+1.5% F 级刚性颗粒+1.5% G 级刚性颗粒

成果 3：建立了适合于三开钻进的"随钻逢缝即堵"提高地层承压能力钻井液技术。

现场应用(图 1-2-39、表 1-2-12)表明:YZ2 井沙井子组、开派兹雷克组承压过程中,破裂压力当量密度都达到了 2.05 g/cm³,稳压 30 min,压降 0.1～0.2 MPa;而 YZ1 井的破裂压力当量密度只有 1.81 g/cm³,YZ2 井的破裂压力当量密度比 YZ1 井的提高了 0.24 g/cm³,效果明显。

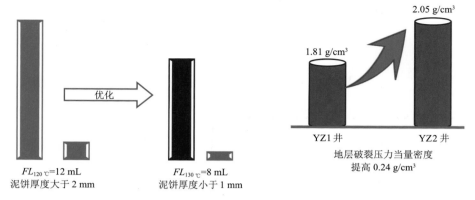

图 1-2-39 YZ2 井现场滤失量、泥饼和承压情况

$FL_{120℃}$, $FL_{130℃}$ 分别为 120 ℃和 130 ℃条件下的滤失量

表 1-2-12 YZ2 井承压施工压力控制表

序　号	钻井液密度/(g·cm⁻³)	井口给压/MPa	管鞋当量密度/(g·cm⁻³)	井底当量密度/(g·cm⁻³)
1	1.95	0.50	1.96	1.96
2	1.95	1.00	1.97	1.97
3	1.95	1.50	1.98	1.98
4	1.95	2.00	1.99	1.98
5	1.95	2.50	2.00	1.99
6	1.95	3.00	2.01	2.00
7	1.95	3.50	2.02	2.01
8	1.95	4.00	2.03	2.02
9	1.95	4.50	2.04	2.03
10	1.95	5.00	2.05	2.03
11	1.95	5.50	2.06	2.04
12	1.95	6.00	2.07	2.05

成果 4：构建了不同密度的抗高钙钻井液体系。

针对二叠系库普库兹满组可能出现的高压盐水，提出了 3 套钻过该高压盐水层的措施，并构建了不同密度的抗高钙钻井液体系，经室内评价该钻井液体系密度在 1.60～2.03 g/cm³ 之间可调，120 ℃热滚高温高压滤失量小于或等于 8 mL，泥饼厚度小于或等于 1 mm，抗高钙盐水侵大于 15%，能够满足正常钻进要求。

3. 主要创新点

首次建立了防黏卡泥饼质量评价新方法，并在应用该方法的基础上筛选了新型处理剂以提高泥饼质量，优化钻井液防黏卡性能，有效地解决了 YZ2 井在钻进过程中的黏卡现象。

4. 推广价值

"随钻逢缝即堵"提高地层承压能力钻井液技术在 YZ2 井应用效果良好，该技术可成为塔河油田和顺北油气田钻井中的常规技术,在形成配套的钻井工艺技术后,可规模化推广应用。

第三节 固井工艺技术

一、高压气井套管柱完整性控制技术

1. 技术背景

塔中北坡主要目的层为鹰山组上段和鹰山组下段,井深达 7 000 多米,井底温度约 190 ℃,压力达 100 MPa,含硫化氢及二氧化碳等腐蚀介质,套管柱面临恶劣复杂工况及其引发的环空带压和套管挤毁等技术难题。在前期已完钻的 12 口井中,3 口井发生 B 环空气窜,4 口井发生 C 环空气窜,1 口井口抬升。应用塔中北坡 12 口已完钻井的井史资料及典型气井的现场测试结果,分析鹰山组气井环空带压、套管变形失效及井口抬升的原因,找出高温高压气井套管柱完整性存在的问题,明确影响塔中北坡气井套管柱完整性的主控因素,提出改善高温高压气井套管柱完整性设计的建议,为后期塔中北坡高温高压气井套管柱完整性控制及安全管理提供重要参考。

2. 技术成果

成果 1:通过开展塔中北坡高温高压气井套管柱完整性影响因素调研分析,明确了环空带压、套管变形、井口抬升、腐蚀影响、管材及螺纹结构、工程因素是影响套管柱完整性主要因素(表 1-3-1)。

表 1-3-1 高温高压气井套管柱完整性影响因素及产生原因

影响因素	产生原因	典型井
环空带压	封隔器失效,油套管柱失效,水泥环失效	SN501,SN7,SN6
套管变形	套管非均匀磨损,地层非均匀挤压,高温导致套管抗挤强度降低	SN7
井口抬升	套管与水泥环之间的不协调变形,温度场变化,油压、套压较高,井筒温度升高	SN4,SN5-2
腐蚀	硫化物应力腐蚀开裂、电化学腐蚀、甲酸盐腐蚀	SN5-2,SN7,SN401
管材及螺纹结构	轴向拉力、管柱内外压力以及弯曲、扭矩的作用	SN4-1,SN7
工程因素	岩层引发的非均匀载荷,深层高温引发的附加热载荷,定向井产生的附加弯曲载荷,作业损伤	SN7,SN501,SN501

成果 2:随温度升高(35～210 ℃),材料屈服强度和抗拉强度均呈逐渐下降的趋势,降低幅度在 6%～10% 之间,且屈服强度值的下降率更大(图 1-3-1);建立了考虑磨损、腐蚀、温度对套管强度影响的计算模型,基于 ISO 10400 的三轴强度校核方法,给出了顺南北坡套管强度安全系数设计的推荐值,形成了一套针对高温高压气井的套管柱设计方法。

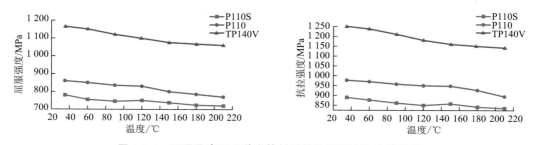

图 1-3-1　不同温度下 3 种套管材质的屈服强度和抗拉强度

成果 3：基于 ISO 11960 标准、NACE RP 0775－2015 标准、ISO 13679 标准和现场实际工况，从材料、管体、螺纹连接三方面提出了具体的套管柱质量控制技术及控制指标（表 1-3-2、表 1-3-3、表 1-3-4）。

表 1-3-2　材料执行标准及指标控制

开展实验	执行标准	控制指标参考标准	
化学成分检测	GB/T 4336—2002	ISO 11960	P 含量小于 0.015%，S 含量小于 0.005%
金相分析	GB/T 10561—2005	ISO 643	原始奥氏体晶粒度应为 ASTM 5 级或更细
夹杂物分析	GB/T 10561—2005	ISO 643	夹杂物等级均小于 2.5 级
硬度测试	GB/T 230.1—2009	ISO 15156/NACE MR 0175—2009	P110S 钢的 HRC 值小于 30；J55，P110，TP140V 和 TP155V 钢的 HRC 变化范围在 4 以内
冲击韧性测试	GB/T 229—2007	ISO 11960	管体与接箍 V 形缺口夏比冲击全尺寸试样在 0 ℃ 环境条件下：横向≥60 J，纵向≥80 J
应力腐蚀测试	NACE TM 0177—2005，ISO 7539—2	API SPEC 5CT	对于 P110S 及耐蚀合金试样不产生环境断裂和裂纹
氢致开裂测试	NACE TM 0284—2003	API SPEC 5CT	对于 P110S 及耐蚀合金试样不产生氢致裂纹

表 1-3-3　管体质量执行标准及控制指标

内　容	执行标准	控制指标
外径公差/%	ISO 11960	0～1.0
壁厚公差/%		−10
管体椭圆度		0.5% [2($D_{max}-D_{min}$)/($D_{max}+D_{min}$)]
壁厚不均度		≤14% [2($t_{max}-t_{min}$)/($t_{max}+t_{min}$)]
套管单根长度/m		11±0.5
管体弯曲度		管端 2.0 mm/m，管体全长 0.2%
管体和接箍的外观质量		API SPEC 5CT，API SPEC STD 5B
接头内、外螺纹的表面质量	API SPEC STD 5B	TP-CQ 螺纹接头的内螺纹表面要进行镀铜（或锌）或磷化处理

注：D_{max}，D_{min} 分别为管体最大、最小外径；t_{max}，t_{min} 分别为管体最大、最小壁厚。

表 1-3-4　套管气密扣质量执行标准及指标控制

内　容	控制指标参考标准
API 圆螺纹套管接箍的尺寸、公差和质量	ISO 11960，API SPEC 5CT
API 偏梯形螺纹套管接箍的尺寸、公差和质量	
气密扣 TP-CQ 和 TIGER 等螺纹套管	ISO 13679：2002

3. 主要创新点

创新点 1：实验得出了 P110，TP140V 和 P110S 钢的屈服强度和抗拉强度随温度升高（35～210 ℃）的变化趋势。

创新点 2：建立了考虑磨损、腐蚀、温度对套管强度影响的计算模型，基于 ISO 10400 的三轴强度校核方法，给出了塔中北坡套管强度安全系数设计的推荐值，完善了针对高温高压气井的套管柱设计方法。

4. 推广价值

塔中北坡区块面积大，天然气资源丰富，研究形成的提高塔中北坡高温高压气井套管柱完整性的技术和方法有利于提高高温高压气井套管柱完整性，为实现塔中北坡增储上产目标提供了技术保障。

二、高压气井固井技术实验评价与优化

1. 技术背景

2013 年顺南井区在奥陶系取得了天然气勘探重大发现，实现了塔中勘探的重大转折。在 6 口测试井中，4 口井见气，累产气 2 888.3×10⁴ m³。顺南井区目前共完井 12 口，因气侵严重、顶替效率低等技术难题，导致 3 口井气层固井质量不合格，尾管优良率仅 41.6%。SN5 井、SN501 井和 SN5-1 井在固井过程中都存在气窜问题；SN5-2 井、SN4-1 井和 SN7 井在生产过程都存在环空带压问题。为了保证该气藏的安全高效开发，需要解决以下关键技术问题：① 提高高温高压裂缝型气藏固井质量；② 固井候凝期间防气窜；③ 保证生产过程中水泥环的密封完整性。

2. 技术成果

成果 1：完成了裂缝型气藏固井质量影响因素分析。

通过总结分析顺南地区气井固井现状，得出影响固井质量的主要因素：① 固井候凝过程中水泥浆气窜是导致固井质量不佳的根本原因；② 井内流体的密度与黏度是导致裂缝型气藏气体在环空窜流，影响固井质量的关键因素；③ 井径扩大率及扶正器的安放对顶替效率影响明显，因而对固井质量影响较大。

成果 2：揭示了水泥环密封失效机理。

利用 ABAQUS6.16 软件建立了井筒模型，进行了水泥环密封失效分析。水泥环丧失

完整性分为4个方面：① A环空带压容易导致尾管回接段水泥环发生拉伸破坏；② 气井生产过程中上部井段温度增加，容易导致水泥环发生拉伸破坏；③ 水泥浆失重容易导致产生一界面微间隙；④ 水泥环收缩容易导致二界面产生微间隙。

成果3：优化形成了触变性水泥浆体系。

针对高温下常规触变性水泥浆性能无法满足固井要求的问题，选取气相二氧化硅、黄原胶等作为触变剂进行水泥浆体系优化研究。气相二氧化硅虽然可以较好地改善水泥浆的触变性，但是与缓凝剂不配伍，无法调配出高温触变水泥浆；选用的黄原胶触变剂的触变性能良好，与缓凝剂配伍性好，且与优选的微球型降失水剂配伍性良好。基于黄原胶优化出的高温触变性水泥浆的触变性能、失水性能、稠化性能优良，抗压强度满足施工要求，综合性能优良（图1-3-2、图1-3-3）。

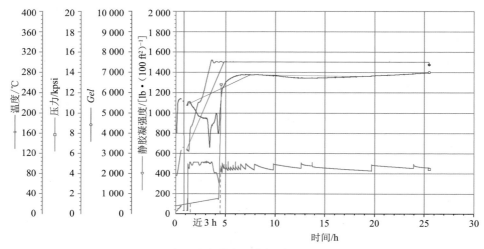

图 1-3-2　高温触变性水泥浆静胶凝强度发展曲线

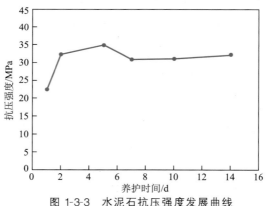

图 1-3-3　水泥石抗压强度发展曲线

3. 主要创新点

创新点1：利用数值模拟方法进行了水泥环密封失效分析，揭示了高压气井水泥环密封机理，分析得出水泥环弹性模量低于6 GPa可有效防止水泥环发生拉伸破坏。

创新点2：通过优选黄原胶作为触变剂，优化出高温触变性水泥浆体系。

4. 推广价值

为防止水泥环发生拉伸破坏控制,研究得出水泥环弹性模量应低于 6 GPa。高压气井固井技术成果在顺南、顺托、顺北等其他高压气井生产尾管回接固井中得到了应用,保障了高压气井水泥环的完整性,具有推广价值。

三、顺南地区防气窜固井技术实验评价与优化

1. 技术背景

顺南地区奥陶系蓬莱坝白云岩气藏勘探,需封固奥陶系一间房组和鹰山组高温高压气藏,面临气层活跃、压稳难度大、气层段固井质量难以保障等技术难题。气层尾管固井质量是封隔气层、保障井筒完整性的第一道和最重要的屏障,有必要针对顺南地区急需解决的固井难题,针对性开展防气窜固井技术实验评价与优化,确保防气窜固井成功施工,为后期完井和生产提供良好的井筒条件。

2. 技术成果

成果 1:研发出抗高温乳液防窜水泥浆体系。

优选了专为硅酸盐水泥设计的抗高温苯丙胶乳(图 1-3-4)防气窜乳液,其固相含量较丁苯胶乳提高 30%,且敏感性低,耐高温性能好;同时优化了硅粉加量及级配,研发出抗高温乳液防窜水泥浆体系,其 160 ℃下 API 失水小于 50 mL,稠化过渡时间 5 min,防气窜性能好(SPN 值<1),净胶凝强度 48～240 Pa 过渡时间约 18 min,防气窜性能优良,200 ℃下水泥石高温强度稳定性良好,30 d 水泥石渗透率小于 0.1 mD(1 mD=10^{-3} μm^2),10 轮次 80 MPa 压力交变后水泥环密封完整性良好,未见气窜现象(图 1-3-5)。

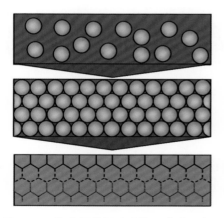

图 1-3-4　抗高温苯丙胶乳挤压成膜示意图

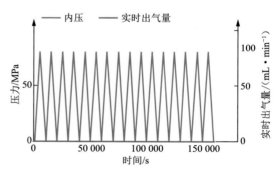

图 1-3-5　80 MPa 压力交变模拟曲线

成果 2:优化形成了抗高温隔离液体系。

优选了抗高温增黏剂、有机溶剂和悬浮稳定剂,并优选了不同加重剂,以满足现场不同隔离液密度需求。对于密度小于或等于 1.50 g/cm³ 的隔离液,优选超细矿渣作为加重材料;对于密度大于 1.50 g/cm³ 的隔离液,选用重晶石作为加重材料。由此形成了抗高温前置液

体系,该体系沉降稳定性小于或等于 0.02 g/cm³(图 1-3-6),滤失量小于 150 mL;冲洗效率大于或等于 95%(图 1-3-7);相容性良好,满足施工安全性。

图 1-3-6 抗高温隔离液悬浮稳定性

图 1-3-7 隔离液冲洗滤饼对比图

成果 3:建立了水泥浆精确压降预测模型,提出了基于水泥浆精确压降计算的气窜评价与预防方法。

建立了地层-水泥环-套管力学模型,以 SNP1 井为例,分析了套管内压变化及循环加卸载次数对水泥石损失的影响,结果显示水泥石弹性模量越大,循环加卸载后水泥石残余变形越大,损伤量越大,水泥石硬度越高,抵抗变形的能力越强(图 1-3-8)。

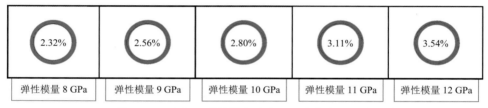

2.32%	2.56%	2.80%	3.11%	3.54%
弹性模量 8 GPa	弹性模量 9 GPa	弹性模量 10 GPa	弹性模量 11 GPa	弹性模量 12 GPa

图 1-3-8 水泥石弹性模量对水泥环残余变形影响

3. 主要创新点

创新点 1:通过优选苯丙胶乳防气窜乳液、优化硅粉加量,增强了水泥浆防窜性能,改善了水泥石的力学性能,提升了水泥环密封完整性,可满足 200 ℃下防气窜固井要求。

创新点 2:通过优选抗高温有机高分子稳定剂、无机悬浮剂、抗高温表面活性剂,增强了隔离液稳定性和冲洗效果。

4. 推广价值

研究形成的抗高温防气窜水泥浆体系、抗高温隔离液体系、缝洞型气藏防气窜固井工艺技术可基本满足顺南区块超深井高压防气窜固井要求,确保防气窜固井成功施工,为后期完井和生产提供良好的井筒条件。

四、低压易漏层固井技术优化

1. 技术背景

顺北油气田二叠系火成岩平均厚度 530 m,裂缝发育,漏失压力低,完钻井固井漏失率

82％，井口反挤补救井 54.5％。为解决二叠系固井漏失难题，提高井筒完整性，通过优选复合堵漏材料、高强度减轻材料，形成了堵漏前置液体系和低密度水泥浆体系。

2. 技术成果

成果 1：研制出堵漏隔离液体系。

利用架桥原理，优选新材料 bond2，Plus 及 Flexmedium 等作为堵漏材料（图 1-3-9），并通过中温 90 ℃和高温 120 ℃的承压实验，研制出能有效封堵 2 mm 孔隙和裂缝、承压大于 5 MPa 的堵漏隔离液体系（图 1-3-10、图 1-3-11）。

　（a）bond2　　　　　　　（b）Plus　　　　　　（c）Flexmedium

图 1-3-9　堵漏新材料

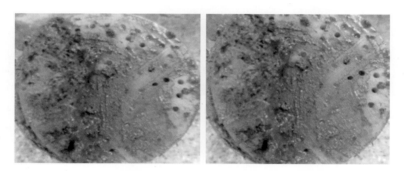

图 1-3-10　2 mm 孔隙中堵漏隔离液固相颗粒均匀镶嵌并较好封堵

图 1-3-11　2 mm 裂缝中堵漏隔离液泥饼薄而致密，颗粒严密充填

成果 2：优化出密度为 1.35～1.50 g/cm³ 的低密度水泥浆体系。

优选具有高承压能力的国产空心微珠 Y12000 作为减轻剂，优化出密度为 1.35～1.50 g/cm³ 的低密度水泥浆体系，其各项关键性能满足指标要求，150 ℃高温养护 7 d 及 15 d 的强度均大于 18 MPa，水泥石长期稳定性良好（表 1-3-5、图 1-3-12）。

表 1-3-5　　150 ℃高温下水泥石强度性能　　　　　　　　　　单位:MPa

密度 /(g·cm⁻³)	150 ℃×21 MPa×7 d			平均值 /MPa	150 ℃×21 MPa×15 d			平均值 /MPa
	1#	2#	3#		1#	2#	3#	
1.35	18.6	18.3	18.7	18.53	18.7	19.0	18.8	18.83
1.45	20.5	20.8	20.4	20.57	27.4	28.4	27.8	27.87
1.50	21.6	21.3	21.7	21.53	26.0	27.6	26.0	25.53

成果 3:完成了多相顶替模拟。

开展了多相顶替模拟,推荐应用冲洗液+2 倍隔离液+水泥浆条件下的顶替模拟(图 1-3-13):返深为 4 100 m 以下,替浆排量为 2.0 m³/min,密度为 1.5 g/cm³ 以及替浆排量为 2.5 m³,密度为 1.4 g/cm³ 时,均不会发生漏失。

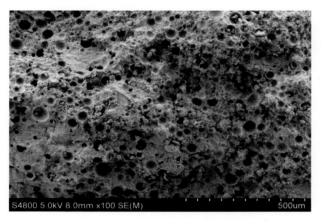

图 1-3-12　1.35 g/cm³水泥石空心微珠均匀分布, 　　　图 1-3-13　冲洗液+2 倍隔离液+
　　　　　　水泥石长期稳定性良好　　　　　　　　　　　　　　　水泥浆浆柱结构模拟图

3. 主要创新点

创新点 1:利用架桥原理,优选国外新型堵漏材料,研制出堵漏隔离液体系,并使用改造的高温高压静态堵漏实验装置与动态堵漏实验装置测试了隔离液的堵漏性能。

创新点 2:首次利用多相顶替模拟开展隔离液不同条件下的顶替效率分析,通过优化隔离液性能、浆柱结构、井筒注入参数及水泥浆返高,对防漏固井工艺进行了优化。

4. 推广价值

新型堵漏隔离液体系具有良好的抗温性和抗压性,可利用该体系有效封堵 2 mm 孔隙和裂缝,可有效降低顺北油气田二叠系固井漏失风险。国产微珠低密度水泥浆体系性能优良,可媲美国外进口体系,且更为经济、实用,有望在顺北油气田二叠系等低压易漏层固井中得到良好应用。

五、顺北一区奥陶系碳酸盐岩地层固井技术优化

1. 技术背景

顺北一区封固井深达到 8 500 m 左右,井底温度大于 180 ℃,碳酸盐岩储层裂缝发育地层承压能力低。因此,超深储层固井面临高温强度衰退、高温防窜难度大以及低压、易漏、裂缝性地层固井质量差的难题。针对以上难题,评价高温外加剂、高温防窜剂和高温减轻材料,设计相应的水泥浆体系,最终形成堵漏型抗高温前置液体系+抗高温低密度防气窜水泥浆体系+抗高温防气窜水泥浆体系固井技术,为超深碳酸盐岩储层固井提供技术支撑。

2. 技术成果

成果 1:研发出新型国产低密度防气窜水泥浆体系。

综合评价外加剂性能,优选国产空心微珠 Y14000 作为减轻剂(图 1-3-14),优选结晶型二氧化硅作为高温强度稳定剂(图 1-3-15),采用抗高温四元热增黏聚合物作为稳定剂(图 1-3-16),研发出抗高温低密度防气窜水泥浆体系。该体系浆体密度为 1.30~1.40 g/cm³,弹性模量小于或等于 7 GPa,180 ℃高温强度稳定(表 1-3-6、图 1-3-17)。

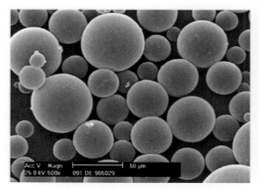
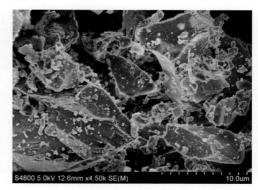

图 1-3-14 国产空心微珠微观结构　　　　图 1-3-15 结晶型二氧化硅微观结构

图 1-3-16 四元热增黏聚合物稳定剂原理

表 1-3-6 水泥石三轴力学性能测试(180 ℃×7 d)

弹性模量 /GPa	泊松比	剪切模量 /MPa	体积模量 /MPa	抗压强度/MPa			
				养护 24 h	养护 48 h	养护 72 h	养护 7 d
5.63	0.127	721.756	725.916	17.5	25.5	25.2	23.7

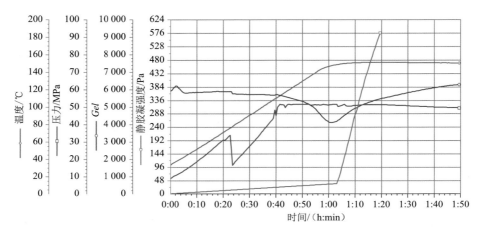

图 1-3-17　静胶凝强度发展规律稳定

成果 2：形成了一套抗高温防气窜水泥浆体系。

通过实验测试评价，优选出抗高温防气窜外加剂类型，形成了一套抗高温防气窜水泥浆体系。该体系耐温 180 ℃，弹性模量小于或等于 7 GPa，水泥石具有一定的塑性，有利于减弱水泥石在高温高压条件下的应力破坏现象（表 1-3-7、图 1-3-18）。

表 1-3-7　水泥石三轴力学性能测试（180 ℃×7 d）

弹性模量 /GPa	泊松比	剪切模量 /GPa	体积模量 /GPa	抗压强度/MPa			
				养护 24 h	养护 48 h	养护 72 h	养护 7 d
6.23	0.16	2.68	3.05	14.9	28.3	32.1	31.5

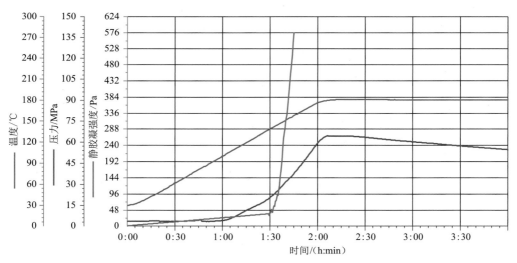

图 1-3-18　静胶凝强度发展规律稳定

成果 3：研发了堵漏型抗高温前置液体系。

优选蛇纹石纤维，确保水中较好分散，相互交织成网（图 1-3-19），抗温小于 500 ℃。采用前置液封堵防漏动态模拟实验装置，研发出堵漏型抗高温前置液体系，抗温 150 ℃，承压

3.5 MPa,可有效封堵 1.5 mm 的裂缝(图 1-3-20、图 1-3-21)。

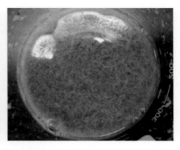

图 1-3-19　蛇纹石纤维材料及分散性能

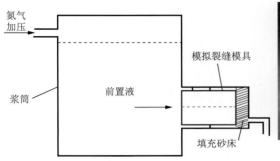

图 1-3-20　前置液封堵模拟实验装置原理图

（a）0.5 mm 裂缝　（b）1.0 mm 裂缝　（c）1.5 mm 裂缝

图 1-3-21　模拟裂缝模具

3. 主要创新点

针对高压超过 90 MPa 的超深井,首次优选出高性能国产微珠,并配套抗高温四元热增黏聚合物,研发出新型国产低密度防气窜水泥浆体系。

4. 推广价值

针对顺北油气田超深层易漏失、防气窜固井,推荐使用堵漏型抗高温前置液体系＋抗高温低密度防气窜水泥浆体系＋抗高温防气窜水泥浆体系固井技术。该技术可有效封堵 1.5 mm 裂缝,弹性模量低,可提高水泥环完整性,满足大尺寸或窄间隙固井需求。

六、新型水热合成型固井材料体系测试

1. 技术背景

塔河油田西部、顺北(地层温度 200 ℃)等地区储层埋藏深,井底温度高,油井水泥在高温下存在强度衰退、渗透率急剧增大的现象,常规加砂法无法解决这一难题,严重影响了油气井的生产和安全。因此,研发新的高温固井材料、形成新的高温固井技术迫在眉睫。本研究利用水热合成原理,将深井/超深井中不利的高温高压条件转化为有利条件,硅、钙等金属氧化物与水混合体系发生水热合成反应,生成具有高温力学性能稳定的固化物,解决深井/超深井面临的高温、超高温固井难题。

2. 技术成果

成果 1：完成了新型水热合成型固井材料体系设计。

依据水热合成型材料体系的高温水热合成规律，通过优化体系组分配比、水固比及粒径分布，设计出 100～200 ℃和 200～300 ℃条件下两种新型高温固井材料体系组成。高温下固化产物主要为硬硅钙石、托贝莫来石和少量 CSH 凝胶（水化硅酸钙凝胶），体系抗压强度呈现出良好的高温力学稳定性（图 1-3-22）。

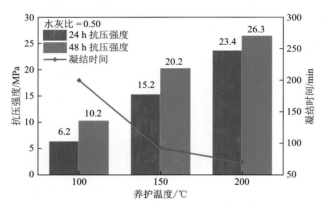

图 1-3-22　不同温度下抗压强度实验数据

成果 2：分析了高温防气窜外加剂对水热合成材料的影响。

高温气防窜外加剂纳米液硅对水热合成材料性能的影响：抗压强度随温度、纳米液硅加量增加而增大，高温下长时间养护强度不衰退（图 1-3-23），且表现出较强的防气窜性能，纳米液硅和水热合成材料在高温高压条件下具有较好的配伍性。

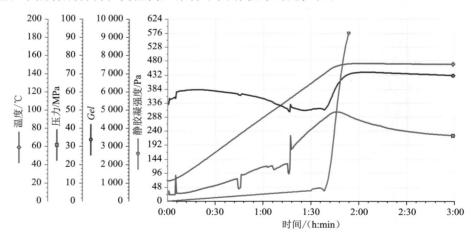

图 1-3-23　150 ℃ 3% 液硅加量下的静胶凝强度发展曲线

成果 3：研究了水热合成型固井材料的高温力学性能。

研究表明，水热合成材料性能稳定，与硅砂一样，不存在与水泥或外加剂的配伍性能差的问题。水热合成材料受压时脆性变形小，破碎小，具有一定的弹塑性（图 1-3-24）。

图 1-3-24 水热合成固化物受压破坏图

成果 4：研发出超高温高压防气窜新型固井液体系。

研发出可满足顺北区块超高温条件（200 ℃）的水热合成型固井液，为超高温固井提供了技术支撑。室内评价和现场评价表明：该体系流变性好，稠化时间可调，API 失水量为 34 mL（图 1-3-25），防气窜 SPN 值为 1.294，72 h 强度为 38 MPa，其高温固化产物微观结构致密（图 1-3-26）。

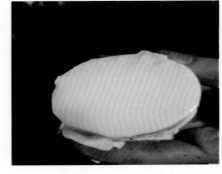

图 1-3-25 水热合成型固井液失水实验滤饼

与常规高温加砂水泥浆对比：常规加砂水泥在高温（≥200 ℃）下，强度仍严重衰退，而水热合成固井液高温强度稳定，耐温达 600 ℃以上。常规加砂水泥约 900 元/t，若高温下采用更细的硅砂，成本会继续增加；水热合成材料成本约 1 600 元/t。

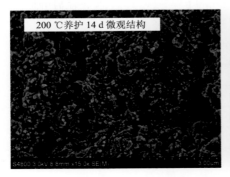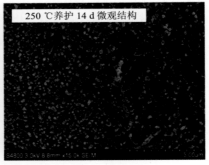

图 1-3-26 水热合成型固井液高温固化产物微观结构

3. 主要创新点

创新点 1：针对井温 100～200 ℃ 和 200～300 ℃ 条件，设计了两套水热合成型固井材料组合。

创新点 2：研发形成了一套纳米液硅水热合成型高温固井液，适用于 200 ℃ 超高温，具有优良的高压防窜性能，高温性能稳定。

4. 推广价值

水热合成型固井液具有耐高温、与外加剂配伍性好、高温强度稳定等特点,随着国家对环保要求的增高,水热合成型固井液有望成为解决深井高温固井难题的一种重要的新体系。

七、塔河油田钻井井口套管失效实验评价

1. 技术背景

随着塔河油田的开发,部分油井出现了不同程度的套管损坏(简称套损)现象,TP134 和 TP152 井出现井口套管断裂现象,各区域均有不同程度的套损现象,影响油田的正常开发和安全生产。通过调研塔河油田井口套损情况,结合实验研究及有限元分析,得出塔河油田井口套损的主要原因和规律,最终提出预防套管失效的综合措施。

2. 技术成果

成果 1:完成了塔河油田套损的主要规律和影响因素分析。

通过对塔河油田地区 90 口套损井的套损深度、套损类型、套管工作寿命、固井质量等情况进行统计,得出了塔河油田套损的主要规律(图 1-3-27):① 套管失效以变形/缩径/偏磨和漏失/穿孔为主,其中变形/缩径/偏磨占所统计套损井总数的 30%,漏失/穿孔占 53.33%;② 套损位置在 3 000~5 000 m 范围内占所统计套损井总数的 63.04%;③ 浅层套管(<1 000 m)损坏以套管错断/破损为主,中层套管(1 000~3 000 m)损坏以漏失/穿孔为主,深层套管(>3 000 m)损坏也以漏失/穿孔为主,变形也较多。

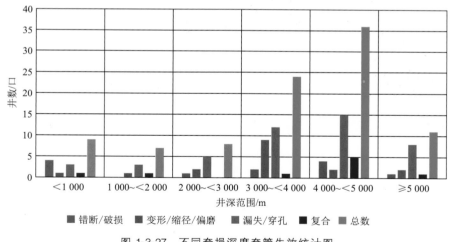

图 1-3-27 不同套损深度套管失效统计图

成果 2:完成了塔河油田井口套损失效原因分析。

通过宏观形貌分析、微观形貌分析、腐蚀产物成分分析、力学性能检测、套管材质化学成分分析等手段,对两口井口套管失效井(TP134 和 TP152 井)的失效原因进行了分析,认为两口井卡瓦夹持段套管开裂(断裂)的主要原因是套管不居中,偏斜造成应力集中(图 1-3-28)。

其中,TP134 井卡瓦材质性能较差,在受力时先于套管发生断裂,导致套管本身应力集中更加严重,这是该井套管失效的主要诱导原因。

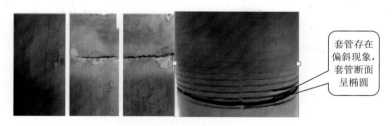

套管存在偏斜现象,套管断面呈椭圆

图 1-3-28　套管存在偏斜及套管内壁磨损形貌

成果 3:完成了不同悬挂器井口套管载荷分布规律及影响因素分析。

通过解析计算和有限元计算,对现有 3 种卡瓦式套管悬挂器套管受力进行了计算,结果表明不同类型悬挂器套管受力不同,卡瓦几何尺寸也对套管受力有影响,可在现有结构基础上对卡瓦几何尺寸进行优化,并针对性制定了安装工艺控制参数(表 1-3-8、表 1-3-9)。

表 1-3-8　不同计算值下最优参数推荐

序　号	类型/计算值	卡瓦长度/mm	卡瓦牙密度/(个·in^{-1})	卡瓦牙型/(°)	最　优
1	W 型	102	4	20～70	—
2	WE 型	102	4	20～70	—
3	改进 WE 型	114	8	20～70	√
4		96	4	20～70	—
5	计算值 (长度)	102	4	20～70	—
6		108	4	20～70	—
7		114	4	20～70	√
8		102	4	20～70	—
9	计算值 (牙密度)	102	6	20～70	—
10		102	8	20～70	√
11		102	10	20～70	—
12		102	4	15～75	√
13		102	4	25～65	—
14	计算值 (牙型)	102	4	30～60	—
15		102	4	35～60	√
16		102	4	40～60	—
17		102	4	20～70	—

表 1-3-9 安装工艺控制参数

序 号	主要参数		最大允差	依据来源
1	套管	壁 厚	较设计值高一级别	目前已经执行
2		外径椭圆度/%	≤0.6	严于国内现有深井/超深井套管检验标准
3		壁厚不均度/%	≤10	严于国内现有深井/超深井套管检验标准
4		钢 级	是否选择高级别耐蚀套管	依据井况实际条件
5		偏心距/mm	2	套管头安装手册及其他参考文献
6	法兰/井口	水平倾斜角/(°)	≤2	有限元计算结果及套管头安装手册
7	卡 瓦	卡瓦垂直高度差/mm	≤3	有限元计算结果
8		卡瓦/卡瓦座锥度差/(°)	≤±1	有限元计算结果

3. 主要创新点

创新点 1：对现有 3 种卡瓦式套管悬挂器套管受力进行了计算，在现有结构基础上，对卡瓦几何尺寸进行了优化。

创新点 2：井口套管质量控制应从悬挂器类型选择→悬挂器质量控制→工艺控制三方面进行，对各环节应控制的主要参数进行了规定。

4. 推广价值

该技术提出的套管选型优化措施对塔河工区套管优化设计具有一定的指导意义，为保障套管长期服役有一定的推广价值。

参 考 文 献

[1] 赵志国,白彬珍,何世明,等.顺北油田超深井优快钻井技术[J].石油钻探技术,2017,45(6):8-13.

[2] Liu B, Zhu Z X, Zhang J, et al. Fatigue failure analysis of drilling tools for ultra-deep wells in Shunbei Block[J]. Meterials Science and Engineering,2018,423:1-7.

[3] 刘彪,潘丽娟,王圣明,等.顺北油气田超深井井身结构系列优化及应用[J].石油钻采工艺,2019,41(2):130-136.

[4] 于洋,南玉民,李双贵.等.顺北油田古生界钻井提速技术[J].断块油气田,2019,26(6):780-783.

[5] 杨兰田,刘腾,刘厚彬,等.火成岩微细观组构及力学性能实验研究[J].地下空间与工程学报,2019,15(增刊1):40-45.

[6] 王轲,刘彪,张俊,等.高温高压气井井筒温度场计算与分析[J].石油机械,2019,47(1):8-13.

[7] 刘景涛,张文,于洋,等.二叠系火成岩地层井壁稳定性分析[J].中国安全生产科学技术,2019,15(1):75-80.

[8] 刘彪,李双贵,杨明合.钻井液温度控制技术研究进展[J].化学工程师,2019(1):42-44.

[9] 方俊伟,何仲,熊汉桥,等.高温高压裂缝型碳酸盐岩气藏封缝堵气技术[J].科学技术与工程,2019,19(4):93-98.

[10] 方俊伟,苏晓明,熊汉桥,等.塔中区块成膜封缝堵气钻井液体系[J].地质科技情报,2019,38(2):

297-302.

[11] 方俊伟,朱立鑫,罗发强.等.钻井液对裂缝型地层气侵的影响模拟研究[J].钻井液与完井液,2019, 36(3):287-292.

[12] 范胜,宋碧涛,陈曾伟,等.顺北 5-8 井志留系破裂性地层提高承压能力技术[J].钻井液与完井液, 2019,36(4):431-436.

[13] 路飞飞,王永洪,刘云,等.顺南井区高温高压防气窜尾管固井技术[J].钻井液与完井液,2016,33 (2):87-95.

[14] 王永洪,赫英状,李斐,等.塔里木盆地顺南区块高温高压气井井筒完整性失效机理分析[J].天然气 勘探与开发,2019,42(1):86-96.

[15] 李斐,路飞飞,王军,等.井口 P110 套管失效原因分析[J].钢管,2017,46(6):67-72.

[16] 张俊,杨谋,李双贵,等.顺北二叠系低压易漏井固井质量影响因素探讨[J].钻井液与完井液,2019, 36(4):486-490.

[17] 李斐,路飞飞,胡文庭.超深超高温裂缝型气藏固井水泥浆技术[J].石油钻采工艺,2019,41(1): 38-42.

[18] 赫英状,李斐,王翔宇,等.皮山北区块超深井高密度固井技术[J].钻采工艺,2019,42(2):17-20.

第二章
完井测试工程技术进展

随着塔河油田、顺北油气田勘探开发的持续推进,塔河油田二次开发面临注水注气井的管柱腐蚀监测、注水注气周边井的连通性问题带来的监测难题,同时在顺北等井区钻遇了超深储层($>7\,200$ m),遭遇了超高温(209 ℃)、高压(129 MPa)、富含腐蚀介质(H_2S 质量浓度为 $2.64\sim2\,368$ mg/m³,CO_2 体积分数为 $1.71\%\sim18.25\%$)等恶劣工况,导致完井工具失效、压力计等无法下到储层位置,鉴于此开展了完井测试技术配套研究和攻关,攻关成果有力保障了塔河油田、顺北油气田的顺利开发。

动态监测方面,在注气注水井管柱腐蚀测试、注水注气后井间连通性监测及缝洞型油气层试井解释方面主要开展了以下三方面的工作:① 针对注气注水井筒完整性监测的问题,基于多臂井径测量和电磁探伤测试,建立了注气注水井管柱腐蚀监测方法及解释方法,为后续类似井的油套管腐蚀监测提供了技术支撑;② 针对前期示踪剂本底过高导致 BY 系列示踪剂难以监测等问题,优选了气体、水溶性示踪剂,为塔河油田的注气注水井间连通性监测储备了新的示踪剂种类,并通过研究初步探索了示踪剂解释方法;③ 在缝洞型油藏试井解释方面完善了试井解释方法,建立了考虑纵向上重力因素影响的井-缝-洞地质模型,并形成了井筒温度模拟技术、裂缝-孔洞型特定试气设计方法及软件。

完井方面,在超深高温高压油气井完井测试工艺方面主要开展了以下三方面的工作:① 针对塔中北坡奥陶系气藏封隔器工况恶劣问题,研发了新型双向卡瓦可回收高温高压液压封隔器、胶筒及水力锚等超高温高压气藏工具;② 针对顺北-XX 井区碳酸盐岩裂缝型储层前期出现投产困难、井筒堵塞、井壁坍塌等异常现象,通过储层敏感性分析、完井方式研究及可溶材料性能测试,指导了钻完井及后期生产作业;③ 针对储层改造无法实现非主应力方向的有效沟通,而侧钻费用高、周期长的问题,通过定向的多分支深部沟通技术高效经济地动用井周储集体。

这些技术的突破促进了超深缝洞型储层的高效完井和动态监测评价技术的发展,对采收率的持续提高提供了有力支撑。

第一节　动态监测技术

一、气水混注井套管腐蚀监测与测试

1. 技术背景

在塔河油田开发过程中,注氮气施工时气水混注工艺的实施导致套管发生破损,出现穿孔、腐蚀等现象,影响正常生产,甚至影响整个区块的二次开发。气水混注压力越高,套管损坏越多;气水混注轮次越多,套管腐蚀损坏越严重。为精细评价气水混注井套管腐蚀的情况,更好地指导气水混注井安全生产,通过在气水混注井进行多臂井径测量,监测内层管柱腐蚀与变形情况,及时发现内层管柱腐蚀程度,指导修井措施,控制损坏的进一步发生。根据前期的多臂井径监测资料,总结套管腐蚀规律,提出针对内层套管损伤要求深下油管的可行性建议。

2. 技术成果

成果 1:建立单层管柱评价计算公式。

针对塔河油田井段较长,容易出现监测过程中管柱不居中的现象,通过居中校正后选取最大半径、最小半径、缩径率、扩径率和金损面积等参数,建立扩径率和缩径率公式来评价损伤情况(图 2-1-1)。

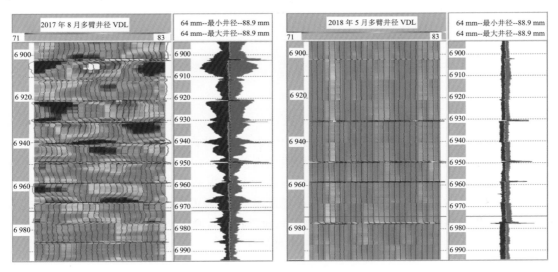

图 2-1-1　多臂井径居中校正前后对比图

成果 2:编制多臂解释软件。

得出针对性区块多臂井径测井解释参数(图 2-1-2),按区块归一化原始数据,利用穿孔率和最大损伤率等公式校正解释方法的合理性,编制了气水混注井多臂井径测井解释软件并进行测试验证。

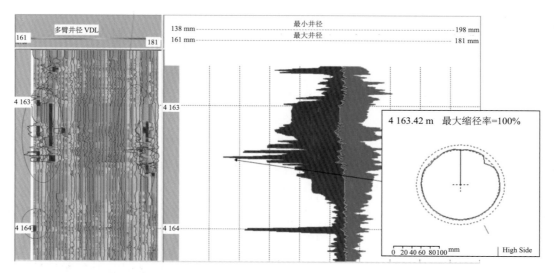

图 2-1-2　气水混注井测试成果图

3.主要创新点

通过多臂井径解释模板的建立,编制了适合塔河油田的气水混注井多臂井径测井解释软件。

4.推广价值

形成的气水混注井多臂井径解释参数及解释方法可推广应用到塔河油田其他区块及顺北区块管柱内壁腐蚀监测中。

二、注水井套管腐蚀监测与测试

1.技术背景

塔河油田进入二次采油期后,随着注水轮次的增加,井内管柱内外壁均接触流体,管柱内外壁均存在腐蚀风险,腐蚀的发生直接影响注水效果及油水井的使用寿命。采用电磁探伤方法测试注水井井下多层管柱剩余壁厚,不受井下污染、结垢的影响,无须提出油管就能检测油管和套管的损伤情况,对生产影响小且成本低,对及时发现多层管柱腐蚀、控制损坏的进一步发生发挥着重要的作用。根据前期的套损腐蚀监测资料,总结套管腐蚀规律,建议在腐蚀容易发生的 3 000~5 000 m 井段使用加厚油管。

2.技术成果

成果 1:建立了单层和双层管柱评价计算公式及解释模型。

针对塔河油田多轮次注水导致多层管柱出现腐蚀的现象,利用现有的电磁探伤仪器,对单层及多层管柱进行测试,根据电磁探伤测量理论建立了单层及双层管柱情况下管壁结构的物理模型和管壁厚度计算的数据模型。

成果 2：建立了电磁探伤解释模板，编制了适合塔河油田的电磁探伤测井解释软件。

根据管柱臂厚与相对幅度的数学关系式，建立了适合塔河油田电磁探伤解释的模板（图 2-1-3），根据反演模型定量计算了壁厚和金属损失率，编制了电磁探伤测井解释软件，利用塔河油田 10 余井次的解释进行了测试验证（图 2-1-4）。

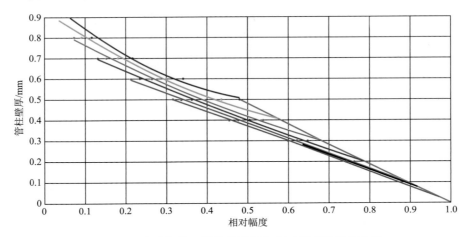

图 2-1-3　电磁探伤双层管柱壁厚与相对幅度数学关系图

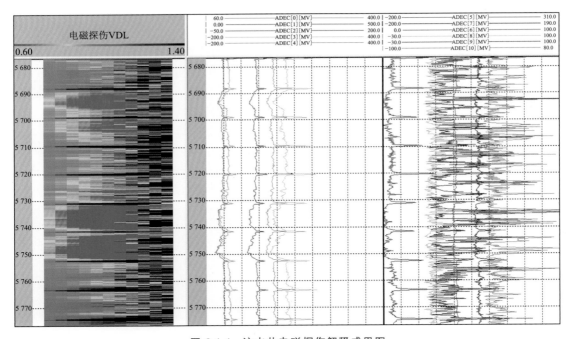

图 2-1-4　注水井电磁探伤解释成果图

3. 主要创新点

建立了单层及双层管柱电磁探伤解释模版，编制了适合塔河油田注水井的电磁探伤测井解释软件。

4. 推广价值

形成的注水井电磁探伤解释参数及解释方法可推广应用到塔河油田其他区块及顺北区块管柱内壁腐蚀监测中。

三、缝洞型储层气体示踪剂优选

1. 技术背景

塔河油田井间气体示踪剂监测逐年增加,区块缝洞型油藏储层非均质性强,随着油藏开发进入中后期,准确识别缝洞组合模式和井间储层空间展布是精确制定开发方案的必要前提。为提高后期工艺措施的准确性及高效性,通过实验手段,综合考察示踪剂温度稳定性、压力稳定性、最低检出限、线性范围、检测方法不确定度、回收率、原油吸附性、油层岩石吸附性、地层水吸附性等性能参数,优选出适合塔河油田的气体示踪剂。开展缝洞型储层示踪剂现场作业规范研究,编制缝洞型储层示踪剂监测方案、现场施工设计规范、采样规范、检测规范等相关规范。

2. 技术成果

成果 1:优选了 3 种适合塔河油田的气体示踪剂。

通过气体示踪剂最低检出限、温度稳定性实验、示踪剂线性范围实验、检测方法不确定度实验、原油吸附性实验、油层岩石吸附性实验、地层水吸附性实验等室内实验(图 2-1-5),优选了 3 种缝洞型储层气体示踪剂(四氟乙烷、氧化亚氮、二氟一氯甲烷),实验评价满足塔河工区油藏环境需求(耐温大于或等于 150 ℃,耐矿化度 $21×10^4$ mg/L)。

图 2-1-5　气体示踪剂优选实验思路图

成果 2:首次引入岩层及原油动态吸附性评价方法。

选取 30 ℃,50 ℃ 和 70 ℃ 3 个不同的温度,模拟评价岩层及原油对气体示踪剂的静态吸附(图 2-1-6、表 2-1-1)。利用 IGC 技术,引入吸附热实验,得到示踪剂在岩层及原油固定相中的净保留时间 t_N,利用热力学方法求得每种探针分子的吸附热 ΔH,ΔH 可动态表征示踪剂吸附能力强弱,评价示踪剂的返排能力。

图 2-1-6　油层岩石微观图

70

表 2-1-1　不同温度下示踪剂对原油的吸附数据

示踪剂		30 ℃峰面积/(mV×min)		50 ℃峰面积/(mV×min)		70 ℃峰面积/(mV×min)		吸附率/%		
		初始值	测量值	初始值	测量值	初始值	测量值	30 ℃	50 ℃	70 ℃
氧化亚氮	空　白	426.246	426.108	436.628	436.501	359.751	359.582	0.032 4	0.029 1	0.047 0
	原油样	435.446	431.349	705.571	699.240	368.980	365.863	0.940 9	0.897 3	0.844 8
六氟化硫	空　白	8 407.61	8 405.95	8 355.26	8 352.50	8 334.19	8 332.67	0.019 7	0.033 0	0.018 2
	原油样	8 335.01	8 264.35	8 382.41	8 317.22	8 376.85	8 312.98	0.847 7	0.777 7	0.762 5
二氟一氯甲烷	空　白	1 437.06	1 436.30	1 403.05	1 402.38	1 419.50	1 418.34	0.052 9	0.047 6	0.081 7
	原油样	1 468.02	1 456.73	1 415.84	1 405.37	1 428.73	1 418.47	0.769 1	0.739 5	0.718 1
四氟乙烷	空　白	2 015.12	2 013.73	2 090.78	2 088.79	2 042.94	2 041.41	0.069 0	0.085 6	0.074 9
	原油样	2 087.00	2 067.94	2 028.91	2 010.50	2 022.02	2 004.06	0.913 3	0.907 4	0.888 2

成果 3：完成了示踪剂系列规范。

系统地界定了塔河油田气体示踪剂动态监测系列规范，完善了标准化现场管理，提高了注气动态监测数据的可靠性与准确性。完成了《缝洞型储层气体示踪剂监测设计规范》《缝洞型储层气体示踪剂现场加注施工规范》《缝洞型储层气体示踪剂采样规范》《缝洞型储层气体示踪剂检测规范》等系列规范（图 2-1-7），填补了塔河工区气体示踪剂现场应用管理规范的空白。

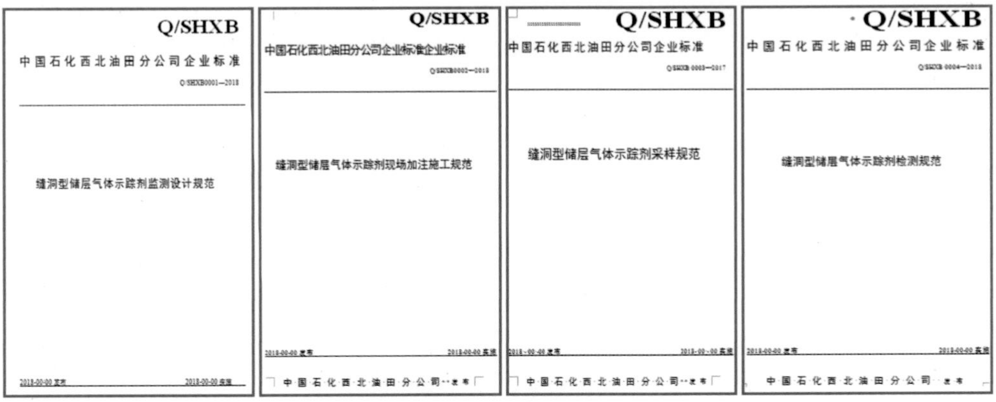

图 2-1-7　示踪剂现场应用规范图

3. 创新点

创新点 1：优选出 3 种适合缝洞型储层使用的气体示踪剂（四氟乙烷、氧化亚氮、二氟一氯甲烷），试验评价满足塔河工区油藏环境需求（耐温大于或等于 150 ℃，耐矿化度 $21×10^4$ mg/L）。

创新点 2：编写了缝洞型储层示踪剂现场作业规范系列，填补塔河工区气体示踪剂现场应用管理规范的空白。

4. 推广价值

现场推广应用优选缝洞型储层气体示踪剂,获取井间相关参数,可有效降低无效注气频次,提高注气后效,指导后续油藏开发调整。在低油价的大背景下,该项技术是降本增效的有力手段之一,在压力监测方面推广前景巨大。

四、缝洞型水溶性荧光示踪剂

1. 技术背景

塔河油田自 2006 年开始利用液相示踪剂评价井间连通性,随着开发周期的延长,各类现场应用示踪剂本底浓度逐年提高,工区储备的常用示踪剂种类少(仅 BY 系列),不利于检测与解释。通过调研发现,现有市场上的荧光示踪剂存在种类少,热稳定性差,荧光强度受酸碱 pH、浓度影响大,容易与地下水中的重金属离子络合干扰其发光性能等问题,影响现场应用。针对这一系列难题,利用室内实验手段,研发合成水溶性荧光示踪剂,满足在温度 150 ℃、矿化度 21×10^4 mg/L 地层条件下的井间示踪剂动态监测应用。

2. 技术成果

成果 1:系统研究了水溶性荧光示踪剂的影响因素和评价方法。

研究了水溶性荧光示踪剂的合成(图 2-1-8)及影响因素,从分子层面合成新药剂,该药剂具有区分度高(具有特定的激发波长与荧光特征峰)、检测精度高(检测极限浓度为 10^{-7} 数量级)等特点;系统进行合成因素影响分析及检测方法影响分析,评价药剂自身的光学性能、荧光光谱区分性能及检测极限浓度。

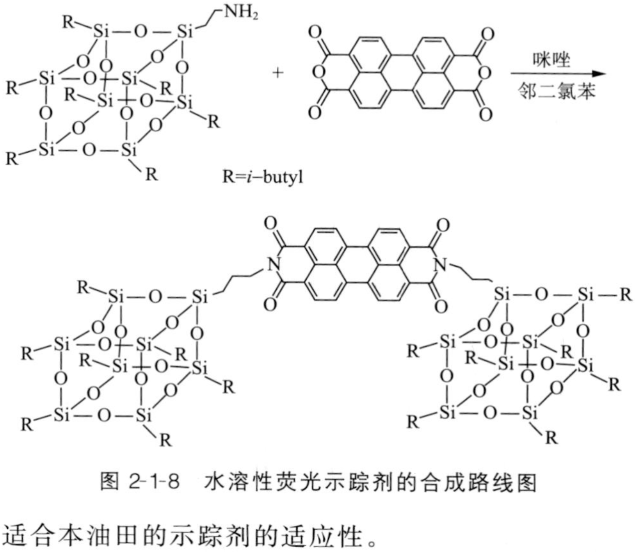

图 2-1-8 水溶性荧光示踪剂的合成路线图

成果 2:评价了适合本油田的示踪剂的适应性。

对 5 种染料型水溶性荧光示踪剂和 3 种荧光聚合物微球示踪剂在模拟塔河缝洞型储层环境条件下的适应性进行了评价,主要从温度稳定性、高矿化度、岩屑吸附性、原油环境稳定性、pH(图 2-1-9)等方面开展评价,气体示踪剂环境稳定性满足塔河油田温度 150 ℃、矿化度 $21×10^4$ mg/L 的油层环境需求。

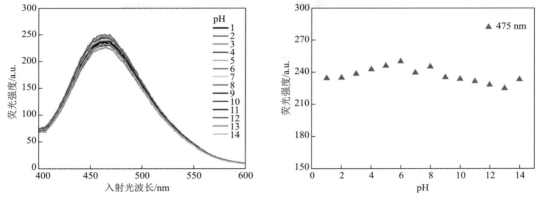

图 2-1-9　pH 影响分析图

3. 主要创新点

自主研发合成了两类 5 种适用于缝洞型油藏的水溶性荧光示踪剂,有效提高了水溶性示踪剂药剂应用的可靠性。

4. 推广价值

现场推广应用合成水溶性荧光示踪剂获取井间相关参数,可有效降低无效注水频次,提高注水后效,指导后续油藏开发调整。在低油价的大背景下,该项技术是降本增效的有力手段之一,在压力监测方面推广前景巨大。

五、缝洞型油藏井间示踪剂测试技术

1. 技术背景

现有井间示踪剂解释方法基于渗流理论,结果仅适用于均质、层状油藏,而在缝洞型储层管流及洞穴流条件下适应性差,无法获取井间流道组合和体积等关键参数。因此,应建立缝洞型油藏示踪剂物理模型,建立基于扩散和对流的示踪物质平衡方程,求解得到流道体积、长度等关键参数,形成缝洞型油藏井间示踪定量解释技术。

2. 技术成果

成果 1:建立了 8 种缝洞型油藏示踪剂物理模型。

通过对塔河油田缝洞型油藏矿场示踪剂产出曲线进行分类评价分析(尖峰型、缓峰型及多峰型),建立了 8 种缝洞组合结构物理模型(图 2-1-10、图 2-1-11)。

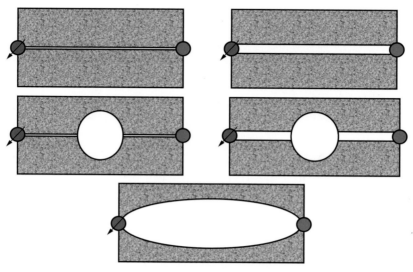

图 2-1-10　缝洞型油藏单通道缝洞模型示意图

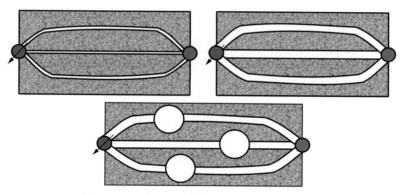

图 2-1-11　缝洞型油藏多通道缝洞模型示意图

成果 2：形成了示踪曲线定性判断井间缝洞组合方法。

采用数值模拟方法研究了 8 种模型的示踪剂浓度产出曲线特征，并总结归纳出缝洞型油藏井间示踪剂产出曲线的基本特征，依据该曲线特征认识可定性判断井间缝洞组合结构（表 2-1-2）。

表 2-1-2　缝洞型油藏示踪剂产出曲线分类特征

序　号	峰型	峰值数/个	峰值两翼特征	缝洞组合结构	曲线形态
1	尖峰型	1	两翼基本对称	单一裂缝型	
				单一管道型	
2	缓峰型	1	上升支陡、下降支缓，下降支具有明显的拖尾现象	单一溶洞型	
				裂缝串联溶洞型	
				管道串联溶洞型	

74

序 号	峰 型	峰值数/个	峰值两翼特征	缝洞组合结构	曲线形态
3	多峰型	独立多峰	各峰两翼基本对称	裂缝并联型 （流动差异大）	
				管道并联型 （流动差异大）	
			各峰两翼不对称，上升支急、下降支缓	含溶洞管道并联型 （流动差异大）	
		连续多峰	上半峰两翼对称，下降支拖尾，连续峰值持续时间短	裂缝并联型 （流动差异小）	
				管道并联型 （流动差异小）	
			上半峰两翼基本对称，下降支拖尾明显，连续峰值持续时间长	含溶洞管道并联型 （流动差异小）	

注：C 为示踪剂浓度。

成果 3：形成了基于物质平衡的缝洞型油藏示踪剂定量解释方法。

示踪剂在流道微元体中对流＋扩散引起的示踪剂增量之和等于浓度变化引起的增量，建立了基于扩散和对流的示踪物质平衡方程，可以解释得到缝洞储层的流道体积、长度、截面积和直径等参数。

示踪物质平衡方程为：

$$K\frac{\partial^2 C}{\partial x^2} - v\frac{\partial C}{\partial x} = \frac{\partial C}{\partial t}$$

式中　K——示踪剂扩散系数，$\mathrm{m^2/s}$；

　　　v——流体流速，$\mathrm{m^2/s}$；

　　　x——任意取一微元体。

利用 Laplace 变换＋Laplace 逆变换求解示踪段塞在任一流道中的浓度，转化为流道长度与流道体积表示的示踪产出方程：

$$\frac{C_j(t)}{C_0} = \frac{f_j V_d \bar{t}_j l_j}{2 V_j \sqrt{\pi \alpha \bar{t}_j l_j t}} \exp\left[-\frac{(\bar{t}_j - t)^2}{4\alpha \bar{t}_j / l_j}\right]$$

式中　$C_j(t)$——生产井 j 的示踪剂产出浓度；

　　　C_0——示踪剂初始浓度；

　　　f_j——注入井向生产井 j 的注入水分配系数；

　　　V_d——注入井注入示踪剂段塞总体积，$\mathrm{m^3}$；

　　　$\bar{t}_j$——示踪剂向生产井 j 的平均滞留时间，d；

　　　l_j——示踪剂向生产井 j 的流道长度，m；

V_j——示踪剂向生产井 j 的流道体积，m^3；

α——示踪剂在流道中的水动力弥散常数；

t——时间，d。

3. 创新点

创新点 1：首次在缝洞中建立了基于扩散和对流的示踪物质平衡方程。

创新点 2：形成了缝洞储层示踪剂定量解释方法，可得到储层流道体积、长度等关键参数。

4. 推广价值

选取 TK442，TK481X，TK825CH，TK826，TK666 等 11 个井组的示踪剂监测资料进行解释，现场应用 7 井组，井间流道体积与动态评价吻合率达 87%。根据解释结论在 6 个井组优化指导注水注气方案调整，累计增油 6 655 t。随着塔河油田注气三采的不断推进，该技术在指导注气提高采收率方面推广前景广阔。

六、缝洞型储层气体示踪剂产出曲线特征测试

1. 技术背景

目前示踪剂井间监测的解释理论基础主要基于砂岩储层，而对于缝洞型储层的应用，局限于井间连通性分析，同时解释模型主要集中于单管流或多管并流的二维模型，关于三维真实流动模拟模型尚无研究。本项目拟重构三维物理模拟（简称物模）实验模型，并在此基础上综合分析示踪剂产出曲线，形成缝洞型储层特色解释模型。

2. 技术成果

成果 1：基于相似准则，首次搭建了基于缝洞型油藏的三维模型实验平台（图 2-1-12）。

图 2-1-12 三维物模实验平台

该模型以模块化拼接为特色，可模拟不同缝洞组合的地质结构，属于国内首创，弥补了缝洞型油藏三维物理模型的技术空白。

成果 2:建立了缝-洞串联、缝-缝并联、缝-洞并联、洞-洞并联 4 种缝洞结构示踪剂产出曲线解释图版。

表 2-1-3 为应用解释图版解释两个井组示踪剂产出曲线特征的统计表,解释吻合率高(85.7%)。

表 2-1-3　不同缝洞结构示踪剂产出曲线解释图版应用对比结果表

| 井　组 | 井　号 | 图版法分析储层特征 | 钻井情况 | | | | 图版与钻井是否吻合 |
			放空段长/m	漏失量/m³	最大漏速/(m³·h⁻¹)	钻井分析储层特征	
艾丁 23 区	TH12001	裂　缝	—	828.0	50.0	裂　缝	是
	TH12002	裂　缝	—	269.0	6.0	裂　缝	是
	TH12003	裂　缝	—	534.1	12.0	裂　缝	是
	TH12004	裂　缝	—	521.4	10.2	裂　缝	是
塔河 10 区（K）	S91	裂缝-溶洞	—	0	0	裂　缝	否
	TK818CH2	裂缝-溶洞	3.0	988.0	35.0	裂缝-溶洞	是
	TK725	裂缝-溶洞	4.4	2 856.0	33.8	裂缝-溶洞	是

3.创新点

创新点 1:基于相似准则,搭建了一套灵活性好、重复性高的三维物模实验装置。
创新点 2:创新形成了不同缝洞结构的示踪剂产出曲线解释图版,现场应用效果良好。

4.推广价值

该技术成果搭建的三维物模实验装置具有任意拆解、任意搭配、任意组合的灵活特色,可用于模拟任何复杂储层结构,为国内首创。以此实验平台为基础开展的室内示踪剂模拟实验,可用于深化储层认识以及注水、注气、调流道等机理的基础研究。

七、缝洞型储层波动-管渗耦合试井理论测试

1.技术背景

前期以顺北区块等缝洞型储层为研究对象,依据流体力学的基本原理及方程,建立了井与溶洞相连通的压力变化方程,确立了缝洞型油藏试井中的内边界攻关难题,提出了波动-管渗耦合缝洞试井新理论,已应用 10 多口井,解释得到了地层及缝洞相关参数,初步符合缝洞型油藏开发的基本要求,但是尚存在模型不完善、参数认识不清楚、计算程序不成熟和未考虑垂向上重力影响等问题。

2.技术成果

成果 1:完成了主控因素重力敏感性分析。
建立了考虑垂向上重力因素影响的井-缝-洞地质模型,建立了数学求解模型并制定了试

井典型曲线图版,同时完成了5个主控影响因素的敏感性分析(图 2-1-13c 为其中一个主控因素重力敏感性分析结果图)。

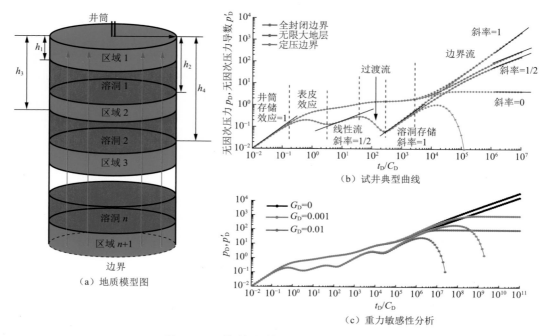

（a）地质模型图

（b）试井典型曲线

（c）重力敏感性分析

图 2-1-13　井-缝-洞模型试井理论成果组图

G_D—无因次重力系数；C_D—无因次井筒储集系数

成果 2:建立了考虑垂向上重力因素影响的地质模型和数据学模型。

建立了考虑垂向上重力因素影响的井-洞-缝系列地质模型(包含单溶洞、双溶洞),建立了数学求解模型并制定了试井典型曲线图版,同时完成了5个主控影响因素的敏感性分析(图 2-1-14d 为其中一个主控因素重力敏感性分析结果图)。

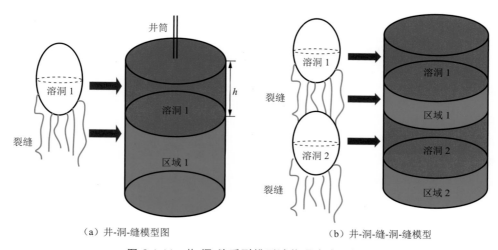

（a）井-洞-缝模型图

（b）井-洞-缝-洞-缝模型

图 2-1-14　井-洞-缝系列模型试井理论成果组图

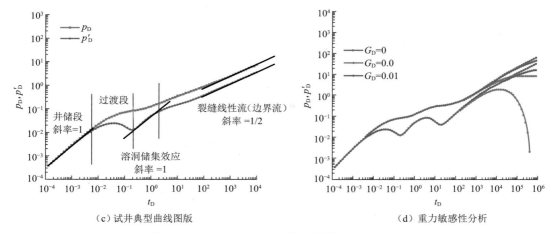

（c）试井典型曲线图版　　　　　　　（d）重力敏感性分析

续图 2-1-14　井-洞-缝系列模型试井理论成果组图

成果 3：描述了缝洞结构的四大参数。

重新定义了描述缝洞结构的四大参数（阻尼系数、波动系数、形状因子和重力系数），同时明确了其物理意义，开展了敏感性分析。图 2-1-15 为阻尼系数的敏感性分析结果图。

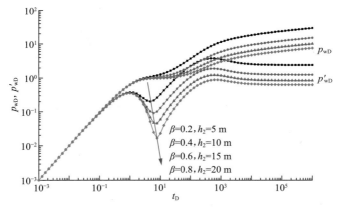

图 2-1-15　阻尼系数敏感性分析结果图
β—阻尼系数；h_2—油藏厚度

3. 创新点

创新点 1：建立了考虑垂向重力影响的波动-管渗耦合缝洞型储层试井理论。

创新点 2：进一步完善了波动-管渗耦合缝洞型储层试井模型，从前期 2 种扩展到 4 种，提高了模型的适用性。

4. 推广价值

采用缝洞型储层波动-管渗耦合试井理论解释 10 井次，解释结果与实际生产历史数据相吻合，吻合率达 100%。该套理论可应用于缝洞型储层，有利于指导认识储层结构，为油藏合理高效开发提供理论支撑。

八、断溶体储层井筒与储层温度分布预测方法

1. 技术背景

碳酸盐岩断溶体油藏受深大断裂控制,钻进中多钻遇放空、漏失,无法通过测井评价油井储层位置,实际试油中发现利用流、静温差异可判断产层位置。但受井深、裸眼、高压和流体性质等影响,超深断溶体油藏温度测试作业井控风险大、测试成本高,无法测至产层位置,需攻关形成井筒温度模拟技术,指导油井产层深度预测。

2. 技术成果

成果1:建立了断溶体井筒温度模型。

建立了断溶体井筒稳态温度模拟模型,建立了5种断溶体储层和井筒的物理模型(图2-1-16,圆柱体模拟溶洞,板状体模拟裂缝),模拟不同油藏条件的井筒温度分布。模拟结果表明,储层相对产量和溶洞半径对井筒温度的影响较大,裂缝宽度对井筒温度的影响较小(图2-1-17)。

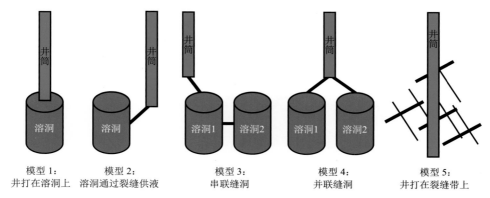

图 2-1-16　断溶体储层和井筒的物理模型

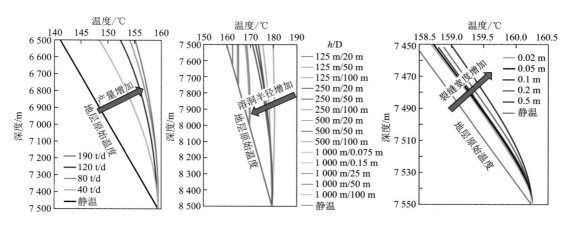

图 2-1-17　产量、溶洞半径、裂缝宽度对井筒温度分布影响模拟

h—溶洞高度;D—溶洞半径

成果 2：建立了井筒、裂缝、溶洞的传热模型（表 2-1-4），利用解析方法求解能量守恒方程，形成了井筒温差预测断溶体储层深度方法。

表 2-1-4　井筒、裂缝、溶洞传热方程表

类　型	流温分布模型	参　数		
		A	B	传热系数
井　筒	$T = Be^{-AZ} + T_f + g_T/A$	$\dfrac{2\pi RK}{W_t C}$	$T_{er} - T_{f0} - g_T/A$	K
溶　洞		$\dfrac{2\pi R_c K_c}{W_t C}$	g_T/A	$\dfrac{K_c}{K} = 0.890\,4 \left(\dfrac{R_c}{R}\right)^{-1.168}$
裂　缝		$\dfrac{2w K_f}{W_t C}$	g_T/A	$\dfrac{K_f}{K} = 0.890\,4 \left(\dfrac{L}{R}\right)^{-0.276}$

注：T—单元体中心温度，℃；T_f—地层温度，℃；T_{f0}—井底原始地层温度，℃；g_T—地温梯度，℃/m；T_{er}—井底流温，℃；K_f—裂缝传热系数，W/(m² · ℃)；K_c—溶洞综合传热系数，W/(m² · ℃)；K—井筒综合传热系数，W/(m² · ℃)；R—井筒半径，m；w—裂缝宽度，m；L—裂缝长度，m；R_c—溶洞半径，m；Z—距井底距离，m；W_t—质量流量，kg/s；C—流体比热容，J/(kg · ℃)。

对 15 口井进行了储层深度预测，结果显示温度预测储层位置平均在完井井底 190 m 以深，预测深度与地震静态预测深度的吻合率大于 80%。

图 2-1-18 是顺北-XH 井在生产时的温度曲线，实线为实测流温、静温，根据油管、裸眼井筒和溶洞预测该井原油产出深度为 7 800 m 左右。

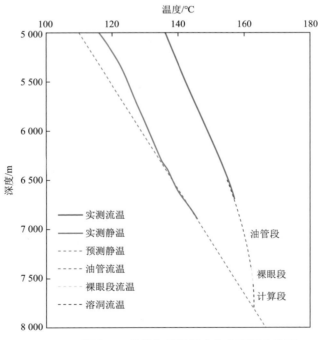

图 2-1-18　顺北-XH 井筒与储层温度分布预测曲线图

3. 主要创新点

创新点 1:基于温度场理论建立了 5 种断溶体储层和井筒的物理模型,模拟了油藏生产时的井筒温度分布。

创新点 2:首创了井筒流、静温差预测断溶体储层深度的方法,建立了断溶体储层井筒、裂缝、溶洞传热方程,预测深度与地震静态资料符合率大于 80%。

4. 推广价值

本研究形成的深度预测方法对断溶体油藏的开发和储量评价等具有重要意义,目前应用 5 井次,指导顺北-XCH 井侧钻加深,投产后稳定增油 1.23×10⁴ t,下一步可在类似油藏中进一步推广应用。

九、断溶体油气藏生产动态特征测试

1. 技术背景

塔河 10 区、12 区、托甫台及顺北油气田等区块油藏属断溶体油气藏,受断层控制,其生产特征在产能指示曲线、生产指示曲线、储层流温和静温、压恢曲线等方面都显示出与塔河主体区缝洞型储层存在差别。针对顺北区块的产能测试和生产动态数据开展相关研究,分析产能指示曲线变异类型与缝洞结构、启动压差的关联关系,研究多缝洞系统启动或井间干扰的储量变化对生产动态的影响,实现利用断溶体油藏生产动态数据分析储层结构的目的。

2. 技术成果

成果 1:建立了单、双缝洞结构产能分析模型。

通过分析顺北单井产能指示曲线异常特征,认为可能存在多缝洞体结构,且流体受启动压力控制导致流动滞后。在此基础上,建立了单缝洞、双缝洞结构产能分析模型。该模型针对裂缝内的流体流动,考虑了黏滞力损耗、惯性力损耗、裂缝入口加速度压降、重力影响、应力敏感以及启动压力(图 2-1-19)等因素,可实现对单井产能曲线的拟合分析(图 2-1-20)。现场应用 10 井次,拟合精度大于 90%。

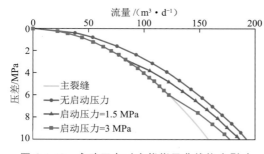

图 2-1-19　启动压力对产能指示曲线拟合影响

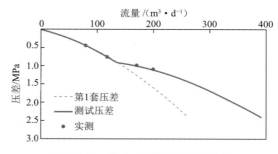

图 2-1-20　顺北-X2 井产能指示曲线

成果 2：提出了分段估算储量的方法和历史拟合计算方法。

提出了分段估算储量的方法和历史拟合计算方法（图 2-1-21）。

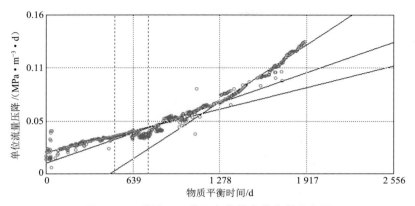

图 2-1-21　顺北-XH 井压力指数曲线分段示意图

该方法克服了常规生产动态分析仅适用于定井控储量分析的弊端，综合考虑了地层静压压力的下降以及边界到井底的流动压降，编制形成了基于变储量的生产动态分析程序。在顺北油气田开展了 10 口井应用，拟合储量与实际储量吻合率达 85%。

3. 主要创新点

创新点 1：首次建立了含启动压力、应力敏感的双缝洞产能分析模型，可实现对单井产能曲线的拟合分析，现场应用 10 井次，拟合精度大于 90%。

创新点 2：针对井间或储集体之间干扰导致的储量变化，创新性地提出了变井控储量的单井动态模拟方法，拟合吻合率达到 85%。

4. 推广价值

该技术方法可用于指导现场测试及数据分析，解释吻合率在 85% 以上，下一步可在储层结构描述、动态储量评价、工作制度优化及增产措施设计等方面开展推广应用。

十、裂缝-孔洞型碳酸盐岩储层试气设计技术

1. 技术背景

针对顺南区块奥陶系超深（6 528～7 705 m）、超/特高温（191～210 ℃）、超/高压（压力系数 1.2～1.5）干气气藏资料录取难、试井设计难的问题，研究了无计量时的产量估算、临界携液产量计算、水合物预测等共计 13 项计算方法，涵盖裂缝-孔洞型碳酸盐岩气井测试前设计、试中监测、试后评价的全方位试气研究，并最终集成一套综合性、特定裂缝-孔洞型储层的试气设计方法及软件。

2.技术成果

成果1:形成了一套具备自主知识产权的裂缝-孔洞型碳酸盐岩储层试气设计软件。

该软件涵盖裂缝-孔洞型碳酸盐岩储层气井测试前预测、试中监测、试后评价共计13项全方位的试气计算(图2-2-22)。其中,气井生产制度设计"一键化"应用操作、超深气井井筒流态识别及井底压力计算技术为特色技术。

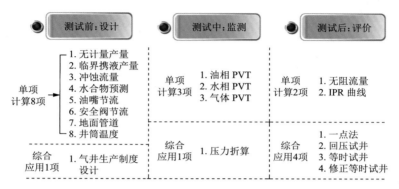

图 2-1-22　裂缝-孔洞型碳酸盐岩储层试气设计软件功能汇总图

成果2:首创研发了一套气井生产制度设计"一键化"应用操作模式。

该模式打破了传统凭经验、手动设计气井生产制度的做法,预测了不同层级油嘴节流后的温度、压力,用于指导地面流程耐温压级别的选择(图2-2-23)。该模式在顺北应用11井次(4口井),一级节流误差压力为±5 MPa,二级节流误差压力为−8.7~2.6 MPa,温度误差为 −9.6~8.0 ℃(图2-1-24)。

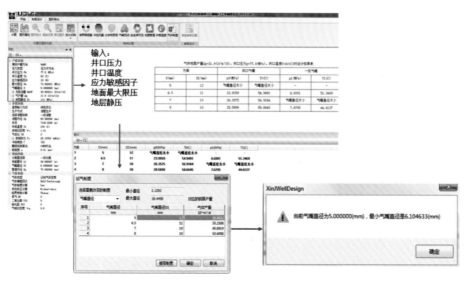

图 2-1-23　气井生产制度设计"一键化"操作示意图

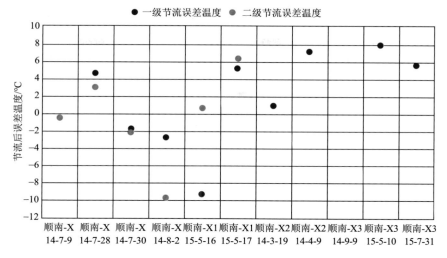

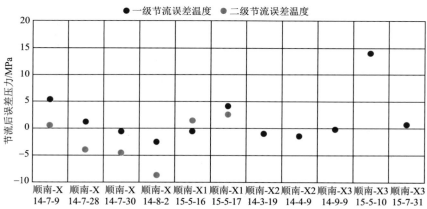

图 2-1-24　气井生产制度设计"一键化"应用误差分析图

成果 3：建立了超深气井井筒流态识别及井底压力计算技术。

该技术革新了超深井测压方式，采用"压力计浅下＋折算"方式，浅下可达到降级别、降成本的需求，运用该技术进行压力折算可获取未测井段压力资料（图 2-1-25）。该技术计算误差率为 0.38％～0.69％。

3. 创新点

创新点 1：建立了一套气井生产制度设计"一键化"应用操作模式，创新采用计算机模式代替人脑，规避了因个人水平能力差异导致气井生产制度设计不同的风险，是"数据模式"的一种全新尝试。

创新点 2：建立了超深气井井筒流态识别及井底压力计算方法。该方法可替代井底流压监测，在顺南高压气井大背景下减少施工风险，降低费用。

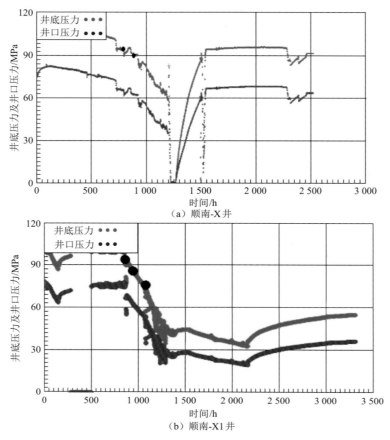

图 2-1-25 顺南-X、顺南-X1 井计算结果图

4. 推广价值

超深气井井筒流态识别及井底压力计算技术已减少顺南区块测压 15 井次,误差为 0.839%。以流压、静压测试节约费用为例,可节约资料录取施工费用 511.95 万元(34.13 万元/井次×15 井次)。在低油价的大背景下,该项技术是降本增效的有力手段之一,在高压气井压力监测方面推广前景巨大。

十一、顺南地区高温高压井测试资料解释方法

1. 技术背景

塔里木盆地塔中奥陶系储层具有超深(6 500~7 300 m)、超高压(储层压力 80~125 MPa,井口最高压力 102.11 MPa)、特高温(190~210 ℃)和高含酸性腐蚀气体(硫化氢质量浓度为 2.64~2 368 mg/m³,CO_2 体积分数为 1.71%~18.25%)的特点,同时存在钻井期间大量漏失(1 000~6 600 m³)、测试期间滤液产出等问题,资料录取成本高、风险大。针对"两超一特一高"井资料录取、解释等难点,通过理论研究、现场试验等攻关形成利用生产

数据反演井底压力、求取储层参数等技术，满足超深高温高压油气藏的勘探、开发要求。

2. 技术成果

成果 1： 优选了井筒两相流压力计算方法。

研究了高气液比流体的井筒流动机理和流型判断方法，优选出适合该区块的井筒两相流井底压力计算方法，利用非线性回归、约束最优化等数学方法，首次提出利用生产气水比校正井筒两相流井底压力的校正计算公式，校正后的误差降至 0.3% 以内（表 2-1-5、图 2-1-26）。

表 2-1-5　井筒流型识别方法表

方　法	流型分类	适用井型	考虑因素	备　注
Duns-Ros(DR)	液相连续、气液相交替、气相连续	直　井	重力、摩阻、动能	流型判断简单
Mukerjee-Brill(MB)	层流、过渡流、间隔流、分散流	直井、水平井	重力、摩阻、动能	计算摩阻和持液率更简单
SWPI	无流型判断	直　井	重力、摩阻、动能	计算简单
无滑脱	无流型判断	直　井	重力、摩阻	计算简单

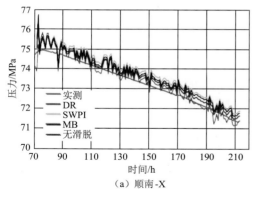
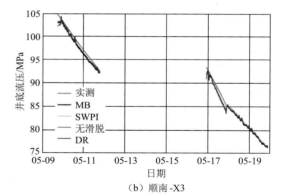

（a）顺南-X　　　　　　　　　　　（b）顺南-X3

图 2-1-26　顺南-X、顺南-X3 井实测压力与折算压力对比图

成果 2： 提出了流量归一化压力方法（RNP）。

将井口的变产量、变压力数据处理成等效常产量的压降，实现了应用试井分析理论对长期生产数据进行分析。该方法在顺南-X、顺南-X01、顺南 7 等 6 口井中进行了应用，求得了储量、渗透率等地层参数，与常规试井分析结论的吻合率达到 85%（表 2-1-6、图 2-1-27）。

表 2-1-6　归一化压力方法与试井方法求取地层参数对比表

井　号	顺南-X		顺南-X01		顺南-X1	顺南-X01	顺南-X3		顺托-X
解释方法	压　恢	RNP	压　恢	RNP	RNP	RNP	压　恢	RNP	RNP
地层系数/(mD·m)	1 210.0	176.0	29.0	37.0	19.8	29.9	22.4	10.2	
渗透率/mD	121.0	17.6	5.8	7.4	1.24	0.99	0.38	0.339	4.0
动态储量/(10⁴ m³)		3 290		207	1 430	731		1 730	36 600

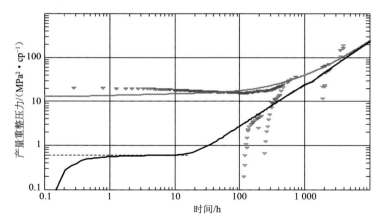

图 2-1-27　顺南-X 井归一化法双对数曲线图

3. 主要创新点

创新点 1:首次建立了超深高温高压井生产数据反演井底压力技术,折算误差小于 0.3%。

创新点 2:创新性地提出了物质平衡时间和归一化处理方法,实现了应用试井分析理论对长期生产数据进行分析,解释符合率达到 85%。

4. 推广价值

该方法指导现场测试及数据分析,节约成本 2 660 万元,下一步可在预测孔隙压力、指导合理生产及改造措施、优化测压方式、评价动态储量等方面进一步推广应用。

第二节　完井测试技术

一、双向卡瓦可回收高温高压液压封隔器研制

1. 技术背景

塔中北坡三超(超高压 80~125 MPa,超高温 184~207 ℃,超深 6 600~7 800 m)共存,储层易漏(漏失量 400~6 600 m³),富含腐蚀性流体(中含 CO_2,4%~18%;低含 H_2S,9 400 mg/L),裸眼试气等苛刻作业环境试气难点属于国内没有、国外少有。高温、高相对密度钻井液导致井下工具稳定性大幅度降低,2015 年进行 6 口井/12 井次封隔器作业,主要采用 RTTS(2),CHAMP(6)和 SAB-3(3)等封隔器,工艺失效率达 70%。针对完井试采作业需求,结合国内外封隔器现状,需研制适合塔中北坡井筒特点的双向卡瓦可回收高温高压液压封隔器,提高完井作业能力,为高温高压井高效开发提供技术支撑。

2. 技术成果

成果 1：进行了封隔器结构优化设计，研制了双向卡瓦可回收高温高压液压封隔器。

封隔器结构设计如图 2-2-1 所示，采用楔入机构设计，胶筒在受压膨胀时完成爬坡扩张，由单一挤压胀封优化为胶筒扩径＋挤压胀封形式，达到 V0 设计等级；胶筒两端的肩部保护采用 2 组金属支撑环＋2 组 PTFE 支撑环形式，金属支撑环受压产生变形使胶筒不会被撕裂，PTFE 支撑环在胶筒受压时对胶筒起到缓冲和保护作用。该封隔器采用投球解封方式，投球后打压即可使移动套解除对卡环的限制，卡环解除对中心管的限位，卡瓦随之收回，胶筒缩回，实现解封。

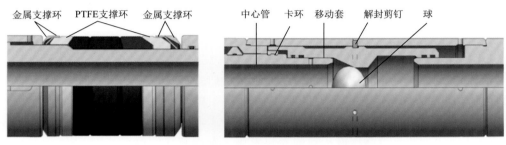

图 2-2-1 胶筒结构优化设计封隔器回收装置结构

成果 2：通过地面高温高压实验验证封隔器满足耐温 204 ℃、承压 105 MPa 的设计要求。

通过系列测试（图 2-2-2），验证封隔器的高温承压能力：坐封测试，204 ℃、上部承压 105 MPa、7 d，120 ℃、上部承压 105 MPa、5 h，204 ℃、下部承压 105 MPa、24 h，120 ℃、下部承压 105 MPa、5 h，均合格，实验结束后封隔器胶筒形状如图 2-2-3 所示，爬坡胀封痕迹明显。

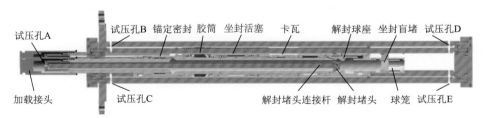

图 2-2-2 地面高温高压实验装置示意图

图 2-2-3 实验结束后封隔器胶筒形状图

3. 主要创新点

研发的组合胶筒"爬坡"坐封结构满足高温高压技术要求,研发的封隔器采用投球解封方式解封。

4. 推广价值

双向卡瓦可回收高温高压液压封隔器耐温 204 ℃、承压 105 MPa,可应用于塔中北坡产能不确定的高温高压油气井完井测试,填补了高温高压且可回收液压封隔器的技术空白。

二、双向卡瓦可回收高温高压液压封隔器现场测试

1. 技术背景

塔中北坡奥陶系气藏为超高温高压干气气藏,储层产能变化大,封隔器工况恶劣,现有可回收液压套管封隔器性能不能满足勘探开发的需求。国内外现有的耐温 204 ℃、承压 105 MPa 的生产封隔器均为永久式或专用工具打捞式,后期处理周期长、成本高。已研发的新型双向卡瓦可回收高温高压液压封隔器仅考虑了室内破坏性模拟试压,还需通过现场应用测试,验证封隔器性能与重钻井液(相对密度 1.8~2.2)环境下的可靠性,为塔中北坡高效完井测试提供保障。

2. 技术成果

成果 1:通过现场测试验证了该封隔器在高温高压井中能够有效坐封及正常解封。

研发的新型双向卡瓦可回收高温高压液压封隔器性能参数见表 2-2-1,封隔器入井没有出现挂卡或遇阻情况;正洗井、反洗井施工顺利,没有出现憋泵或提前坐封现象;封隔器有效坐封压力为 40 MPa,环空试压及油管试压正常;解封压力为 24 MPa,解封球座顺利击落,封隔器正常解封。通过现场试验,充分证明双向卡瓦可回收高温高压液压封隔器符合高温高压井现场施工需求。

表 2-2-1 双向卡瓦可回收高温高压液压封隔器性能参数

最大外径/mm	162	工作压力/MPa	105
适用套管内径/mm	168.28~171.84	工作温度/℃	204
通径/mm	42(解封球座内径)	抗拉强度/t	106
解封钢球外径/mm	48	启动销钉	2.175 MPa×6
总长/mm	2 624	基地试压	3 MPa/15 min
胶筒外径/mm	主胶筒 157/护肩 158	两端丝扣	左旋方母扣 X3½ in BGT2(9.52 mm)P
卡瓦外径/mm	157	坐封方式	投球打压,40 MPa 左右
		解封方式	投球打压,21 MPa 左右

成果 2:重新对双向卡瓦可回收高温高压液压封隔器结构参数进行了优化改进,进一步

提高了封隔器的现场适用性。

为确保双向卡瓦可回收高温高压液压封隔器在后期作业过程中的解封可靠性及异常情况处理简便性,重新对封隔器结构参数进行了优化改进(图 2-2-4),进一步提高了它的现场适用性。

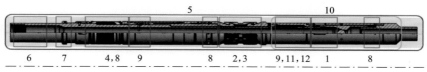

解封回收可靠性

➤ 改动部位 1:剪切套,结构改进——循环孔过流面积增大;

➤ 改动部位 2,3:桶状卡瓦,结构改进——过流槽增大,负角减小;

➤ 改动部位 4:胶筒组件,结构优化——优化护肩尺寸;

➤ 改动部位 5:封隔器本体,结构优化——尺寸优化;

➤ 改动部位 6:回接筒及锚定密封,尺寸优化——回接筒外径减小为 132 mm,内径 101 mm,配合 4 in锚定密封

异常情况处理简便性

➤ 改动部位 7:通径规(螺套),尺寸优化——厚度增大为 13 mm;

➤ 改动部位 8:剪切环、上椎体等,结构改进——端面增加齿形槽;

➤ 改动部位 9:上限位环,结构改进——采用剪切环因素;

➤ 改动部位 10:固定套、剪切套、下接头,尺寸优化——外径减小;

➤ 改动部位 11,12:下限位环,结构改进——采用销钉固定

图 2-2-4　双向卡瓦可回收高温高压液压封隔器结构整体改进方案

3. 主要创新点

创新点 1:首次提出了将桶状卡瓦负角减小,上提管柱径向收缩力增大,使卡瓦强制有效回缩。

创新点 2:首次设计了零部件防转机构,在套铣过程中两端面啮合后防止管柱转动,可提高套铣效率。

4. 推广价值

为提高解封回收可靠性和异常情况处理简便性,对高温高压可回收液压封隔器结构进行了系列化改进,达到了"下得去、封得住、起得出、好处理"的目的,为后期封隔器现场应用提供了技术基础。

三、耐高温胶筒结构优选及性能测试

1. 技术背景

塔中北坡属三超油气藏,相对于塔河主体区块,其工具的耐温、耐压、受力均有明显区别,给工具的选型以及稳定性带来巨大的挑战。橡胶耐温能力和密封能力是工具结构中的薄弱环节。通过国内外调研,优选耐高温橡胶材料,制定室内实验方案,室内实验测试 204 ℃ 高温环境橡胶承压能力,得到满足静密封、动密封、胶筒密封的高温橡胶材料,为高温高压封隔器的研制提供支持。

2. 技术成果

成果 1：通过国内外技术调研，优选了耐高温高压橡胶材质、胶筒结构。

常用耐高温橡胶材料有全氟醚橡胶、四丙氟橡胶、氟橡胶、氢化丁腈橡胶等（表 2-2-2），耐温 204 ℃设计选用四丙氟橡胶。常见的胶筒结构有单胶筒结构、双胶筒结构、三胶筒结构等，影响胶筒密封性能的主要因数有橡胶材料类型、胶筒结构、加载方式、摩擦系数、组合胶筒中硬度变化、环空间隙、防突结构等，耐压 105 MPa 设计选用三胶筒结构，胶筒结构特点见表 2-2-3。

表 2-2-2　常用耐高温橡胶材料类型与性能

橡胶名称	使用温度范围/℃	应用情况
丁腈橡胶（NBR）	≤120	广泛用于油田密封制品
乙丙橡胶（EPDM）	120～150	广泛用于油田密封制品
氢化丁腈橡胶（HNBR）	150～180	广泛用于油田密封制品
氟橡胶（FKM）	180～200	广泛用于油田密封制品
四丙氟橡胶（AFLAS）	200～250	广泛用于油田密封制品
全氟醚橡胶	250～300	成本较高，应用较少

表 2-2-3　胶筒结构特点

胶筒结构	特　点
单胶筒	① 胶筒内壁带承留环密封结构，提高了密封性能； ② 防突结构由两个带切缝的圆环组合成保护背圈，有效防止肩突现象
双胶筒	① 由两只相同的胶筒、中间金属（或硬质橡胶）隔环、防突结构组成； ② 双胶筒密封组件的防突结构一般都是导环加中间隔环，胶筒两边有护盘、锥环和胶筒保护块
三胶筒	① 采用中间软、两端硬的胶筒组合； ② 端胶筒主要起保护作用，通常会在端胶筒外部或橡胶材料中添加金属结构，以提高端胶筒的结构稳定性，提高密封性能

成果 2：通过高温承压能力测试优选出满足性能要求的胶筒。

分别对优选出的 3 款胶筒进行高温 204 ℃条件下耐压性能实验，结果显示现阶段进口 $7\frac{5}{8}$ in CHAMP 和 $7\frac{5}{8}$ in OEM 不能达到项目要求的耐温 204 ℃、耐压 105 MPa（上压 168 h，下压 48 h）的要求，而国产 $7\frac{5}{8}$ in MESH 双凹槽胶筒整体能够满足要求。胶筒性能测试结果见表 2-2-4。

表 2-2-4　胶筒性能测试

序　号	试验日期	胶筒型号	实验压力/MPa		稳压时间		备　注
			上　压	下　压	上　压	下　压	
1	2017-07-19	$7\frac{5}{8}$ in CHAMP（进口 105）	92	—	0	—	

序　号	试验日期	胶筒型号	实验压力/MPa		稳压时间		备　注
			上　压	下　压	上　压	下　压	
2	2017-11-24	7⅝ in OEM	105	—	15 min	—	
3	2017-12-08	7⅝ in MESH（双凹槽）	105	105	167 h 59 min	48 h 59 min	实验成功

3. 主要创新点

7⅝ in MESH 双凹槽胶筒组件为三胶筒结构,胶筒材质为四丙氟橡胶,胶筒能够满足耐温 204 ℃、耐压 105 MPa 的性能要求,可以应用于高温高压可取式封隔器上。

4. 推广价值

通过技术调研与胶筒室内高温承压能力测试,优选的封隔器密封胶筒材料、结构满足耐温 204 ℃、耐压 105 MPa 的性能要求,可为高温高压完井封隔器的研制提供支持。

四、7⅝ in 套管可回收液压封隔器仿真测试

1. 技术背景

塔中北坡具有三超(超高压 80～125 MPa,超高温 184～207 ℃,超深 6 600～7 800 m)共存、储层易漏(漏失量 400～6 600 m^3)、富含腐蚀性流体(中含 CO_2,4%～18%;低含 H_2S,9 400 mg/L)、裸眼试气等苛刻作业环境等气藏固有的特性,导致该区块的试气难点属于国内没有、国外少有。高温、高相对密度钻井液导致井下工具稳定性大幅度降低,2015 年进行 6 口井/12 井次封隔器作业,主要采用 RTTS(2),CHAMP(6)和 SAB-3(3)等封隔器,工艺失效率达 70%。针对上述问题,设计了 7⅝ in 套管可回收液压封隔器 CAD 模型,并进行了几何化处理及网格化划分,建立了适合进行封隔器各种工况分析的有限元模型,选用 ANSYS 结构非线性计算模块对封隔器工作过程展开模拟,对封隔器在工作过程中的应力和变形进行系统分析,得到不同工况封隔器的刚强度数据。基于刚强度数据,对封隔器在井下的 7 种作业状态进行力学分析。

2. 技术成果

成果 1:形成了基于 ANSYS 的封隔器数值模拟分析技术。

针对 CAD 模型无法直接用于仿真计算的问题,基于"要让模型符合实际情况"的建模和简化的基本原则,建立了液压封隔器仿真可信模型(图 2-2-5)的优化流程,对于不影响计算结果、对计算结果影响较小的特征进行简化,最终实现计算量和计算精度的平衡。

成果 2:形成了不同工况下封隔器边界条件的提取方法。

通过对封隔器在不同完井阶段的边界条件进行分析,基于最危险边界和稳态计算两种等效原则,总结形成了封隔器在不同工作阶段中的边界条件提取方法,使模拟工况尽可能接近实际工况,计算误差控制在 5% 以内(图 2-2-6)。

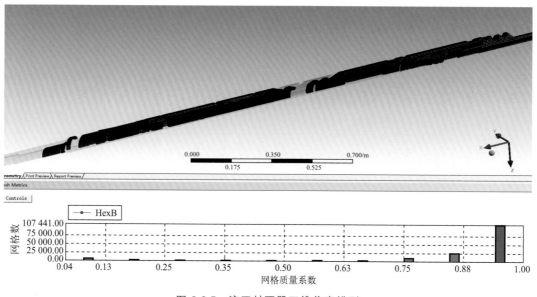

图 2-2-5　液压封隔器三维仿真模型

图 2-2-6　封隔器边界条件提取

成果 3: 建立了可回收液压封隔器不同部位网格划分策略和非线性问题的全过程求解策略。

可回收液压封隔器整体模型中零部件较多,几何拓扑特征多种多样。针对不同的部件建立了合适的网格划分策略,获取高质量的网格(图 2-2-7),从而保证计算的准确性。可回收液压封隔器全过程模拟中涉及大量的非线性因素,易造成求解不收敛。通过大量计算测试建立了针对不同非线性问题的全过程求解策略,保证结果准确无误。

图 2-2-7　卡瓦仿真分析应力云图

3. 主要创新点

实现了封隔器仿真分析的 3 个转变：① 单部件/关联部件向全尺寸/整体分析的转变；② 某个工况向全工况/全流程的转变；③ 分析流程从无到有的转变。

4. 推广价值

随着计算机技术的发展，仿真技术已成为数字化工业制造技术的重要应用环节。利用该技术可优化产品设计，通过虚拟装配可避免或减少物理模型的制作，缩短开发周期，降低成本。封隔器仿真技术可用于油田各类型封隔器研发和应用中。

五、新型卡瓦式高温高压水力锚测试

1. 技术背景

塔中北坡奥陶系气藏超高温（180～207 ℃）、中含 CO_2（4%～18%）、低含 H_2S（9～400 mg/L）。常规水力锚存在密封组件薄弱（O 形圈，无支撑机构）、对套管损伤重（卡瓦受力面积小）、解封难度大（单一解封方式）等缺点，难以满足开发需要。因此，充分调研国内外水力锚结构及性能现状，通过卡瓦结构、锚定机构等设计优化，结合有限元分析及井筒模拟实验，研发新型卡瓦式高温高压水力锚，既能满足高温高压密封性要求，又能降低套管内壁损伤，提高解封成功率。

2. 技术成果

成果 1： 明确了国内外 6 种常用水力锚的设计缺陷。

通过对国内外常用的 6 种高温高压水力锚（图 2-2-8）进行调研分析，发现现有工具存在密封件薄弱易失效（O 形圈）、易损伤套管（卡瓦受力面积 147.7 cm²）、难解封等问题，明确了新型水力锚研发方向为"强密封、扩面积、变解封"。

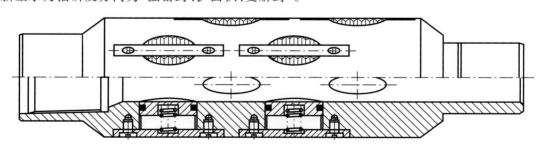

图 2-2-8 常规水力锚结构示意图

成果 2： 研发了一种耐温 204 ℃、耐压 70 MPa 的新型卡瓦式水力锚。

改"内腔＋滑块"为"液缸＋活塞杆＋锁齿＋密封支撑"液压坐封，提高坐封机构的稳定性，解决单 O 形圈密封薄弱问题；改"弹簧＋猫爪"为"椎体＋片状"卡瓦机构，卡瓦牙锚定面积（174.6 cm²）增至原来的 1.18 倍，降低套管内壁损伤；改"压力平衡"为"压力平衡＋投球打压"双解封方式,提高水力锚解封成功率。综合以上设计,研发出一种耐温204 ℃、耐压70 MPa的新型卡瓦式水力锚,锚定力50 t(图2-2-9)。

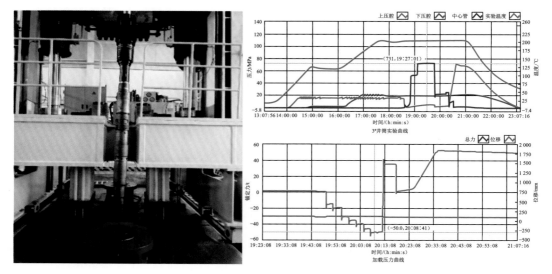

图2-2-9　新型卡瓦式水力锚示意图及耐温压、锚定力曲线

3. 主要创新点

以"高密封、低应力、轻损伤"为新型卡瓦式水力锚研发思路,设计"液缸＋活塞杆＋锁齿＋密封支撑""椎体＋片状"结构,研发了耐温204 ℃、耐压70 MPa的新型卡瓦式水力锚,创新设计了"压力平衡＋投球打压"双解封方式,保证水力锚锚定力(50 t)和解封成功率(100％)。

4. 推广价值

该高温高压水力锚性能优(耐温204 ℃、耐压70 MPa)、稳定性高(液缸＋活塞杆)、密封性好(O形圈＋支撑)、对套管损伤小(椎体＋片状卡瓦)、双解封方式(压力平衡＋投球打压),适用于带套管封隔器酸压、酸化等需锚定油管的井,可广泛应用于塔河油田、塔里木油田、西南油气田等高温高压油气田。

六、深井径向多分支硬质灰岩高效破岩喷嘴性能测试

1. 技术背景

塔河油田碳酸盐岩油藏70％的储量储存在溶洞内,综合采收率仅17％,未动用储量大。油气井井周多方位存在大量缝洞体。提高井周缝洞体储量动用程度的常规方法有储层改造和侧钻。储层改造无法实现非主应力方向的有效沟通,侧钻费用高(>500万元),周期长(1个月)。因此,急需可定向的多分支深部沟通技术,以高效经济动用井周储集体。与常规技术相比,水力钻孔技术使用高压水射流在垂直井眼内沿径向钻出一条或多条井眼,穿透近井

污染带,连通甜点,增大与储层的接触面积,建立高导流通道,是一种经济高效的油田挖潜、增产增注技术。

2. 技术成果

成果 1:研发形成了 2 套硬质灰岩高效破岩喷嘴。

针对灰岩储层需求,优选自进式旋转多孔射流喷头和旋转(磨料)射流喷头作为目标喷头类型。针对喷嘴结构,开展动态平衡轴、间隙密封、截面积差和喷嘴帽设计,研发形成自进式旋转多孔射流喷嘴和旋转(磨料)射流喷嘴(图 2-2-10)。

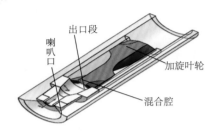

图 2-2-10 旋转(磨料)射流喷嘴结构示意图

成果 2:明确了超深硬质灰岩高压水射流破岩机理。

基于高压水射流原理,结合地面破岩试验,明确了喷距、射流压力和驱动角度对破岩效果的影响规律(图 2-2-11、图 2-2-12):① 旋转射流喷头的最优喷距为 4～6 mm,即单个孔眼直径的 4～6 倍;② 随射流压力增大,孔眼深度增大,直径增大,破岩体积先增大后减小;③ 孔眼深度随驱动角度增大先增大后减小,最大孔眼直径为 22～24 mm。

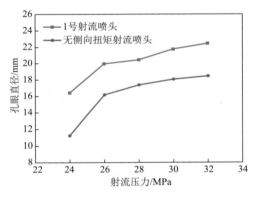

图 2-2-11 射流压力对破岩效果的影响规律

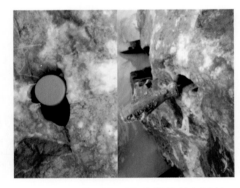

图 2-2-12 针对硬质灰岩样旋转(磨料)射流喷嘴破岩效果

成果 3:开展试验验证工具的耐酸和破岩性能。

在 20 ℃、质量分数 18％的盐酸中浸泡 48 h,自进式多旋转孔射流喷嘴减重比率为 0.29％,旋转(磨料)射流喷嘴减重比率为 0.009 8％,满足施工要求。自进式多旋转孔射流喷嘴在清水中的破岩效率为 7 cm/5 min,在胶凝酸中的破岩效率为 2.5 cm/5 min;旋转(磨料)射流喷嘴在胶凝酸中的破岩效率为 20 cm/30 min。

3. 主要创新点

研发形成了硬质灰岩高效破岩喷嘴,通过试验验证了其耐酸和破岩性能。

4. 推广价值

针对碳酸盐岩油气井,深井径向多分支硬质灰岩高效破岩喷嘴的成功研发标志着一种经济高效的增产技术逐步形成,可实现井周缝洞体的有效动用,可在国内外碳酸盐岩油藏中推广应用。

七、气固两相冲蚀磨损数值模拟评价测试

1. 技术背景

顺南奥陶系超高温、超高压气藏给完井工程带来了极大挑战。在顺南 5-2 井、顺南 7 井生产过程中发现,节流阀及油嘴出现了不同程度的冲蚀磨损。在顺南 5-2 井排污作业中,由于受到高压高速气流的影响,其阀件与油嘴出现了不同程度的损坏,仅在四日的作业时间中,损坏闸板阀 4 件、针阀 1 件、动力油嘴 1 件以及油嘴套 1 件。经过测试分析,发现在气井放喷过程中,天然气携带大量钻井液(其中含有大量重晶石粉与固相颗粒),固相含量约为1%,天然气与固相颗粒的气固两相高速射流在经过节流阀及油嘴等变径结构时,变径构件受到流动的气固流体冲击,导致表面出现破坏,阀件的损坏使得工期延长且给生产安全造成影响。基于此,利用数值模拟分析的手段,明确阀件及油嘴在高压气固两相流冲蚀作用下的磨损规律,找出磨损的主控因素,得到流动参数及阀件结构参数对冲蚀磨损的影响规律,为阀件结构优化、生产参数控制等提供依据,对高压高温气藏的安全、高效生产具有重要意义。

2. 技术成果

成果 1:优选修正了两相流冲蚀磨损方程。

对比优选经典冲蚀磨损模型,建立了气固两相流冲蚀磨损的控制方程。梳理对冲蚀产生影响的可控因素,基于冲击速度和颗粒性能,对冲蚀模型从颗粒质量、粒径、冲击角度、速度以及碰撞面积等方面进行修正。节流阀冲蚀磨损的数学模型如下:

$$R_{erosion} = \sum_{p=1}^{n} \frac{m_p C(d_p) f(\alpha) v^{b(v)}}{A_f}$$

式中　$R_{erosion}$——冲蚀磨损速率,kg/(m²·s);

　　　m_p——单颗粒重量,kg;

　　　$C(d_p)$——颗粒直径函数,m;

　　　α——冲击角度,(°);

　　　v——颗粒冲击速度,m/s;

　　　A_f——颗粒在材料表面的投影面积,m²;

　　　$b(v)$——颗粒速度指数函数。

成果 2:通过数值模拟明确了气固两相流冲蚀磨损规律。

对于固定节流阀,在保持其他条件恒定的情况下,冲蚀磨损速率与气产量、固相含量成正比,与油嘴直径、颗粒粒径成反比。对于可调节流阀,在保持其他条件恒定的情况下,冲蚀磨损速率与气产量、固相含量成正比,与颗粒粒径成反比,与阀件的开度呈现抛物线状变化趋势(图 2-2-13)。不同可调式节流阀存在一个冲蚀磨损速率最大的开度范围。

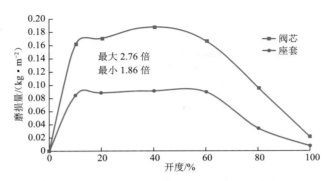

图 2-2-13　楔型节流阀磨损量与开度之间的关系

成果 3：得到了 4 种阀件冲蚀磨损量预测图版。

利用数值模拟结果得到的图版，对现场出现节流阀冲蚀磨损的实际工况进行计算，选取顺南 5-2 与克沈 605 两口井的实际工况展开计算，结果证明计算冲蚀磨损量与实际情况吻合度较好，得到的冲蚀磨损量预测图版可靠性较高（图 2-2-14）。

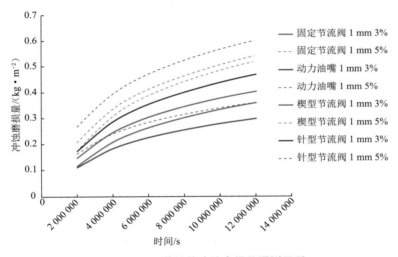

图 2-2-14　4 种阀件冲蚀磨损量预测图版

3. 主要创新点

得到了 4 种阀件冲蚀磨损量预测图版，通过图版可对后期类似井节流阀的冲蚀磨损进行准确预测，有效指导现场生产。

4. 推广价值

该技术可实现节流阀在气固两相流条件下的冲蚀磨损分析和预测，可在国内外超深高压气藏中推广应用。

八、高产气井地面流程冲蚀磨损实验测试

1.技术背景

顺南奥陶系超高温、超高压气藏给完井工程带来了极大的挑战。在顺南5-2井、顺南7井生产过程中发现,节流阀及油嘴出现了不同程度的冲蚀磨损。基于此,利用实验测试手段,明确阀件及油嘴在高压气固两相流冲蚀作用下的磨损规律,找出磨损的主控因素,得到流动参数及阀件结构参数对冲蚀磨损的影响规律,为阀件结构优化、生产参数控制等提供依据,对高压高温气藏的安全、高效生产具有重要意义。

2.技术成果

成果1:建立了节流阀气固两相流冲蚀磨损实验方法。

利用相似原理选择安全气体开展室内实验。根据现场实际工况,建立了一套节流阀件冲蚀磨损的室内实验流程(图2-2-15)。流程主要由气体加热加压、气固混合、节流阀冲蚀磨损、分离回收4个主要部分构成。根据现场节流阀结构尺寸,设计室内实验所用的固定节流阀、针型节流阀、楔型节流阀及动力油嘴4种阀件的试件,根据相似原理确定模拟的工况。

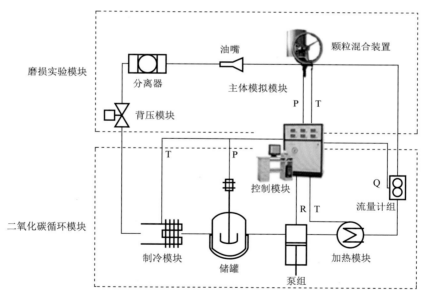

图2-2-15 节流阀气固两相流冲蚀磨损实验流程
T—温度;P—压力;R—回收

成果2:通过室内实验明确了气固两相流冲蚀磨损规律。

对于固定节流阀,在保持其他条件恒定的情况下,冲蚀磨损速率与气产量、固相含量成正比,与油嘴直径、颗粒粒径成反比。对于可调节流阀,在保持其他条件恒定的情况下,冲蚀磨损速率与气产量、固相含量成正比,与颗粒粒径成反比,与阀件的开度呈现抛物线状变化趋势(图2-2-16)。不同可调式节流阀存在一个冲蚀磨损速率最大的开度范围。

成果 3:得到了不同固相颗粒参数下的磨损量预测曲线。

利用数据分析结果求解实验与模拟间的修正系数表达式,进而根据数值模拟结果预测现场磨损数值。利用修正系数对数值模拟结果进行修正,得到了不同固相颗粒参数下的磨损量预测曲线(图 2-2-17),并通过回归分析求出相应的参数值。

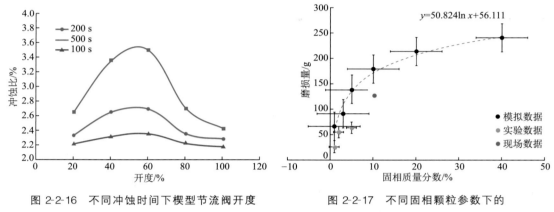

图 2-2-16 不同冲蚀时间下楔型节流阀开度
与冲蚀比之间的关系

图 2-2-17 不同固相颗粒参数下的
磨损量预测曲线

3. 主要创新点

根据实验结果对数值模拟结果进行了修正,找到了雷诺数与磨损量之间的指数关系,并通过回归分析得到了不同固相颗粒参数下的计算系数,由此可以根据现场数据对磨损量进行预测。

4. 推广价值

该技术可实现节流阀在气固两相流条件下的冲蚀磨损分析和预测,可在国内外超深高压气藏中推广应用。

九、超深裂缝型碳酸盐岩储层完井技术

1. 技术背景

针对顺北-XX 井区碳酸盐岩裂缝型储层前期出现的投产困难、井筒堵塞、井壁坍塌等异常现象,通过储层段岩石力学参数、地应力大小/方向研究,建立坍塌压力、临界生产压差模型,指导钻井液密度优化和完井方式优选,形成超深井井壁稳定性评价软件,实现利用测井数据分析计算坍塌压力、破裂压力和极限生产压差,指导钻完井及后期生产作业。

2. 技术成果

成果 1:利用测井数据建模、室内实验校正方式,建立了应力松弛模型,明确了顺北-XX井区受走滑机制控制。

应力整体表现为:水平最大主应力≥上覆岩层压力>水平最小主应力(图 2-2-18)。上覆

应力梯度为 2.25～2.32 g/cm³（当量钻井液密度），水平最大应力梯度为 2.10～2.40 g/cm³，水平最小应力梯度为 1.71～1.93 g/cm³。

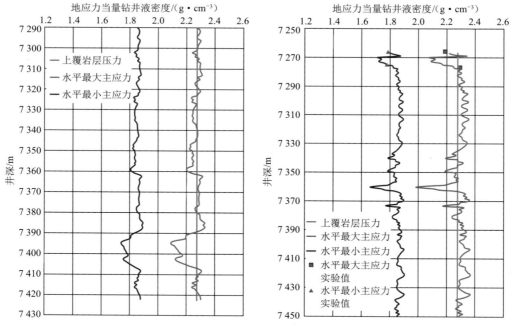

图 2-2-18　顺北-XX、顺北-X3 井地应力计算图

成果 2：建立了碳酸盐岩储层临界生产压差理论模型。

基于砂岩临界生产压差模型，考虑井眼周围孔隙压力重新分布，利用测井数据，建立了碳酸盐岩储层临界生产压差理论模型（图 2-2-19）。顺北-XX 井区临界生产差压为 27～34 MPa，酸液作用后降至 25～31 MPa。

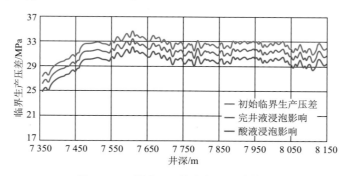

图 2-2-19　顺北-X5 井生产压差计算图

成果 3：建立了坍塌（破裂）压力模型。

综合考虑岩石力学强度、井内流体状态、井周应力分布情况，依据应力叠加原理、破坏准则，建立了坍塌（破裂）压力模型。一间房组、鹰山组钻井坍塌压力为 1.04～1.10 g/cm³，裂缝开启压力为 1.6～1.9 g/cm³，基岩破裂压力为 2.0～2.4 g/cm³（图 2-2-20）。结果显示，直井在水平最大主应力方向钻井井壁失稳风险较高，水平最小主应力方向失稳风险较低。

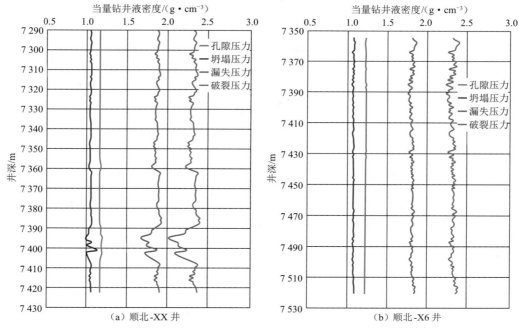

图 2-2-20 顺北-XX 井和顺北-X6 井一间房组碳酸盐岩地层钻井安全密度窗口

3. 主要创新点

建立了碳酸盐岩储层临界生产压差模型。

目前临界生产压差模型主要基于砂岩理论（BP 模型），针对碳酸盐岩储层，考虑生产过程中井眼周围孔隙压力的重新分布，建立了碳酸盐岩储层临界生产压差模型，生产压差现场符合率大于 90%。

4. 推广价值

该技术成果用于顺北-XX 井区所有新钻井液密度优化、完井方式优选、生产制度控制，建立的临界生产压差模型可推广到类似碳酸盐岩油气藏。

十、耐高温可溶材料性能测试

1. 技术背景

塔河油田封隔器解封失败、井壁坍塌造成生产管柱卡埋，转抽、侧钻困难，欲探索一种完井阶段密封正常、生产阶段裸眼段管柱缓慢溶解的新型完井工艺，因此开展一系列可溶材料溶解特性先导实验。

可溶材料的溶解速度与材料类型、介质、温度等因素密切相关，因此需要开展同温度、介质环境中各种金属和非金属材料溶解的模拟实验，指导可溶工具的金属、橡胶材质选择。

2.技术成果

成果1:总结了国内外主要的可溶材料、工具应用特点。

目前可溶工具以可溶球、球座、桥塞为主。国外应用可溶工具的公司主要有威德福、贝克休斯、哈里伯顿等,其温度及介质条件指标低于塔河油田(表2-2-5、表2-2-6)。国内应用可溶工具的公司主要有新疆油田工程技术研究院、川庆钻探、中石化石油机械股份有限公司、中科金腾、安吉航空、中油测井等,工具强度相对较低,应用少,应用温度和介质浓度较低(表2-2-7、表2-2-8)。

表2-2-5　国外公司可溶工具应用情况统计表

公司名称	工具或材料	介　质	温度/℃	压力/MPa	完全溶解时间/h
威德福	可溶桥塞及球	2%～5%KCl	90～120	70	6～10
贝克休斯	可溶桥塞及球	5%KCl	120	70	6～10.5
哈里伯顿	可溶桥塞	3%KCl	160	70	15～20

表2-2-6　国外可溶金属材料强度统计表

公司名称	抗拉强度/MPa	屈服强度/MPa	硬度/HB	密度/(g·cm^{-3})
贝克休斯	830	—	8～10	1.5～2.0
Terves	276	207	8	1.82
JAS Energy	413	276	5～7	1.81

表2-2-7　国内公司可溶工具应用情况统计表

公司名称	工具或材料	介　质	温度/℃	压力/MPa	完全溶解时间或溶解速度
新疆油田工程技术研究院	可溶桥塞	2%KCl	50	70	21 d
川庆钻探	可溶桥塞	3%KCl	120	70	1.8 d
川庆钻探	可溶桥塞	压裂返排液	70	70	1.63 g/h
中石化石油机械股份有限公司	可溶桥塞	28%NaCl	93	70	2.9 d
西南油气田	可溶桥塞	10 g/L Cl$^-$	93	70	15 d
沈阳航空航天大学	铝合金阳极氧化	1.5%NaCl	90	70	280 h 不溶解,之后 2.83 g/h

表2-2-8　国内可溶金属材料强度统计表

公司名称	抗拉强度/MPa	屈服强度/MPa	硬度/HB	密度/(g·cm^{-3})
中科金腾	354	256	90.28	1.70

公司名称	抗拉强度 /MPa	屈服强度 /MPa	硬度 /HB	密度 /(g·cm^{-3})
安吉航空	421	290	102	1.82
中油测井	346	300	98	1.83

成果 2：明确了可溶材料的溶解原理。

目前可溶材料有金属和非金属两大类，可溶金属包括镁合金、铝合金，可溶非金属包括橡胶、复合材料（树脂）、高分子聚合物（暂堵剂）。

（1）可溶金属溶解原理是电化学腐蚀。不同金属元素的电位不同，两种金属之间存在电位差，在盐溶液中形成闭合回路，从而产生溶解（图 2-2-21）。

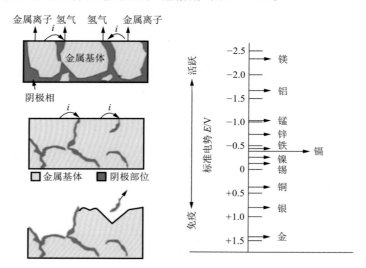

图 2-2-21　可溶金属溶解示意图及不同元素电位示意图

（2）可溶非金属溶解原理是水解、热氧老化和接触介质老化。

水解：聚氨酯橡胶在加压且加入催化剂水解条件下能够发生水解。

热氧老化：属于自由基链式自催化氧化反应，在热和氧的共同作用下，发生降解反应，造成分子链、交联链的裂解和断裂。

接触介质老化：发生化学降解，破坏溶胀强度。

可溶非金属在某种溶液或环境下，一定时间或一定温度条件下强度急速下降（图 2-2-22）。

成果 3：建立了可溶材料在 3 种温度和 3 种介质条件下的溶解特征曲线。

针对塔河油田工况，优选 3 种可溶金属材料、非金属材料，在 3 种介质（清水、20% HCl、1.5×10^5 mg/L 地层水）、3 种温度（120 ℃，160 ℃，190 ℃）条件下进行实验。实验结果表明，不同可溶材料在不同溶液中随温度的变化趋势略有不同（图 2-2-23），但是可溶金属和非金属材料的开始溶解时间短（小于 1 d），不能满足塔河油田两周不溶解的施工要求。

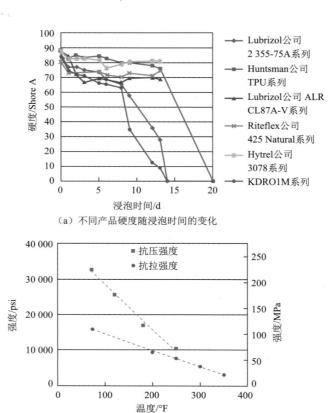

（a）不同产品硬度随浸泡时间的变化

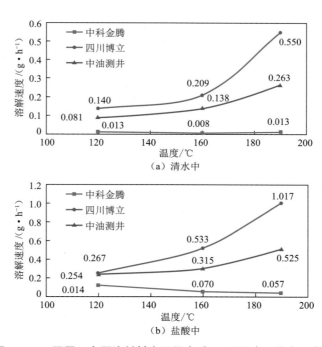

（b）力学性能随温度的变化

图 2-2-22　可溶非金属硬度随时间和温度变化

（a）清水中

（b）盐酸中

图 2-2-23　不同厂家可溶材料在不同介质、不同温度下的溶解曲线

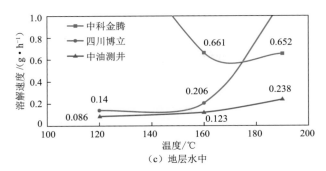

续图 2-2-23　不同厂家可溶材料在不同介质、不同温度下的溶解曲线

3. 主要创新点

采用室内模拟评价的方法,探索了常规可溶材料在塔河油田工况下的适用性。

4. 推广价值

基于不同可溶材料模拟测试结果,明确了常规可溶材料在塔河高温高压高矿化度条件下的适应性,为下一步研究工作提供了指导。

十一、塔河油田注水井井筒完整性监测与评价

1. 技术背景

塔河油田区块井深(≥6 000 m),投产初期高温高压油气井占比 75%,后期部分井转注水,长期的生产和作业给井筒完整性带来较大挑战。据统计,截至 2018 年,塔河油田间歇注水、周期注水、连续注水 3 种方式的注水井共计 1 155 口,在役 149 口,井下管柱腐蚀程度受服役时间和注水量的影响,其中 2010—2015 年注水井检管 26 井次,发生井下事故 3 井次,存在穿孔等严重腐蚀 23 井次(占比 88%),塔河油田老井完整性失效问题日益突出。通过借鉴国内外油气井完整性技术成果,结合塔河油田重点区块油气井生产管理具体实践,开展塔河油田注水井井筒完整性控制方法研究,为老井的注水井井筒完整性控制提供支撑。

2. 技术成果

成果 1:建立了考虑腐蚀缺陷的油套管柱剩余强度评价模型。

通过建立综合考虑 CO_2 和 O_2 腐蚀的井筒油套管腐蚀预测模型,结合腐蚀环境设计、腐蚀后油套管剩余抗挤强度、抗压强度、抗拉强度及三轴强度等因素,最终建立了考虑腐蚀缺陷的油套管柱剩余强度评价模型(图 2-2-24)。

成果 2:实现了注水井井筒完整性管控与优化。

综合考虑注采参数、井筒结构及井筒腐蚀现状,利用考虑腐蚀的油套管柱有限服役寿命评估技术,进行井筒完整性潜在风险分级(图 2-2-25),指导注水井制度优化调整,实现了注水井井筒完整性管控与优化。

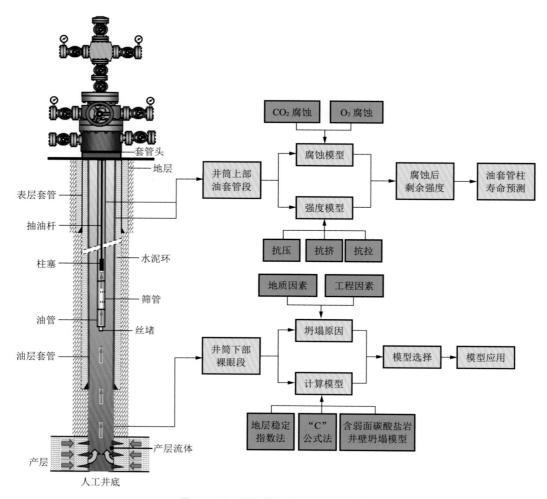

图 2-2-24　油套管柱寿命预测模型图

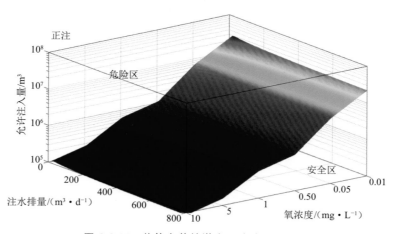

图 2-2-25　井筒完整性潜在风险分级预测图

3. 主要创新点

创新点 1：建立了考虑腐蚀的油套管柱有限服役寿命评估技术。

创新点 2：建立了井筒完整性潜在风险分级制度，可指导现场作业管理，优化注水制度，延长注水井生命周期。

4. 推广价值

现场推广应用井筒完整性潜在风险分级制度，可指导注水参数调整和优化，有效延长注水井生命周期。在低油价的大背景下，该技术是降本增效的有力手段之一，在注水井井筒完整性方面推广前景巨大。

十二、超高温酸性井筒环空保护液研发

1. 技术背景

塔中北坡奥陶系气藏超高温（180～207 ℃）、中含 CO_2（4%～18%）、低含 H_2S（9～400 mg/L），这种高温、酸性腐蚀环境使环空保护液稳定性、管柱抗腐蚀性大幅度降低。顺南井区环空保护液主要为 $CaCl_2$ 盐水和甲酸盐体系，其中 3 口井发生油管断裂，主要原因为高温酸性井筒环境腐蚀。因此，应明确高温与腐蚀介质共存环境下碳钢油管腐蚀影响因素，开展环空保护液助剂和配方研究，降低碳钢管腐蚀速率，延长油气井生命周期。

2. 技术成果

成果 1：明确了新型环空保护液体系降低 P110S 碳钢腐蚀敏感性的规律。

模拟计算和室内实验结果显示，在饱和 CO_2 渗入条件下，NaCl/NaBr 环空保护液添加 pH 调节剂可有效降低 P110S 碳钢腐蚀和开裂敏感性，腐蚀速率峰值从 0.92 mm/a 下降至 0.31 mm/a（图 2-2-26）。

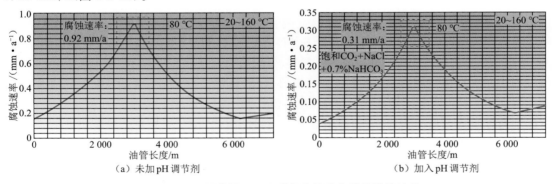

图 2-2-26　不同井深 P110S 碳钢腐蚀速率模拟计算结果

成果 2：形成了新型耐高温、低腐蚀 NaCl/NaBr 环空保护液配方。

在 210 ℃、饱和 CO_2 渗入条件下，通过优选缓蚀剂，P110S 碳钢腐蚀和开裂敏感性评价实验，形成了集 WTH2600 型高温缓蚀剂、pH 调节剂等助剂于一体的全新 NaCl/NaBr 环空

保护液配方,全面腐蚀速率为 0.05 mm/a,无明显局部腐蚀和开裂腐蚀风险(图 2-2-27)。

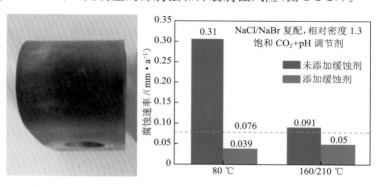

图 2-2-27　210 ℃、饱和 CO_2 渗入条件下 P110S 碳钢腐蚀评价实验

3. 主要创新点

根据"腐蚀小、成本低、性能好"的全新环空保护液研发思路,通过 210 ℃、饱和 CO_2 渗入条件下 P110S 碳钢腐蚀和开裂敏感性研究,结合耐高温缓蚀剂优选及腐蚀评价实验,研发了 NaCl/NaBr 环空保护液配方,P110S 碳钢全面腐蚀速率为 0.05 mm/a,小于 0.076 mm/a。

4. 推广价值

该体系在 210 ℃条件下稳定性好,与地层水配伍,无沉淀,腐蚀速率低至 0.05 mm/a,尤其适用于高温(>180 ℃)酸性油气田,可广泛应用于顺北油气田、雅克拉气藏等区块及国内外同类油气藏环境。

十三、顺北-X7 井区一间房组岩石力学分析测试

1. 技术背景

顺北-X7 井钻进期间累计漏失钻井液 1 487.93 m³,测试阶段压力下降快,压恢解释表明流动通道内存在污染现象,判断造成本井压力和产量快速下降的主要原因是地层堵塞。顺北-X1 井与顺北-X5H 井在一间房组钻进时发生漏失,分别漏失钻井液 687.45 m³ 和 630.20 m³,在投产过程中两井均存在压力、产量下降快的现象,且酸化效果不明显。对此,为更好地开发顺北-X7 井区超深裂缝型碳酸盐岩油气藏,有必要开展一间房组岩石力学特征测试分析,在此基础上建立临界生产压差模型,最终指导完井与投产方式,保证油井安全健康地工作。

2. 技术成果

成果 1:明确了顺北-X7 井区一间房组岩石力学特性,在浸泡完井液及酸液后力学性质下降明显。

顺北-X7 条带一间房组碳酸盐岩地层单轴抗压强度为 60～80 MPa,黏聚力为 13～18 MPa,内摩擦角约 41°,浸泡完井液后强度降低 10%～20%,与胶凝酸接触 2 h 后强度降低 25%～30%(图 2-2-28)。

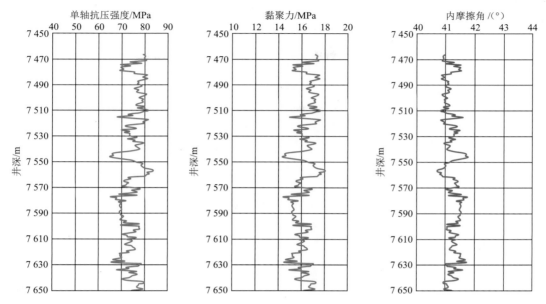

图 2-2-28　顺北-X8 井一间房组岩石力学剖面

成果 2:明确了一间房组岩石地应力大小及方向,建立了地应力大小纵向剖面。

通过 Kaiser 效应测试、压裂及成像测井数据分析(图 2-2-29、图 2-2-30),明确了一间房组岩石水平最大主应力在 $2.30\sim2.55$ g/cm³ 之间,水平最小主应力在 $1.65\sim1.80$ g/cm³ 之间,水平最大主应力方位在 N30°E 附近。

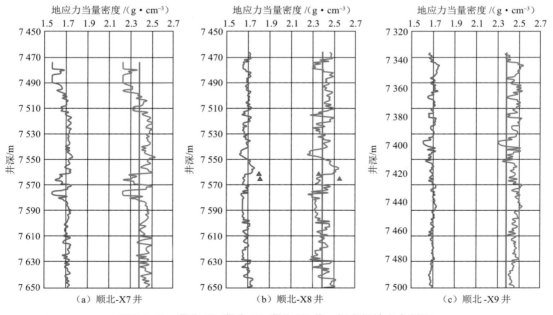

（a）顺北-X7 井　　　　　　（b）顺北-X8 井　　　　　　（c）顺北-X9 井

图 2-2-29　顺北-X7、顺北-X8、顺北-X9 井一间房组地应力剖面

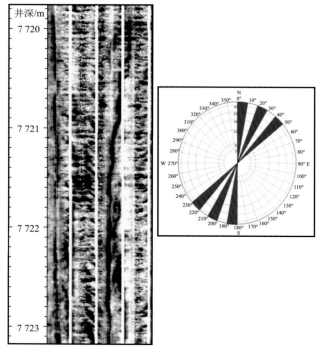

图 2-2-30　顺北-X7 井成像测井成果图

成果 3：建立了一间房组临界生产压差模型。

针对碳酸盐岩的特性，考虑生产过程中井眼周围孔隙压力的重新分布，井壁上存在有效支撑应力，处于三轴压缩状态，在此前提下依据破坏准则，建立了适用于碳酸盐岩储层的临界生产压差模型。

通过模型计算，一间房组直井临界生产压差为 20 MPa（图 2-2-31），开采时生产压差高于此值时推荐采用支撑管完井。在完井液（密度为 1.30 g/cm^3 的 $CaCl_2$ 溶液）浸泡影响下，一间房组直井临界生产压差下降 15%～20%。酸液影响后，一间房组直井临界生产压差下降约 40%。

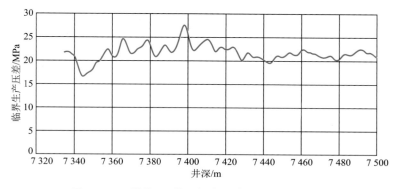

图 2-2-31　顺北-X9 井一间房组临界生产压差曲线

3. 主要创新点

建立了适用于碳酸盐岩特性的临界生产压差模型。

目前临界生产压差模型主要基于砂岩理论（BP模型），针对碳酸盐岩特性，考虑生产过程中井眼周围孔隙压力的重新分布，井壁上存在有效支撑应力，处于三轴压缩状态，在此前提下依据破坏准则，建立了适用于碳酸盐岩特性的临界生产压差模型。

4. 推广价值

本技术方法及成果可用于建立顺北-X7井区一间房组储层岩石的力学剖面、临界生产压差，对该井区单井完井方式设计（是否需要下入支撑管）以及投产时工作制度的优化控制具有较强的指导意义。

十四、顺北-XX井区一间房组储层敏感性分析

1. 技术背景

顺北-XX井区钻遇储集层类型以溶蚀孔洞、水平裂缝、裂缝-孔隙为主，具有储层物性好、规模大、非均质性较强等特征。井区以常规测试完井方式为主，区域见产7口井，平均单井漏失1 073 m³，平均固相含量128.8 m³，外来流体污染储层风险极高。顺北-XXH井试油开发过程中发生地层漏失、油嘴堵塞等现象，生产严重受阻。钻井、通井过程中返出岩屑碳酸盐岩含量大于46.4%，矿物敏感性特征明显，储层压力环境变化潜在伤害严重。因此，开展顺北-XX井区一间房组储层碳酸盐岩敏感性机理的研究，以明确储层岩芯的敏感性伤害规律，对生产制度提出有效预防措施，保证油气藏的顺利稳定开发。

2. 技术成果

成果1：明确了顺北-XX井区一间房组储层基质岩芯的敏感性规律。

实验结果表明，一间房组储层为强盐敏、强碱敏、强应力敏感，中等偏强速敏，中等偏弱水敏，酸敏强烈有利于增产（图2-2-32）。

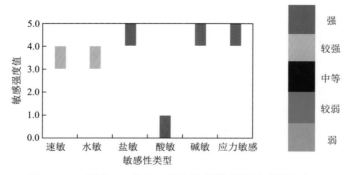

图2-2-32　顺北-XX井区一间房组岩芯储层敏感性分布图

成果2：数学模型分析揭示了顺北-XX井区油井产量主控因素。

基于现场数据，建立了拟合度超过80%的数学模型，模拟验证井口压力、生产段长度等

直接参数控制油井产量,地层温度、钻井液密度、钻井液塑性黏度等因素影响产量,前者引发结垢阻碍流体流动,后者与入井流体漏失控制相关(图2-2-33)。

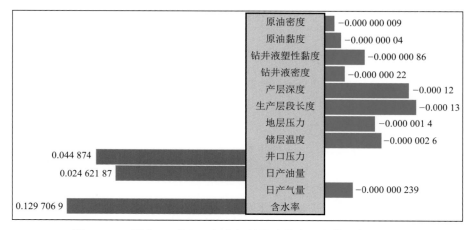

图 2-2-33　顺北-XX 井区一间房组储层油井产量主控因素分布图

成果 3:提出了现有钻完井液体系优化对策。

实验结果(图2-2-34)表明,现有钻完井液可淤积在地层裂缝中,吸附在岩石表面上并形成水化膜,同时体系与原油乳化会增大流动阻力,与地层水盐析会产生无机沉淀。因此,提出了加入10%NaCl的优化措施来降低岩石表面润湿角,抑制乳化及盐析现象,提升储层保护效果。

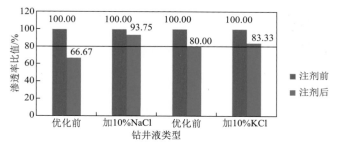

图 2-2-34　顺北-XX 井区钻完井液优化渗透率恢复图

3. 主要创新点

针对顺北-XX 井区储层敏感性规律,创新性提出了顺北-XX 井区油井储层敏感性控制原则:缓、慢、稳。

缓:缓排空井筒流体,控制井筒流体排出流速为 18.33 m/d。

慢:慢启动近井流体,控制产液临界流速低于或接近 32.33 m/d。

稳:稳生产地层流体,控制生产压差小于或接近 3.7 MPa。

4. 推广价值

基于碳酸盐岩储层敏感性研究成果,在顺北-XX 井区碳酸盐岩完井与生产开发过程中应充分考虑储层敏感性带来的储层伤害,控制生产压差并建立合理生产工作制度,以保证持续有效稳定的开发模式。

参 考 文 献

[1] 许家新.稳定同位素井间示踪技术在深层块状稠油油藏水驱特征研究的应用[J].油气井测试,2003,12(4):20-22.

[2] 宋汐瑾.时域电磁法套管探伤技术三维有限元数值模拟[J].仪器仪表学报,2012,33(4):829-834.

[3] 黎明.新型电磁探伤 MID_S 测井技术套损检测研究[J].石油仪器,2012,26(4):4-6.

[4] 乐大发,姚辰明,郭体军,等,MID-K 多层管柱电磁探伤测井及在孤岛油田的应用[J].石油天然气学报,2008,30(2):479-481.

[5] 任志平,党瑞荣.套管磁化与过套管介质识别[J].仪器表学报,2009,30(9):1813-1817.

[6] 谢佳析,刘吉吉,程柏青.井间示踪技术在砂岩及碳酸岩缝洞型油藏的应用研究[J].测井技术,2008,32(3):272-276.

[7] 张毅,姜瑞忠.井间示踪剂分析技术[J].石油大学学报(自然科学版),2001,25(2):76-78,83-84.

[8] 娄兆彬.烃气混相驱气体示踪剂解释理论与应用技术[D].北京:中国地质大学,2006.

[9] 鲜波,熊枉,孙良田.混相驱中气体示踪剂优选方法研究[J].海洋石油,2006,26(2):39-43.

[10] 郭春秋,李颖川.气井压力温度预测综合数值模拟[J].石油学报,2001,22(3):100-104.

[11] 毛伟,梁政.计算气井井筒温度分布的新方法[J].西南石油学报,1999,21(1):56-66.

[12] 刘学利,焦正方,翟晓光,等.塔河油田奥陶系缝洞型油藏储量计算方法[J].特种油气藏,2005,12(6):22-24.

[13] 陈志海,常铁龙,刘常红.缝洞型碳酸盐岩油藏动用储量计算新方法[J].石油与天然气地质,2007(3):315-319,328.

[14] 李传亮.油藏工程原理[M].北京:石油工业出版社,2011.

[15] 陈利新,王连山,高春海,等.缝洞型油藏动态储量计算的一种新方法——以塔里木盆地哈拉哈塘油田为例[J].新疆石油地质,2016,37(3):356-359.

[16] 张望明,韩大匡,连淇祥,等.多层油藏试井分析[J].石油勘探与开发,2001,28(3):63-66.

[17] 毛志强,李进福.油气层产能预测方法及模型[J].石油学报,2000,21(5):58-61.

[18] 贾自力,于锋,王国庆,等.注氚同位素示踪技术在吐哈油田开发中的应用[J].同位素,2009,22(4):221-225.

[19] 刘同敬,张新红,姜汉桥,等.井间示踪测试技术新进展[J].同位素,2007,20(3):189-192.

[20] Christiansen E,Hudson B D, Hansen A H,et al. Development and characterization of a potent free fatty acid receptor 1(FFA1) fluorescent tracer[J]. J Med Chem,2016,59(10):4849-4858.

[21] Kang W L,Hu L L,Zhang X F,et al. Preparation and performance of fluorescent polyacrylamide microspheres as a profile control and tracer agent[J]. 石油科学,2015,12(3):483-491.

[22] 李阳,范智慧.塔河奥陶系碳酸盐岩油藏缝洞系统发育模式与分布规律[J].石油学报,2011,32(1):101-106.

[23] 李阳.塔河油田奥陶系碳酸盐岩溶洞型储集体识别及定量表征[J].中国石油大学学报(自然科学版),2012,36(1):1-4.

[24] Du X,Lu Z,Li D M,et al. A novel analytical well test model for fractured vuggy carbonate reservoirs considering the coupling between oil flow and wave propagation [J]. Journal of Petroleum Science and Engineering,2019(2):447-461.

[25] Zhao Y,Tang X,Zhang L,et al. Numerical solution of fractured horizontal wells in shale gas reservoirs considering multiple transport mechanisms[J]. J Geophys Eng,2008,15:739-750.

[26] 杨川东.采气工程.[M].北京:石油工业出版社,1997.

[27] 李仕伦.天然气工程[M].北京:石油工业出版社,2008.

[28] Turner R G,Hubbard M G,Dukler A E. Analysis and prediction of minimum flow rate for the contin-

uous removal of liquids from gas wells [J]. JPT,1969,21(11):75-82.

[29] 王迪,何世平,张熹.封隔器卡瓦接触应力研究[J].实验力学,2006,21(3):351-356.

[30] 黄世财,单锋,冯辉,等.超高温可回收式液压封隔器的研制和推广应用[J].钻采工艺,2016,39(1):86-88.

[31] 段春兰,等.有机酸盐环空保护液在元坝海相气藏的应用[J].石油钻采工艺,2014,36(5):53-57.

[32] 刘然克,等.咪唑啉类缓蚀剂对 P110 钢在 CO_2 注入井环空环境中应力[J].表面技术,2015(3):25-30.

[33] 肖国华,王玲玲,王芳,等.高温高压油管锚定器的研制与应用[J].石油机械,2016,44(4),94-96.

[34] 邹群,张贵才,钱钦,等.斜置锚爪式水力锚研制与应用[J].石油矿场机械,2013,42(12),98-100.

[35] 李治,罗长斌,于晓明,等.碳钢在高温高压条件甲酸环境中的腐蚀行为[J].腐蚀与保护,2015,36(6),540-542.

[36] 林翠,肖志阳,等.碳钢在 NaCl 薄液膜下的电化学腐蚀行为[J].腐蚀与保护,2014,35(4):316-320.

[37] 贾爱林,闫海军,郭建林,等.不同类型碳酸盐岩气藏开发特征[J].石油学报,2013,34(5):914-923.

[38] 黄知娟.大数据分析顺北油田 SHB-X 井试采产液量骤降原因[J].石油钻采工艺,2019,41(3):341-347

[39] 狄勤丰,陈锋,王文昌,等.双台肩钻杆接头三维力学分析[J].石油学报,2012,33(5):871-877.

[40] 祝效华,高原,贾彦杰.弯矩载荷作用下偏梯形套管连接螺纹参量敏感性分析[J].工程力学,2012,29(10):301-307.

[41] 窦益华,王轲,于洋,等.特殊螺纹油管接头上扣性能三维有限元分析[J].石油机械,2015,43(4):99-104.

[42] 高连新,汪华林,张毅,等.窄间隙特殊扣套管的使用性能分析[J].天然气工业,2007,27(11):58-60.

[43] 鲁碧为,白鹤,袁芳兰,等.螺纹过盈量对特殊螺纹接头性能的影响[J].钢管,2015,44(4):49-53.

[44] 李根生,马加计,沈晓明,等.高压水射流处理地层的机理及试验[J].石油学报,1998,19(1):106-109.

[45] 张宏,邱杰,刘新生,等.水力喷射压裂技术在河南油田水平井的应用[J].石油地质与工程,2011,25(5):99-101.

[46] 敬加强,周怡诺,郑思佳,等.气体携砂对弯头局部冲蚀规律实验探讨[J].腐蚀科学与防护技术,2015,27(5):437-443.

[47] 韩难难,刘斌,张涛,等.西部某天然气田三通管件腐蚀失效分析[J].腐蚀科学与防护技术,2015,27(6):600-607

[48] 周少伟,李小玲,苏国辉,等.碳酸盐岩气藏不同酸液体系酸岩反应动力学实验研究[J].科学技术与工程,2014,14(24):211-214.

[49] 王琨,詹立,苟波.高温致密碳酸盐岩与胶凝酸酸岩反应速率测试方法研究[J].钻采工艺,2018,41(3):41-44.

[50] 潘林华,张士诚,程礼军,等.围压-孔隙压力作用下碳酸盐岩力学特性实验[J].西安石油大学学报(自然科学版),2014(5):17-20.

[51] 张强勇,王超,向文,等.塔河油田超埋深碳酸盐岩油藏基质的力学试验研究[J].实验力学,2015,30(5):567-576.

第三章
采油工程技术进展

　　塔河油田油藏具有埋藏深、原油性质差异大、流动特征复杂、采收率低和自然递减率大等特点,堪称世界上最复杂的油藏。通过近期科研技术攻关,已形成了超深超稠油采油工程关键技术,解决了塔河油田储量规模动用问题,为塔河油田快速上产稳产提供了技术支撑。

　　机械采油技术方面,针对生产过程中杆断频繁的问题,明确了塔河油田抽油杆断脱的原因,针对性地采取各种措施改善油井抽油杆工况;针对机采井生产及管理方面的难题,设立了井筒评价、地面评价、成本评价、安全评价等方面共 10 个指标,形成了塔河油田特有的机采井健康评价体系;针对油藏开发后期含水上升问题,开展了纳米分离膜和井下工具相结合的室内实验,拟利用纳米材料的油水分离膜技术,达到既能实现油水分离,又能满足井筒承压条件的目的。

　　注气工艺技术方面,随着注氮气技术开发的进行,单井多周期效果变差、低效井增多,单元注气效果差异大、部分井组发生气窜,油井原油变稠等问题逐渐凸显,为缝洞型油藏注氮气高效开发带来了极大的难题。在氮气驱特征分析的基础上,利用物理模拟(简称物模)和数值模拟(简称数模)方法,开展了单井注气增效技术、单元注气防窜技术、注氮气原油致稠机理技术等的研究,初步形成了单井注气低效治理技术,研发了高性能防气窜药剂体系,明确了注氮气油井原油变稠的机理和现场注气设备的运行状态,为缝洞型油藏持续高效开发提供了支撑。

　　控堵水技术方面,针对碎屑岩油藏多轮次冻胶堵水增效变差的难题,结合物模和数模,明确了水侵形态及剩余油分布,探索了冻胶深部堵水、复合堵水等工艺的机理,优化了用量/段塞等参数,提升了堵水增效。针对碳酸盐岩缝洞型油藏堵水费用高、有效率低的问题,设计了缝洞模拟装置,明确了缝间"竞争-屏蔽"流动干扰现象,提出了油水选择性、尺度选择性、密度选择性堵水思路,创新研发了自组装油溶颗粒、低成本油脚控水体系、形状记忆堵剂、可膨胀石墨等前沿体系,并先导试验了"粘连颗粒堵水技术"7 井次,有效率由 58% 提升至 71%,实现了不动管柱作业,单井节省成本 40% 以上。

　　流道调整技术方面,塔河油田缝洞型油藏非均质性强,造成单元注水"动用低、波及低、效率低"的问题,创新提出了缝洞型油藏水驱流道调整技术,开展了深部水窜治理影响因素分析、"四个可控"深部放置药剂体系研发以及不同尺度流道适应性研究,攻关形成了低成本中密度弹性颗粒、低强度软弹体调流剂、塑性粘连塑弹体调流颗粒、高强度油基固化调流剂四套药剂体系及配套注入工艺,累计实施 26 井组,阶段增油 4.56×10^4 t,吨油成本 197 元。

　　稠油降黏技术方面,创新研发了耐盐水溶性降黏剂、高分散油溶性降黏剂,并配套了特色工艺,填补了高矿化度、高含沥青质稠油化学降黏技术的理论和实践空白;建立了深井井筒温度压力场模型,集成创新了加热保温及天然气掺混降黏等物理降黏技术,充分利用工区的资源优势、油藏温度优势,实现了该类油藏降黏开发技术的重要突破;针对塔河油田地下稠油黏度高、水驱过程中油水流度比大、水驱效率有待提升等问题,开展了不同物理模型条件下的稠油流动规律研究,为超稠油提高采收率技术研究奠定了基础。

第一节 机械采油技术

一、19 mm 及 22 mm 常规杆径抽油杆疲劳寿命检测

1. 技术背景

塔河油田具有泵挂深度深、H_2S 含量高、CO_2 含量高、矿化度高等特点,近几年检泵频繁,抽油杆断裂问题占检泵原因的 30%。抽油杆断裂的影响因素较多,主因不定,这使得技术对策针对性不强。因此,需要对抽油杆疲劳断裂开展攻关研究,确定其影响因素,提出优化调整方案,确保机抽系统长期高效运行。

2. 技术成果

成果 1:完成了抽油杆疲劳模型仿真分析,得到了缺陷门槛值(表 3-1-1)。

基于损伤力学模型,利用 ANSYS 软件建立了抽油杆试件损伤模型(图 3-1-1),模拟仿真了不同损伤(裂纹、蚀坑、偏磨)对不同杆径 HL 级抽油杆疲劳寿命的影响(图 3-1-2),设计了正交试验,拟合了剩余寿命计算公式并对结果进行了分析(图 3-1-3)。

表 3-1-1 19 mm 及 22 mm 抽油杆缺陷门槛值

杆径 /mm	裂 纹			蚀 坑		偏 磨		位置/mm
	深度/mm	宽度/mm	角度/(°)	深度/mm	半径/mm	深度/mm	长度/mm	
19	1.1	0.4	22.5	1.6	3.4	3.5	34	105～155
22	0.9	0.4	22.5	2.2	3.2	3.8	34	

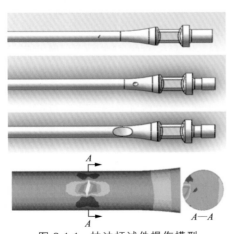

图 3-1-1 抽油杆试件损伤模型

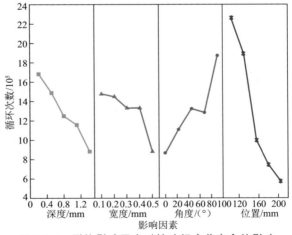

图 3-1-2 裂纹影响因素对抽油杆疲劳寿命的影响

图 3-1-3　抽油杆疲劳寿命计算程序

成果 2：完成了抽油杆疲劳测试，形成了检测报告。

对 HL 级新杆、旧杆进行拉伸实验（图 3-1-4、图 3-1-5），抗拉强度均处于标准范围内；对 HL 级新杆、旧杆进行疲劳试验，得到了抽油杆损伤界限值，并对在用杆制定了分类管理方法：① 若缺陷深度小于 0.75 mm，则继续作为同级别新杆使用，认为具有无限寿命；② 若缺陷深度在 0.75～1.25 mm 之间，则将在用杆柱降为下一级别抽油杆使用；③ 若缺陷深度大于 1.25 mm，则建议杆柱报废或进行修复。

图 3-1-4　试件　　　　　　　　图 3-1-5　万能试验机

成果 3：完成了抽油杆断裂原因分析，形成了治理对策。

由问题调研、理论模拟、实验分析可知，塔河油田抽油杆断裂的主要原因为腐蚀、疲劳、偏磨；从加工质量、防腐工艺、防偏磨工艺、排采制度与杆柱组合优化四方面提出了对应的治理对策。

3. 技术创新点

创新点 1：采用有限元分析软件，建立了抽油杆在不对称循环载荷作用下的疲劳寿命模型。

创新点 2：利用校正后的力学分析模型，对抽油杆蚀坑深度、工作参数等进行模拟，由计算结果找到影响抽油杆疲劳的主要因素。

4. 推广价值

通过该技术的研究，确定了塔河油田抽油杆断裂的主要影响因素，有效解决了塔河油田抽油杆疲劳断裂问题，确保机抽系统长期高效运行，可推广至同类油藏。

二、机采井健康评价体系建立与现场测试评价

1. 技术背景

塔河油田机采井开井 1 051 口，占总开井数的 67.3%，年产油 397.8×10⁴ t，占总产量的 56.6%。目前主要呈现大排量（大泵 371 口，理论排量 57.4 m³/d，占 41.3%）、深泵挂（平均泵挂 2 509 m，大于 2 500 m 的井有 723 口）、高能耗（吨液能耗 14.9 kW·h/t，中石化为 9.7 kW·h/t）、高掺稀（平均掺稀比 1.6，大于 1.6 的井有 132 口）的运行特点。因此，需通过技术研究建立一套适合塔河油田的机采井健康评价体系，并对机采井进行全面的排查与分析，找出目前塔河油田机采井存在的突出问题，并给出调整措施，提高机采井检泵周期及运行效率。

2. 技术成果

成果 1：制定了塔河油田机采井健康评价指标选取原则，并完成了指标选取。

结合塔河油田机采井的生产特点，根据评价标准建立流程图评价方法，从井筒、地面、安全三方面指标按照影响因素进行归类并建立指标判断标准（图 3-1-6）。

（1）产量评价指标：采油时率、沉没度、泵效。

（2）成本评价指标：抽油机平衡率、系统效率、载荷利用率。

（3）管理水平评价指标：免修期、回压、交变载荷。

（4）安全环保评价指标：连续安全生产天数。

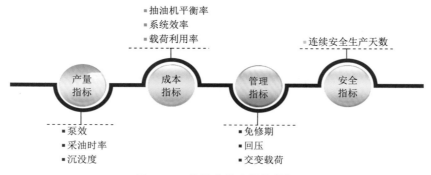

图 3-1-6　机采井健康评价指标

成果 2：完成了机采井健康评价指标范围确定，建立了健康评价体系。

（1）通过运用灰色关联法、主成分分析法及人工神经网络法 3 种方法对机采井影响因

素进行分析,并对各项指标进行了范围界定(表 3-1-2)。

表 3-1-2　机采井系统效率影响因素界定

评价指标		健康等级标准		
		健　康	亚健康	不健康
抽油机平衡率/%		80~110	75~80,110~115	>115,<75
采油时率/%		>98.0	90.0~98.0	<90.0
沉没度/m	稀油	300~900	200~300,900~1 100	>1 100,<200
	稠油	600~1 100	300~600,1 100~1 300	>1 300,<300
泵效/%	稀油	45~80	40~45,80~100	>100,<40
	稠油	40~100	35~40,100~110	>110,<35
免修期/d	稀油	>454	284~454	<284
	稠油	>348	261~348	<261
回压/MPa		≤1.5	1.5~2.0	>2.0
载荷利用率/%		45~80	40~45,80~85	>85,<40
交变载荷/kN		<40	40~50	>50
系统效率/%		>25.0	17.1~25.0	<17.1
连续安全生产天数/d		=日历天数		<年日历天数

(2)按照"一井一策"管理模式,给每一口机采井建立一张"健康评价表",按机采井运行状况设置 10 个参数,以参数的好坏确定指标的健康程度,以指标的健康程度来衡量机采井运行的优劣。采油管理区运用该表对问题机采井及时进行"把脉问诊"并制定对策,对实施效果进行评价,不断提高机采井运行受控程度。

成果 3:完成了机采井健康评价体系评价软件开发。

建立数据库,并将塔河油田机采井的相关数据及采集到的工况参数收录到数据库中,利用软件关联数据库。用户可以通过软件判定某一指标在最大值以下某一个范围内(5%或 10%等)为不健康,程序自动计算出不健康的井数(图 3-1-7)。用户可以选择保存或输出文件,将所查询类型井的井号、泵效以及其他健康指标参数输出到 Excel 中。

成果 4:初步完成了塔河油田机采井评价,给出了优化指导方案。

按照机采井健康评估体系,初步诊断了 776 口机采井,其中健康井 619 口(占 79.8%),亚健康井 110 口,不健康井 47 口,主要是由泵漏、供液不足、供排不协调和电流不平衡导致亚健康或不健康,通过综合治理,恢复健康状态井 78 口。

3. 技术创新点

创新点 1:建立了塔河油田机采井健康评价体系。
创新点 2:完成了机采井健康评价体系评价软件开发。

4. 推广价值

随着油田开采逐渐由粗放式向精细化方向发展,油田开采难度不断增大,油田开采的经

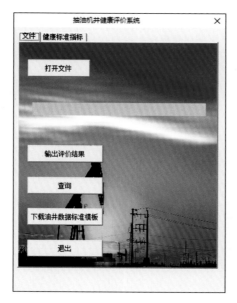

井名	抽油机平衡率/%		沉没度/m		泵效/%	
项目	实际值	评价	实际值	评价	实际值	评价
			实际值		实际值	
AN1-1H	107.18	健康	1108.6	不健康	60.50	健康
AN1-2	107.65	健康	3447	不健康	85.10	健康
AN1CH	77.12	亚健康	1517.5	不健康	84.70	健康
AN2-1H	82.33	健康	1220.2	不健康	116.30	不健康
AT1-11H	101.06	健康	638.4	不健康	64.80	健康
AT1-12H	92.79	健康	1800.1	不健康	48.30	健康
AT1-14X	108.09	健康	1556.3	不健康	177.60	不健康
AT1-15H	100.87	健康	760.3	不健康	73.90	健康
AT1-16H	110.25	亚健康	648.1	不健康	83.40	健康
AT1-5H	106.58	健康	1502.9	不健康	47.80	健康
AT1-6H	95.42	健康	1209.4	不健康	77.30	健康
AT2	91.55	健康	2815.3	不健康	168.40	不健康
AT2-10H	111.11	亚健康	118.8		87.20	健康
AT2-11H	109.30	健康	2004.5	不健康	139.80	不健康
AT2-1H	104.78	健康	3012.1	不健康	72.10	健康
AT2-3CH	114.71	亚健康	1309		84.80	健康
AT2-6H	90.91	健康	1792.3	不健康	88.90	健康
AT2-7H	80.71	健康	1216.7	不健康	81.10	健康
AT2-8H	92.98	健康	3.7		76.30	健康
AT2-9H	91.95	健康	512.3	健康	98.70	健康

图 3-1-7　机采井健康评价系统软件

济性变得尤为重要。结合油田机采井的生产特点,机采井健康能够在相对高效开采的同时保证较低的能源成本以及较小的设备损耗,达到生产系统的最优化。

三、抽油杆接箍受力模拟与优化测试

1. 技术背景

塔河油田奥陶系碳酸盐岩油藏具有超深、高温、高压、非均质性极强等特点,储集空间以大型洞穴、溶蚀孔洞和裂缝为主,缝洞单元间具有很强的封隔性。塔河原油密度、黏度均呈北西高、南东低的走向分布,特稠油主要在塔河十二区和塔河十区。具体来说,塔河油田的油藏特征主要有以下几个:① 储层埋藏深,基本都在 5 300～7 000 m 的深度,因此具有难作业、难深抽的问题;② 缝洞体中精细刻画难度很大,因此完井和提高采收率难度也随之提高;③ 地层温度高,大致在 125～160 ℃之间;④ 存在多种腐蚀性介质,如 H_2S,CO_2 等,导致对设备的腐蚀防护难度提高;⑤ 矿化度高,达(22～24)×10^4 mg/L,导致腐蚀性较强;⑥ 原油黏度最大可达 180×10^4 mPa·s,加大了开采、集输的难度。

塔河油田举升工艺以有杆泵(主要包括管式泵、杆式泵、抽稠泵)举升方式为主,占总井数的 64.1%。随着后期深抽井数的增多,杆管偏磨现象凸显,已经日渐影响机采井的生产与深抽技术的进一步开展。目前塔河油田杆管偏磨油井存在的问题主要为:深抽井杆柱受力复杂多变,杆柱在上下冲程中无法有效扶正而导致杆柱与油管磨损严重。管杆偏磨不仅会造成油井减产或停产,增加井维护的工作量,而且会导致井内管杆磨损、断裂甚至管杆落井,增加了作业施工的难度,严重影响了油井的正常生产。

2. 技术成果

成果 1:开展了抽油杆接箍腐蚀产物成分分析(表 3-1-3)及材料的性能测试。

表 3-1-3　抽油杆接箍腐蚀产物成分

组　分	质量分数/％	体积分数/％
BK	4.47	10.57
CK	5.91	12.58
OK	11.97	19.12
FeL	20.95	9.59
NiL	2.38	1.03
NaK	22.01	24.47
SK	0.69	0.55
ClK	30.13	21.72
PdL	1.49	0.36

成果 2：针对目前的抽油杆接箍受力情况,建立了有限元模型(图 3-1-8、图 3-1-9),并进行了数值模拟。

图中,F_m 为抽油杆柱产生的惯性载荷,N;F_n 为抽油杆柱与油管之间的摩擦力,N;F_a 为抽油杆柱与液柱之间的摩擦力,N;F_{mg} 为抽油杆微元段自重,N;p_i 和 p_{i+1} 为抽油杆微元段两端的轴向载荷,N;M_i 和 M_{i+1} 为抽油杆微元段两端的极惯性矩,m⁴;θ 为微元段的角度,rad;R 为抽油杆微元段的曲率半径,m;N 为抽油杆微元段受到油管的反力,N。

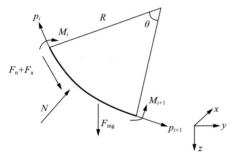 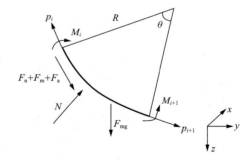

图 3-1-8　抽油杆上冲程力学模型　　　　　图 3-1-9　抽油杆下冲程力学模型

成果 3：针对塔河油田的特殊情况,有针对性地建立了抽油杆接箍优化方案。

优化方案为:使用抗磨损硬质合金喷焊接箍表面、碳锆复合树脂内涂层油管技术;用 38CrMoAl,42CrMo 和 45MnB 三种材料来替换 35CrMo;安装防偏磨扶正器。

3. 技术创新点

通过大量的模拟和室内实验确定了抽油杆接箍腐蚀的主要影响因素,研究了摩擦系数、流体黏度和密度、腐蚀介质、生产参数等因素对抽油杆接箍的影响,给出了减小影响的方案措施。

4. 推广价值

该研究针对抽油杆接箍的失效原因进行了分析,开展了腐蚀产物分析实验、材料性能实验、生产过程中的受力情况数值模拟,但其研究仍处于室内理论研究阶段,仅具有一定的指导和借鉴意义。

四、19~28 mm 抽油杆探伤与腐蚀检测评价

1.技术背景

截至 2017 年 3 月底,塔河油田共有抽油机井 1 361 口,占比 64.1%,开井 745 口,抽油机井检泵 32 井次,检泵原因为泵漏失、杆柱断脱、注气腐蚀结垢、柱塞故障、凡尔罩断、稠油堵塞井筒、管漏 7 个方面,其中泵漏失 11 井次,占总数的 34.4%;杆断脱 10 井次,占总数的 31.3%;注气腐蚀结垢 4 井次,占总数的 12.5%。2017 年一季度抽油杆断脱 10 井次,占总检泵井次的 31.3%,其中抽油杆断 7 井次,脱扣 3 井次。从抽油杆断裂原因来看,高载荷及杆柱疲劳断裂 6 井次,占 60.0%。由于抽油杆断裂的影响因素较多,主因不定,使得技术对策针对性不强,因此需要对抽油杆疲劳断裂开展攻关研究,确定影响因素,提出优化调整方案,确保机抽系统长期高效运行。

2.技术成果

成果 1:明确了抽油杆腐蚀失效的主要原因及次要原因。

交变载荷大、杆柱应力比高和介质腐蚀(硫化氢)是杆柱腐蚀失效的主要原因,其中硫化氢腐蚀情况如图 3-1-10 所示;深泵挂、含水高造成下行阻力大而引起杆柱失稳偏磨加剧是次要原因,断点主要分布在井口到 400 m 以上区域,整体分布如图 3-1-11 所示。现场作业及管理不当是杆柱腐蚀的重要隐患。

图 3-1-10　杆柱硫化氢腐蚀情况

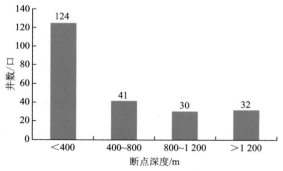

图 3-1-11　断点深度分析

成果 2:开展了抽油杆腐蚀规律研究。

完成了抽油杆化学成分分析和机械性能检测,对抽油杆腐蚀前后的性能进行了对比(图 3-1-12)。NACE Standard TM 0177—2005 标准 A 法和慢拉伸应力腐蚀实验结果表明,超高强度抽油杆钢(HL 级钢)抗硫化物应力开裂性能较差,高强度抽油杆在含硫化氢介质环境中断裂敏感。将腐蚀疲劳置于装有饱和硫化氢的地层水的容器中,常压、80 ℃下浸泡 5 d 后取出,腐蚀后疲劳强度降低约 28%。

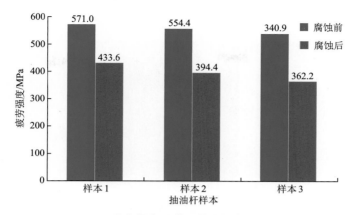

图 3-1-12　硫化氢腐蚀前后抽油杆疲劳强度对比

成果 3：提出了抽油杆失效的治理对策。

治理对策为：① 提升抽油杆质量；② 采用有杆泵减载深抽技术——降低杆柱应力；③ 应用真空增压泵举升——增大下行动力，使中和点下移；④ 设立抽油杆分级管理，使抽油杆管理科学化；⑤ 开展高含水、杆柱失稳、腐蚀偏磨等油井配套技术。

3. 技术创新点

为了测试高强度抽油杆在硫化氢介质环境中的断裂敏感性，创新地采用饱和硫化氢地层水，80 ℃下浸泡 5 d 后疲劳强度约降低 28%。

4. 推广价值

研究推荐了真空增压技术、深抽减载及防腐延寿配套技术等，可论证后开展先导试验，评价其工艺效果。

五、纳米工具井下油水分离可行性研究

1. 技术背景

塔河油田碳酸盐岩缝洞型油藏开发后期含水上升，高含水生产，地层能量衰减快，不利于开采，且水处理费用高。目前井下油水分离技术大多处在研究和试验阶段，分离效率相对较低。本技术可行性论证拟利用纳米材料的油水分离膜技术，实现产油不产水或少产水的目的。通过实验将纳米分离膜和井下工具相结合，达到既能实现油水分离，又能满足井筒承压条件要求的目的。

2. 技术成果

成果 1：根据油水分离纳米材料技术现状，结合井下工况优选纳米油水分离膜。

通过对广泛文献资料和油水分离纳米材料研制现状的调研，结合井液性质和油水分离装置井下工况，依据井下油水分离装置对油水分离纳米材料的要求，筛选评价了 9 种油水分离纳米材料，通过油水分离常规实验，对亲油性、通量、耐温、耐压、耐腐蚀及强度等参数进行

综合评价,优选出 4 种材料,其中亲水膜 3 种,亲油膜 1 种(图 3-1-13)。

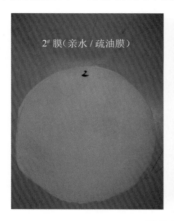

图 3-1-13　优选出的纳米油水分离膜

成果 2:根据纳米油水分离膜的特点和工作介质,研制了一套纳米油水分离实验装置。

根据纳米油水分离膜材料的分离性能及结构特点、井下油水分离装置工作条件,研制了一套纳米油水分离实验装置(图 3-1-14)。通过样机实验确定了倒锥形金属网装置结合材质韧性好、通量大的亲水膜的样机单元,其处理量约为 15 m³/d(含水率 88%),分离效率约为 30%,分离出的水中含油量低于 1%,基本不含油。

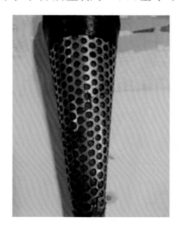

图 3-1-14　纳米油水分离实验装置

成果 3:设计了纳米井下油水分离工具,提出了工具配套采注一体式机抽泵设计方案。

实验表明,在油井产量较高时,油水分离工具采用多个分离单元并联能提高油水分离效果,据此提出了工具配套采注一体式机抽泵设计方案(图 3-1-15)。

3. 主要创新点

创新点 1:优选纳米油水分离膜,结合研制的油水分离实验装置开展井下油水分离实验,进行可行性研究。

创新点 2:在油水分离效果达标的条件下,优化设计了井下注采一体式机抽装置,实现了同井井下油水分离。

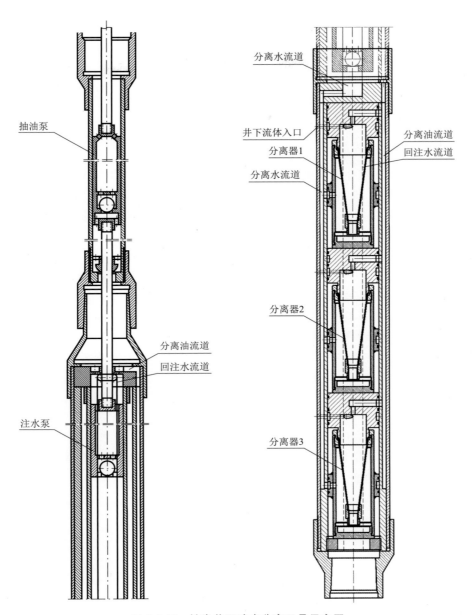

图 3-1-15　纳米井下油水分离工具示意图

4. 推广价值

由油水分离实验可以看出,优选出的油水分离膜在温度 50~60 ℃、含水量 85% 以上的高含水油井中有推广应用的可能性,但单元样机分离效率偏低,膜易被污染堵塞,说明现有膜材料不能很好地满足井下油水分离工况,后期将继续攻关油水分离膜的通量及防堵等关键性技术。

第二节 注气工艺技术

一、缝洞型油藏改善气驱低密度流体体系测试

1. 技术背景

在缝洞型油藏单元气驱开发中,气驱效果差异大,部分井组发生气窜,导致气驱效率低,井间受效单一。鉴于此,提出了采用低密度调流剂封堵气窜通道,改善气驱效果的思路,但由于塔河油田地层条件苛刻,常规防窜体系不适应,因此亟须研发耐温 130 ℃、抗盐 22×10^4 mg/L 的低密度(低于煤油密度)弹性体系。

2. 技术成果

成果 1:研发了自由基引发剂引发的互穿网络结构硅橡胶。

硅橡胶弹性颗粒体系具有粒径可控(1~3 mm)、耐盐(22×10^4 mg/L)、低密度(0.70~0.95 g/cm³)、耐温(>150 ℃)、高强度(>2.0 MPa/m)的特点。岩芯驱替实验表明,硅橡胶颗粒封堵性能好,裂缝中气体流量最高降幅可达 57%,封堵能力随着裂缝角度的增大而增大,随着气体压差的增大有一定幅度的增大(图 3-2-1)。

成果 2:研发了以耐温耐盐冻胶为黏合剂、无机低密度颗粒为骨架的低密度冻胶颗粒型气驱调流剂。

该体系在密闭环境、120 ℃条件下测试 1 个月仅少量脱水。岩芯驱替实验表明,冻胶颗粒封堵后,裂缝中气体流量最高降幅可达 38%,冻胶的封堵能力随着裂缝角度的增大而小幅度增大,随着气体压差的增大有一定的减小(图 3-2-2)。

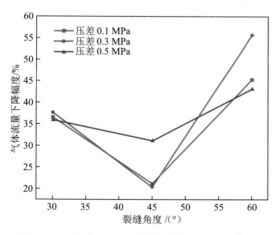

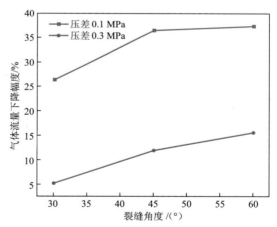

图 3-2-1 注入 1 PV 硅橡胶颗粒在不同压差下气体流量下降幅度与裂缝角度关系

图 3-2-2 注入 1 PV 冻胶颗粒在不同压差下气体流量下降幅度与裂缝角度关系

3. 主要创新点

创新点 1:研发了两种新型低密度流体体系。
创新点 2:明确了低密度流体体系的流动规律。

4. 推广价值

随着塔河油田单元气驱规模的增大,气窜井组势必增多,研发出的硅橡胶和低密度冻胶颗粒体系具有耐温抗盐性能好、防窜封堵能力较强的特点,对缝洞型油藏防气窜、扩大气体波及具有良好的适应性,具有很好的推广应用价值。

二、缝洞型油藏氮气驱低密度延缓气窜颗粒体系实验评价

1. 技术背景

注气提高采收率技术已成为缝洞型油藏注水替油后的一项重要开发技术。目前塔河油田注气单元有 40 个,气窜井组有 7 个。随着氮气驱规模的扩大,气窜井组必将增多,亟待攻关防窜技术。此外,单元注气平均换油率约为 0.26 t/m³,远小于单井平均换油率(约 0.97 t/m³),单元注气气体利用率低,亟待攻关改善气驱技术。以防窜材料作为防窜增效技术的核心,开展缝洞型油藏氮气驱延缓气窜颗粒体系的研发与评价,对改善缝洞型油藏注气提高采收率技术效果具有重要的现实意义。

2. 技术成果

成果 1:优选了缝洞型油藏气驱流道调整用低密度颗粒。

以颗粒密度为筛选指标,优选出性能优良、密度低于 0.6 g/cm³ 的软木颗粒、聚氨酯发泡颗粒两种延缓气窜颗粒(图 3-2-3、图 3-2-4)。软木颗粒密度为 0.184 g/cm³,酸处理损失率为 0.56%,60 MPa 静压下 3~5 目颗粒中有 37.28% 保留原粒径,而 62.72% 的粒径减小到 5~8 目;聚氨酯发泡颗粒密度为 0.025 g/cm³,无酸处理损失,60 MPa 静压下质量无损失。

 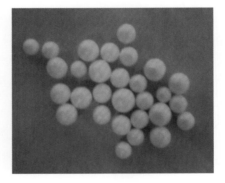

图 3-2-3　软木颗粒　　　　　　　　　图 3-2-4　聚氨酯发泡颗粒

成果 2:研发了一种低密度颗粒体系。

初选出的 15 种低密度延缓气窜颗粒密度多大于 0.6 g/cm³,以初选出的硅酸盐颗粒、石粉、

漂珠为固相体系,在此基础上选择蛋白类发泡剂与固相颗粒形成高强度固体泡沫(图 3-2-5),设计密度为 0.6 g/cm³,满足携带需求;其起泡体积大于 450 mL,析液半衰期在 12 min 以上,成型收缩率约为 15%,固化时间可调,初凝时间为 2.5~3 h,终凝时间为 18~24 h,8 h 抗压强度约为 1.5 MPa,可耐受 350 ℃高温。

图 3-2-5　高强度固体泡沫

成果 3:评价了颗粒携带体系。

评价了气相(氮气)、液相(模拟地层水、聚合物基增黏体系、表面活性剂增黏体系)、泡沫 3 种延缓气窜颗粒携带体系。优选出的这 3 种泡沫携带体系用起泡剂的性能均可达到起泡体积大于 350 mL、半衰期大于 7 min 的目标。

建立了考虑缝洞体系的延缓气窜颗粒动态滤失携带模型,以氮气、水、泡沫作为携带介质,分别针对软木颗粒、聚氨酯发泡颗粒、固体泡沫进行了携带流体泵注排量的敏感性分析。研究发现,不同条件下泵注排量存在一个最优值,泵注排量过大反而会加剧携带体系的紊流程度,增大颗粒间的干扰,致使过早沉降。综合考虑现场设备等实际情况,推荐了泵注排量最低值。

成果 4:根据实验结果推荐了现场施工泵注参数。

(1)氮气携带软木颗粒的临界排量为 0.5 m³/min,即 30 m³/h,而现场地面泵的最大排量为 20 m³/h,故软木颗粒无法使用氮气携带。水携带软木颗粒封堵地层裂缝的临界排量为 0.2 m³/min,即 12 m³/h。泡沫携带软木颗粒封堵地层裂缝的临界排量为 0.15 m³/min,即 9 m³/h。

(2)氮气可携带聚氨酯发泡颗粒封堵地层裂缝,临界排量为 0.3 m³/min,即 18 m³/h。水携带聚氨酯发泡颗粒的临界排量为 0.2 m³/min,即 12 m³/h。

3. 主要创新点

创新点 1:研发了缝洞型油藏气驱流道调整用低密度颗粒体系。
创新点 2:形成了一套缝洞型油藏延缓气窜的施工方案。

4. 推广价值

缝洞型油藏气驱流道调整用低密度颗粒体系的形成为同类油藏气驱生产中气窜难题的解决提供了借鉴;缝洞型油藏气驱流道调整用低密度颗粒体系试验参数的建立为缝洞型油藏的注氮气高效开发奠定了基础,为同类油藏的技术发展指明了方向。

三、防气窜低密度体系研发

1. 技术背景

随着塔河油田氮气驱规模的增大,受储层分布复杂性、缝洞体系强非均质性的影响,在氮气驱过程中出现了气窜井组逐渐增加的问题。目前注气单元有 40 个,气窜井组有 7 个,单元注气平均换油率(0.45 t/m³)远低于单井平均换油率(0.97 t/m³),气体利用率低,亟待研发防窜技术来提高注气增油效果。

2.技术成果

成果1:研发了稠化泡沫-沥青-玻璃微珠体系。

该体系(图3-2-6)利用黄原胶与魔芋胶之间的相互作用来增强携带液体系的耐温性以及携带沥青的能力,并根据高温环境24 h后携带沥青的保留程度选择了黄原胶与魔芋胶质量比为9∶1、总质量浓度为4 000 mg/L的混配体系作为携带液,高温环境下24 h后对原液内部5%沥青含量的携带率达到50%～60%。筛选出起泡剂ZJ-005,以9 000 mg/L配合防窜体系使用,其高温高压环境下的半衰期延长至10 min以上,且体系密度由原来的1.12～1.14 g/cm³降低至0.66～0.68 g/cm³。选择

图3-2-6 稠化剂体系

软化点为105 ℃的石油沥青,粒径为100 μm,沥青加量为8%,玻璃微珠加量为2%,在气驱气压为0.25 MPa条件下,宽度为2 mm的裂缝岩芯气速降低程度达到32%左右。

成果2:研发了乳化沥青-玻璃微珠体系。

该体系中玻璃微珠的含量上升,裂缝岩芯的防气窜能力增强。体系内玻璃微珠含量的增加仅提高了沥青黏度,继而加大了沥青在裂缝中的流动难度,降低了高压气流对体系剥离效应造成的影响,而在增加体系在裂缝中的堆积高度方面贡献较小,使得体系对裂缝岩芯降低气速的能力并未随玻璃微珠含量的增加而产生明显的改善。因此,乳化沥青-玻璃微珠体系最终采用的混配体积比为8∶2。

3.主要创新点

研发了一种适用于塔河油田高温高盐地层环境的防气窜低密度体系。

4.推广价值

随着氮气驱规模的增大,气窜井组势必增加,研发出的防气窜低密度体系适用于高温高盐地层环境。

四、中部剩余油驱替用耐油泡沫体系研发

1.技术背景

缝洞型油藏氮气驱"气走顶部、水走底部"导致中部剩余油挖潜难,同时单井注气由近井走向远井"二套储集体",面临如何降低气体分异速度、增大效果的问题。本技术拟从现有的4种耐温耐盐起泡剂体系出发,评价其起泡能力和泡沫稳定性,以此为基础配制出性能更优异的起泡剂体系,同时设计出缝洞模型和裂缝模型,开展物理模拟实验,明确泡沫对中部剩余油的启动机理和提高采收率的能力。

2. 技术成果

成果 1:形成了耐温抗盐耐油的泡沫体系。

针对塔河油藏的高温高盐条件,从分子结构角度出发,筛选出烷基糖苷(APG),可以大幅度提高泡沫的耐油能力,体系的起泡体积可达 600~800 mL(图 3-2-7),泡沫半衰期达 24 min。该泡沫体系具有优异的起泡性能及较好的耐温、抗盐和耐油稳定性,而且在高矿化度的塔河地层水中具有较好的配伍性。此外,温度和压力对泡沫的性能有很大的影响,随着温度的升高,泡沫半衰期急剧降低,而压力的增加则会改善泡沫的稳定性。

成果 2:形成了高温高压强稳定冻胶泡沫体系。

优化形成了适合塔河油田高温高盐条件的强稳定冻胶泡沫体系。该体系在 130 ℃,3 MPa 条件下可以稳定 390 min 以上,说明该冻胶泡沫体系在高温高压下具有较好的稳定性(图 3-2-8)。

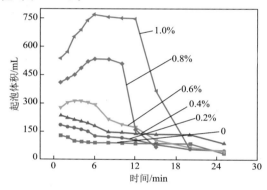

图 3-2-7 不同质量分数 APG 对泡沫性能的影响

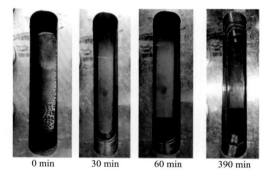

图 3-2-8 APG 对泡沫性能的影响

成果 3:明确了泡沫驱对中部剩余油的启动机理。

水驱和气驱后进行泡沫驱,可以有效启动缝洞模型中部的剩余油,置换出中部洞中的"阁楼油",从而大幅度提高水驱和气驱后采收率。泡沫通过在溶洞中大量堆积产生堆积封堵作用,迫使泡沫转向中部剩余油,将水、气驱替后的剩余油顶替出来,提高了波及系数,进而提高了采收率。泡沫中的表面活性剂具有乳化作用,能够进一步将吸附在缝洞壁上的油携带出来,从而提高洗油效率。

成果 4:明确了泡沫在不同缝洞储集体中的稳定性条件。

相同气液比的泡沫体系在缝洞模型中的稳定性要远远好于裂缝模型。在相同缝洞模型中的泡沫体系,气液比适中时泡沫稳定性最好,气液比过大不利于泡沫体系的稳定。同时,低注入速度有利于泡沫在缝洞储集体中的稳定,泡沫遇油后稳定性大幅度下降,且遇到轻质油比重质油更容易消泡。

3. 主要创新点

创新点 1:研发了一套新型耐温抗盐耐油泡沫体系。
创新点 2:明确了泡沫驱对中部剩余油的启动机理。

4. 推广价值

对泡沫对中部剩余油的启动机理的认识可以有效指导油田剩余油开采方式的选择,为水驱、气驱之后的开采方式提供技术指导,为油田提高采收率提供方向。

五、缝洞型油藏氮气驱气窜影响因素及延缓气窜技术

1.技术背景

氮气驱开发已成为缝洞型油藏注水开发后期重要的挖潜接替技术。但是随着氮气驱规模的扩大,部分井组发生气窜,严重影响了气驱效果。本技术旨在通过开展氮气驱气窜井组动静态资料分析,明确影响气窜的关键因素和气窜特征,同时优化工艺参数,为塔河油田缝洞型油藏氮气驱高效开发提供支撑。

2.技术成果

成果1:明确了气窜后利用注入介质流度抑窜的思路。

以典型井组 TK411 与 TK666 为例开展注气参数优化模拟,结果表明,气窜后单纯从注气参数(注气速度、采液速度、伴注水等)调整角度抑制气窜有一定的效果,但改善幅度小,提高气驱效果弱。提高注气量、降低注采速度有利于平面及垂向挖潜缝洞"阁楼油",泡沫驱可提高波及体积及洗油效率。

成果2:开展了缝洞型油藏水驱及气驱剩余油分布特征、气驱挖潜机理、气窜影响因素研究。

(1)砂岩或缝洞型油藏气驱特征:非活塞式驱替。密度差越大,重力分异作用越明显;黏度差异越大,气驱前缘越不稳定,气窜越明显。

(2)裂缝型油藏随着裂缝渗透率的增大,气窜时机早于砂岩,气油比上升幅度大于砂岩。气驱通道一旦形成,气驱波及体积很难扩大,气体利用率下降。

(3)人工注水开发及天然水驱可动用缝洞单元体下部的油,以及少量沟通缝洞单元的裂缝中的剩余油。受重力差异影响,注入水沿着缝洞单元下部流动;注水突破后形成优势的低阻力流动区。

(4)注采不平衡条件下,注入压差越大,气窜时机越早,含水下降时机提前,有效期变短,增油量下降。

(5)存在裂缝沟通条件下,注气时机早,气驱效果好。

成果3:明确了泡沫驱延缓气窜、提高采收率的机理及提高采收率的潜力。

氮气泡沫在一定程度上能封堵孔喉并抑制气窜,但当裂缝开度足够大或注入速度足够大时,泡沫流体仍然能形成窜流通道,导致不能有效扩大波及体积;泡沫低速注入有利于延缓见气时间,有利于缝洞剩余油挖潜(图3-2-9)。

泡沫段塞大小对提高采收率效果影响大,且泡沫段塞越大,最终采收率越高(图3-2-10)。

成果4:初步建立了一套气窜判别标准。

气窜的影响因素包括垂向流动能力、平面流动能力、气窜通道、注采压差、缝洞发育位置及连通性等,气窜根本原因是重力分异(流体密度差)、黏滞力(黏度比在 500 以上)作用下的非活塞式驱替。气驱一旦发生气窜,仅从注采参数上调整,短期会有抑窜效果,但从长期来看,抑窜效果不明显,需要通过封堵通道、改善流度比延缓气窜。同时考虑进行不稳定注采,实施动态井网,以间开为特征、以时间换空间,加强监测,择机试采。

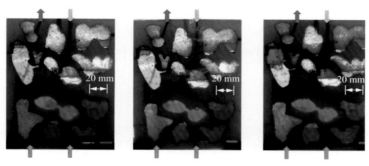

图 3-2-9　氮气泡沫驱注入速度的影响

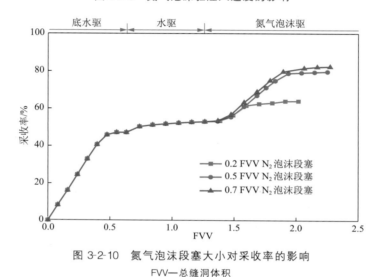

图 3-2-10　氮气泡沫段塞大小对采收率的影响

FVV—总缝洞体积

3. 主要创新点

进行了缝洞型油藏氮气驱气窜影响因素分析及防窜潜力评价。

4. 推广价值

形成了井组抑窜、防窜技术对策,为今后注氮气现场实施提供了气窜判别方法、延缓气窜的对策和注采方案的设计方法。

六、缝洞型油藏注气分异速度对气驱效果影响程度分析

1. 技术背景

随着缝洞型碳酸盐岩油藏注水开发的深入,注水效果越来越差,注气提高采收率技术已成为缝洞型油藏注水替油后的一项重要开发技术。塔河油田在 2012 年开展单井注气先导试验,2013 年扩大气驱规模,提高采收率效果显著。但目前对注气过程中气体在不同储层条件下的垂向分异规律缺乏系统的认识,制约着注气效率的进一步提升,因此开展不同储层条件下气体分异规律研究是十分重要和必要的。

2. 技术成果

成果 1：明确了溶洞型储层中注气分异速度的影响因素。

注气速度越大，气体的波及范围越广；原油黏度越小，气体的波及范围越广；油水界面越高，气体的波及范围越广（图 3-2-11～图 3-2-18）。

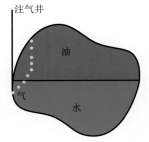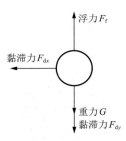

图 3-2-11　溶洞型储层注气过程中气体分异示意图　　　图 3-2-12　气泡上升受力分析示意图

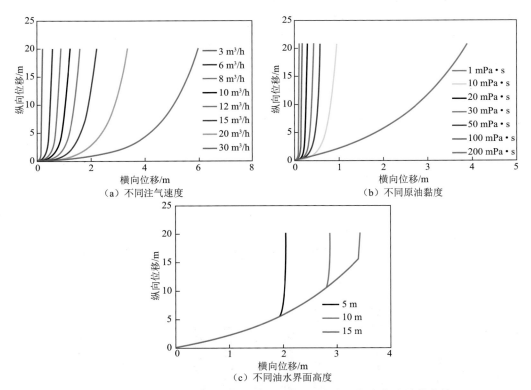

图 3-2-13　不同注气速度、原油黏度、油水界面高度下气泡轨迹计算曲线

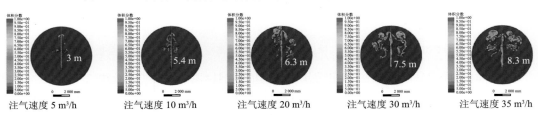

图 3-2-14　不同注气速度下气泡轨迹展布图

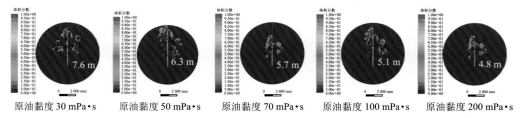

图 3-2-15　不同黏度下气泡轨迹展布图

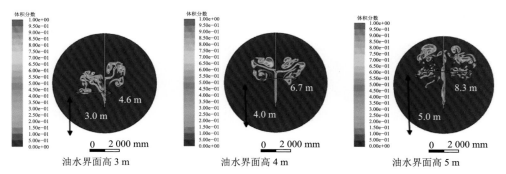

图 3-2-16　不同油水界面高度下气泡轨迹展布图

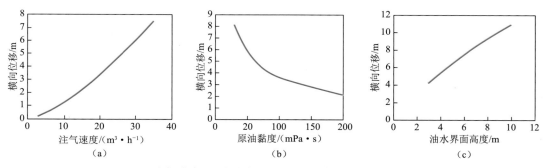

图 3-2-17　不同注气速度、原油黏度、油水界面高度下气泡横向波及范围解析解

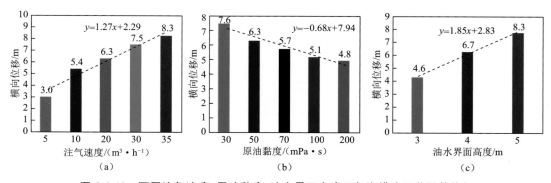

图 3-2-18　不同注气速度、原油黏度、油水界面高度下气泡横波及范围数值解

成果 2：明确了裂缝型储层中注气分异速度的影响因素。

裂缝型储层气体波及范围主要与裂缝的展布方向有关。裂缝密度较大时，气体沿裂缝展布方向窜流；裂缝展布角度越大，气体在更大的范围内窜流；原油黏度较大时，注入气会沿裂缝发育方向窜进;注气速度较小时,气体沿裂缝发育方向窜进(图 3-2-19～图 3-2-22)。

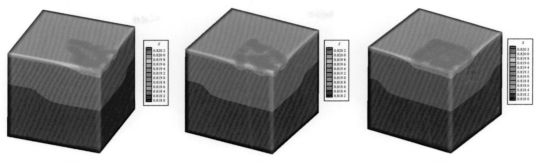

（a）裂缝密度 0.5 m/m²　　　（b）裂缝密度 1 m/m²　　　（c）裂缝密度 2 m/m²

图 3-2-19　不同裂缝密度下气体分异情况

S—含水饱和度

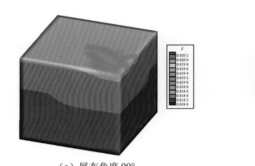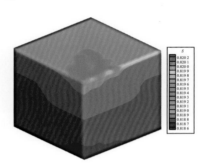

（a）展布角度 90°　　　　　　　　　　（b）展布角度 180°

图 3-2-20　不同展布角度下气体分异情况

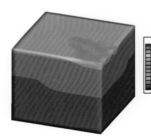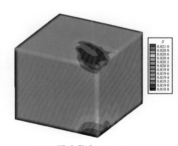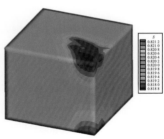

（a）原油黏度 10 mPa·s　　　（b）原油黏度 100 mPa·s　　　（c）原油黏度 1 000 mPa·s

图 3-2-21　不同原油黏度下气体分异情况

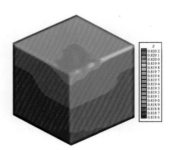

（a）注气速度 2 000 m³/d　　　　　　（b）注气速度 3 000 m³/d

图 3-2-22　不同注气速度下气体分异情况

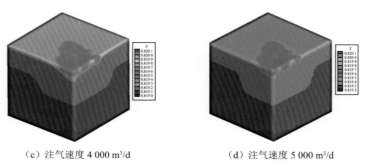

（c）注气速度 4 000 m³/d   （d）注气速度 5 000 m³/d

续图 3-2-22　不同注气速度下气体分异情况

成果 3：明确了均质油藏中注气分异速度的影响因素。

均质油藏（孔隙度为 35%，渗透率为 2.5 μm²）垂向分异速度数值模拟研究（图 3-2-23、图 3-2-24）表明：注气速度越大，气体横向波及范围越大；原油黏度越大，气体横向波及范围越小，并且气体主要集中在井筒附近。

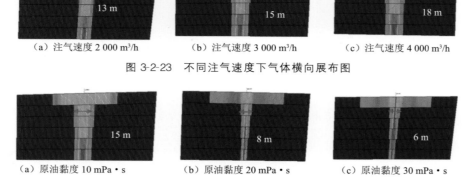

（a）注气速度 2 000 m³/h　　（b）注气速度 3 000 m³/h　　（c）注气速度 4 000 m³/h

图 3-2-23　不同注气速度下气体横向展布图

（a）原油黏度 10 mPa·s　　（b）原油黏度 20 mPa·s　　（c）原油黏度 30 mPa·s

图 3-2-24　不同原油黏度下气体横向展布图

成果 4：明确了缝洞型储层中注气分异速度的影响因素。

原油黏度对氮气在缝洞单元中的分布影响小（图 3-2-25）；裂缝开度越大，水相被气体裹挟运移的量越大，气体对裂缝通道的波及程度越大（图 3-2-26）；缝洞形状越不规则，越易形成剩余油，裂缝展布越复杂（图 3-2-27），越易形成稳定的气体流入/流出通道，有利于降低驱动压力。

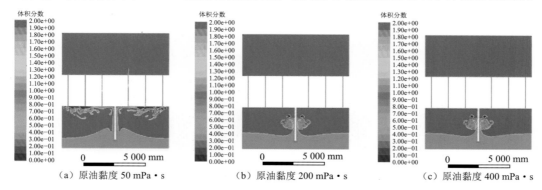

（a）原油黏度 50 mPa·s　　（b）原油黏度 200 mPa·s　　（c）原油黏度 400 mPa·s

图 3-2-25　不同原油黏度下气体展布图

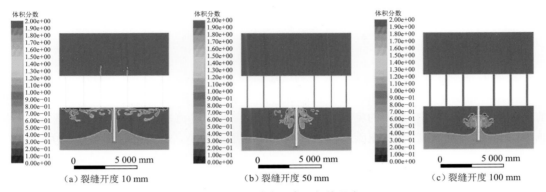

图 3-2-26　不同裂缝开度下气体展布图

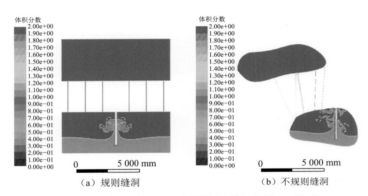

图 3-2-27　规则缝洞和不规则缝洞的气体展布对比图

3. 主要创新点

创新点 1：建立了气体向上分异的力学模型及解析解，物模与数模模拟结果吻合度大于 90%。

创新点 2：建立了裂缝条件下的注气数学模型，考察了裂缝密度、裂缝开度、原油黏度、注气速度的影响。

4. 推广价值

通过数值模拟分析和实验验证对气体在不同储层条件下的垂向分异规律进行了详细研究，形成了系统认识，为提升现场注气效率提供了决策依据。

七、底水油藏注气提高采收率基础实验研究

1. 技术背景

塔河油田由于夏季天然气销量下降，提出了注气提高油气藏采收率调峰增效项目。以 S41 油藏为代表的碎屑岩区块油井出现高含水、产能下降和储层非均质性的问题，开展注气提高采收率相关研究，探索不同注气方式的气驱路径以及气驱解决高含水油井产量重建的可行性。通过开展注气提高采收率基础实验评价，基于获得的实验参数及相关的理论研究，

为研究区块后期注气高效开发提供可行的技术方案。

2. 技术成果

成果 1：明确了不同韵律级差条件下的气驱路径及压力场。

气体在地层水中的突破压力高于在原油中的突破压力（图 3-2-28、图 3-2-29）；水在油中的突破压力高于气体在油中的突破压力（图 3-2-30）；有效应力越大，压实作用越强，渗透率越小，突破压力则越高；二氧化碳驱油所需要的驱替压差最小，天然气次之，氮气最大。

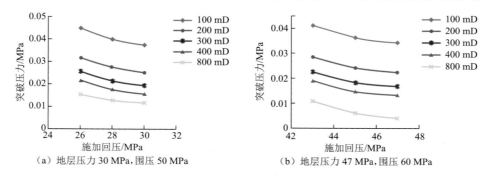

图 3-2-28 不同渗透率条件下饱和原油注氮气突破压力测试结果

$1~mD = 10^{-3}~\mu m^2$

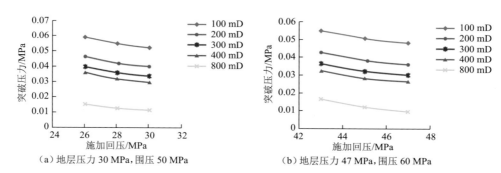

图 3-2-29 不同渗透率条件下饱和地层水注氮气突破压力测试结果

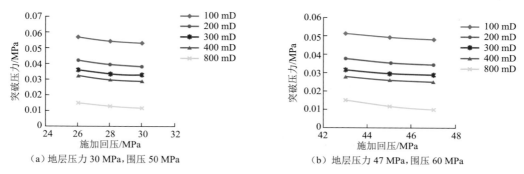

图 3-2-30 不同渗透率条件下饱和原油注水突破压力测试结果

不同渗透率级差条件下注气的物理模拟及数值模拟实验（图 3-2-31、图 3-2-32）表明，油层和水层的渗透率级差越大，原油采收率越低，累积产水量越多，气体进入水层的机会越大。

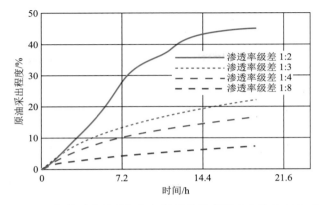

图 3-2-31 不同渗透率级差下氮气驱原油采出程度曲线(36 kPa 压差)

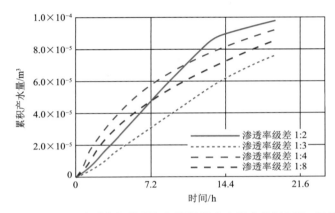

图 3-2-32 不同渗透率级差下氮气驱累积产水量曲线(36 kPa 压差)

成果 2:建立了注气提高采收率方法。

基于 S41 井区剩余油分布规律研究,开展了井组注气提高采收率数值模拟(表 3-2-1),结果表明,天然气驱推荐方案采收率最高,二氧化碳驱次之,氮气驱最低;天然气驱压力保持水平最高,其次是二氧化碳驱,最后是氮气驱。

表 3-2-1 气驱推荐方案设计参数指标汇总表

推荐方案 设计参数	基础方案	二氧化碳驱		氮气驱	天然气驱
注采井网	目前产能条件下 继续衰竭生产 20 a	注入井	TK123H,TK124H		
		采油井	S41-1C2,TK123-1,TK124-1,TK125H,TK127H,TK128H		
注入压力/MPa	—	50		50	50
注入量	—	0.6 HCPV		0.8 HCPV	0.6 HCPV
单井注入速度	—	CO_2:30×10^4 m^3/d; 水:1 040 m^3/d		N_2:10×10^4 m^3/d; 水:1 280 m^3/d	天然气:30×10^4 m^3/d; 水:1 040 m^3/d
注采比	—	1.3		1.6	1.3
注入方式	—	CO_2-水段塞交替		N_2-水段塞交替	天然气-水段塞交替

推荐方案 设计参数	基础方案	二氧化碳驱	氮气驱	天然气驱
交替周期/月	—	2	3	2
期末累产油/(10^4 m³)	70.79	109.88	98.94	113.25
采出程度/％	26.05	40.43	35.67	41.67

成果3：建立了 S41 区块井组氮气泡沫驱人工阻水带最优方案。

通过气液混注的方式注入氮气泡沫，形成人造低渗区，打造人工阻水带。转注时机：含水率90％，选底部 15～18 层为注入层(表 3-2-2)，注入方式为气液交替，注入量为 0.12 HCPV，注入速度为 16 000 m³/d；后转水驱，气液比为1∶1。最终推荐方案指标预测如图 3-2-33 所示。

表 3-2-2   15~18 层封堵半径

层 位	15	16	17	18
封堵半径/m	420	380	420	440

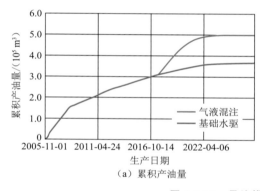
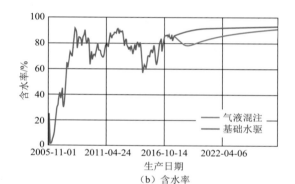

图 3-2-33   最终推荐方案指标预测曲线图

3．主要创新点

创新点1：建立了不同注气介质的最佳驱油方案。

创新点2：建立了 S41 区块井组氮气泡沫驱人工阻水带最优方案。

4．推广价值

该技术探索了反韵律储层的气驱路径以及不同气体介质的最佳驱油方案，为解决高含水油井产量重建提供了可行性思路。

八、缝洞型油藏单井注气增效模拟

1．技术背景

在单井注氮气开发中，由于各缝洞单元储层结构、发育程度以及连通程度不同，导致换油率异常、井底压力响应曲线形态各异;缺乏单井注气吞吐异常井的分析及相关对策的研究;在多套洞增大注气速度、孤立洞表面活性剂增效和强底水裂缝发育增效等方面缺乏理论研究。因此,亟须开展缝洞型油藏单井注气增效数值模拟实验研究,为塔河油田单井注氮气参数优化分析和合理工作制度制定提供理论基础。

2. 技术成果

成果 1:明确了换油率异常单井影响因素。

通过对 S80 井进行单井生产历史拟合,从该井 T_7^4 顶面构造图(图 3-2-34)及剩余油剖面图(图 3-2-25)中剩余油分布来看,在不同产层均有"阁楼油"存在;不同层位含气饱和度分布图显示,注氮气过程中沟通了远处的储集体;井周围的孔隙度、基质渗透率、裂缝孔隙度的差异性极大,因而在不同层位会产生不同的吸气能力。

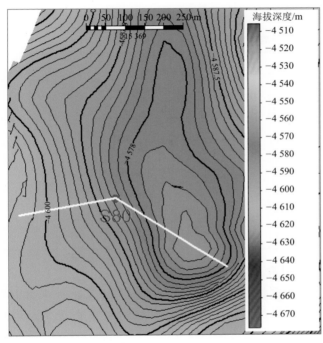

图 3-2-34 T_7^4顶面构造图

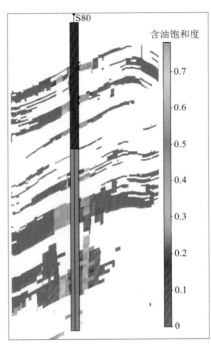

图 3-2-35 剩余油剖面图

成果 2:建立了 3 种类型焖井响应图版。

在注氮气过程中,焖井压力与焖井时间反映了储集体对气体聚集性和远井扩散的情况。根据注气压力随时间的变化,将焖井响应图版划分为平稳型、下降型和回吐上升型 3 种类型(图 3-2-36)。平稳型注气效果好,反映储集体存气性好,气顶聚集性好,维持注气现状;下降型注气效果一般,反应储层亏空严重,注入气逸散,可适当增大注气量;回吐上升型注气效果差,反映储层溢出点高,导致气顶聚集性差或注入气沿裂缝回窜,可增大顶替量防止气体回吐。

成果 3:明确了缝洞型油藏单井注气增效机理及工艺参数。

(1) 多套缝洞体增大注气速度数值模拟研究。

建立了多套缝洞单元概念地质模型,借助数值模拟进行了增大注氮气速度机理研究,明确了不同注气速度方案下的最佳注采参数及注气增效方案(表 3-2-3)。当注气速度极低时,

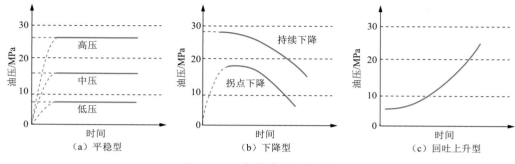

图 3-2-36　焖井响应理论图版

增油量和换油率相对于其他注气速度来说最高;当注气速度略有增加时,增油量和换油率增幅均比较平缓;继续增大注气速度,增油量和换油率出现小幅下降。分析认为,采油只对钻井穿过的孔洞空间有影响,对于与其连通的其他孔洞的油气储量动用影响不大。

表 3-2-3　不同注气速度方案参数及增油量和换油率对比数据表

方　案	注气 100×10^4 m³			增油量 /m³	换油率 / $[m^3 \cdot (10^{-3} \ m^{-3})]$
	注气速度		注气天数/d		
	/(m³·h⁻¹)	/(m³·d⁻¹)			
方案 1	1 200	28 800	35	2 836	2.836
方案 2	2 400	57 600	17	2 644	2.644
方案 3	3 600	86 400	12	2 649	2.649
方案 4	4 800	115 200	9	2 667	2.667
方案 5	6 000	144 000	7	2 507	2.507
方案 6	8 000	192 000	5	2 329	2.329

(2) 孤立洞表面活性剂增效数值模拟研究。

建立孤立洞的概念地质模型,对其气水同注及表面活性剂辅助氮气方案的注采参数进行了对比模拟(表 3-2-4)。孤立洞水气同注生产的主要机理是:补充地层能量,重力分异形成人工气顶置换顶部剩余油。气水同注后,地层压力得到恢复,缝洞单元转变为人工水压驱动方式,但随着注气速度的增大,产生的油水界面上升速度增大,造成产油量降低,含水上升成为开发中的主要矛盾。表面活性剂辅助氮气吞吐可以提高氮气驱油效果,最佳表面活性剂辅助氮气吞吐的生产方案为:氮气注入速度 115 200 m³/d,表面活性剂注入速度 346 m³/d,表面活性剂质量分数 0.3%(图 3-2-37)。

表 3-2-4　不同气水同注方案参数及增油量和换油率对比数据表

气水同注 方案	注气 50×10^4 m³			注水 1 500 m³	气水同注模拟结果	
	注气速度		注气天数/d	/(m³·d⁻¹)	增油量 /m³	换油率 / $[m^3 \cdot (10^{-3} \ m^{-3})]$
	/(m³·h⁻¹)	/(m³·d⁻¹)				
方案 1	1 200	28 800	17	86	64	0.128
方案 2	2 400	57 600	9	173	101	0.202

续表 3-2-4

气水同注 方案	注气 50×10^4 m³			注水 1 500 m³	气水同注模拟结果	
	注气速度		注气天数/d	/(m³·d⁻¹)	增油量 /m³	换油率 /[m³·(10⁻³ m³)]
	/(m³·h⁻¹)	/(m³·d⁻¹)				
方案 3	3 600	86 400	6	259	112	0.224
方案 4	4 800	115 200	4	346	117	0.234
方案 5	6 000	144 000	3	432	107	0.214
方案 6	8 000	192 000	3	576	95	0.190

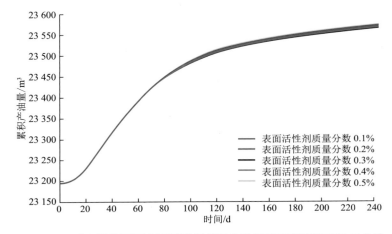

图 3-2-37 孤立洞井不同表面活性剂质量分数模型预测累积产油量曲线

（3）强底水裂缝发育增效数值模拟实验研究。

强底水裂缝发育油藏具有储集体规模大、储量规模大、水体发育、天然能量充足、生产过程中含水上升快、产量递减快的特征。这类油藏在含水率 90% 时堵水后定注入速度,不断增大注氮气量,注入时间相对增加,有利于氮气在地层中的扩散,使增油量不断增大（表 3-2-5）。

表 3-2-5 不同注气量各方案参数和增油量及换油率对比数据表

方 案	注气参数				增油量 /m³	换油率 /[m³·(10⁻³ m³)]
	总注气量 /(10⁴ m³)	注气速度 /(m³·h⁻¹)	日注气量 /(m³·d⁻¹)	注气天数/d		
方案 1	50	6 000	144 000	4	1 538.2	3.076 4
方案 2	100	6 000	144 000	7	4 191.2	4.191 2
方案 3	200	6 000	144 000	14	6 367.2	3.183 6
方案 4	400	6 000	144 000	28	8 158.2	2.039 55
方案 5	800	6 000	144 000	56	11 309.2	1.413 65
方案 6	1 000	6 000	144 000	70	14 152.2	1.415 22

3. 主要创新点

明确了各措施增效机理并优化了注气参数。

4. 推广价值

该技术针对注气增效机理进行了数值模拟研究并优化了工艺参数,为塔河油田注氮气参数优化分析和合理工作制度的制定提供了理论基础。

九、注气扩容用雾化酸体系与配套工艺测试

1. 技术背景

塔河油田大规模实施单井注气以来,40%的油井的换油率大于1,产油量占注气总产量的85%,初步认为存在气体穿透沟通新储集体的机理。因此,为增大气体沟通新储集体的概率,拟采用注氮气+雾化酸复合的思路,波及、刻蚀并启动欠发育的气驱通道,扩大注气动用的储量范围。

2. 技术成果

成果 1:确定了雾化酸注气调流技术界限。

(1)雾化酸的形成条件与技术界限研究。

通过多组模拟实验(图 3-2-38、图 3-2-39、表 3-2-6),最终确定 20 ℃、标准大气压(1 atm=0.101 3 MPa)下雾化酸最优界限为气体流量 60 m³/h,液体流量 20 mL/min,雾化率可达 76.67%。

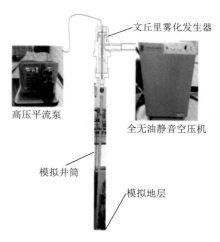

图 3-2-38　井筒雾状流模拟装置　　　　图 3-2-39　双流式雾化喷嘴

表 3-2-6　改进后实验数据记录表

序　号	气体流量 /($m^3 \cdot h^{-1}$)	酸液流速 /(mL·min^{-1})	进液口压力 /MPa	进气口压力 /MPa	井底积液 /mL	气液体积比 /($m^3 \cdot m^{-3}$)	雾化率 /%	喷射截面积 /mm^2
1	60	50	0.36	0.009	121	20 000	19.33	0.392 5
2	60	40	0.28	0.009	94	25 000	21.67	0.392 5
3	60	30	0.21	0.009	61	33 333	32.22	0.392 5
4	60	20	0.16	0.009	36	50 000	40.00	0.392 5
5	60	10	0.11	0.009	16	100 000	46.67	0.392 5
6	60	50	0.39	0.009	107	20 000	28.67	0.196 0
7	60	40	0.31	0.009	81	25 000	32.50	0.196 0
8	60	30	0.25	0.009	55	33 333	38.89	0.196 0
9	60	20	0.18	0.009	14	50 000	76.67	0.196 0
10	60	10	0.13	0.009	6	100 000	80.00	0.196 0

（2）雾化酸井筒流动数值模拟。

对比 1 m 井筒和 100 m 井筒（图 3-2-40）可知，井筒中雾化酸的流动形态相似，均是液滴先在井壁附近聚并，再沿井壁流下。液滴在重力和阻力的作用下流动，绝大部分液滴在井筒出口处流入油层，少量在井底聚并形成积液（图 3-2-41）。

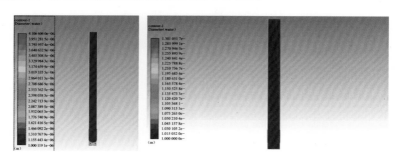

图 3-2-40　1 m 和 100 m 井筒模拟结果

图 3-2-41　0～100 m,2 500～2 600 m 和 4 900～5 000 m 模拟结果

（3）酸化数值模拟。

基于物模及数模研究结果（图 3-4-42～图 3-4-44），综合考虑酸液穿透地层的能力和酸化效率，确定在 20 ℃、40 MPa 下氮气注入排量为 10 m^3/min 时，酸液最大注入排量应低于 0.57 m^3/min,最小气液体积比为 16.7∶1。

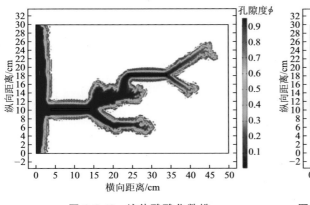

图 3-2-42　液体酸酸化数模

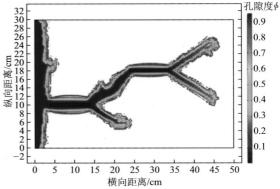

图 3-2-43　雾化酸(气液质量比 M=1)酸化数模

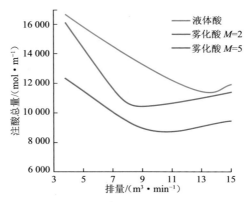

图 3-2-44　不同气液质量比 M 下注酸总量随排量变化曲线

成果 2:研发了雾化酸主体和配套用剂。

（1）雾化稳定剂筛选与评价。

磺酸基有很好的抗盐作用,抗盐能力排序为 $Na^+ > Ca^{2+} > Mg^{2+}$。同时磺酸基耐温性好,高温下亲水基无明显聚集。设置表面活性剂十二烷基苯磺酸钠浓度梯度为 0.1%,0.5%,1% 和 3%,测量在恒定气体注入速度下雾化率的变化(表 3-2-7)。

表 3-2-7　不同表面活性剂浓度组实验数据记录表

序 号	气体流量 /(m³·h⁻¹)	去离子水流速 /(mL·min⁻¹)	进气口压力 /MPa	进液口压力 /MPa	时间 /min	井底积液 /mL	气液体积比 /(m³·m⁻³)	雾化率 /%	表面活性剂质量分数 /%
1	60	10	0.004	0.11	3	6.5	50 000	78.33	0.1
2	60	20	0.004	0.15	3	13	25 000	78.33	0.1
3	60	30	0.004	0.21	3	57.5	16 667	36.11	0.1
4	60	40	0.004	0.26	3	84	12 500	30.00	0.1
5	60	50	0.004	0.36	3	108	10 000	28.00	0.1

序　号	气体流量 /(m³·h⁻¹)	去离子水 流速 /(mL·min⁻¹)	进气口 压力 /MPa	进液口 压力 /MPa	时间 /min	井底积液 /mL	气液 体积比 /(m³·m⁻³)	雾化率 /%	表面 活性剂 质量分数 /%
6	60	10	0.004	0.11	3	7	50 000	76.67	0.5
7	60	20	0.004	0.15	3	25	25 000	58.33	0.5
8	60	30	0.004	0.22	3	45	16 667	50.00	0.5
9	60	40	0.004	0.31	3	68.5	12 500	42.92	0.5
10	60	50	0.004	0.39	3	94	10 000	37.33	0.5
11	60	10	0.004	0.36	3	8	50 000	73.33	1
12	60	20	0.004	0.31	3	32	25 000	46.67	1
13	60	30	0.004	0.21	3	60	16 667	33.33	1
14	60	40	0.004	0.15	3	68	12 500	43.33	1
15	60	50	0.004	0.11	3	112	10 000	25.33	1
16	60	10	0.014	0.36	3	14	50 000	53.33	3
17	60	20	0.014	0.30	3	36	25 000	40.00	3
18	60	30	0.014	0.21	3	57	16 667	36.67	3
19	60	40	0.014	0.16	3	78	12 500	35.00	3
20	60	50	0.014	0.12	3	107	10 000	28.67	3

（2）雾化酸酸液添加剂研制。

曼尼希碱和其他缓蚀添加剂复配可以产生良好的协同效应。以优化条件合成的产物作为缓蚀剂的基础组分 DS-1，根据使用条件不同加入相应的缓蚀添加剂，测定 DS-1 及其复配产物在不同温度、质量分数为 15% 的盐酸介质中的缓蚀效果（表 3-2-8）。

表 3-2-8　缓蚀速率测定表

温度/℃	缓蚀剂中各组分质量分数/%				缓蚀剂 质量分数/%	腐蚀速率 /(g·m⁻²·h⁻¹)
	DS-1	炔　醇	低分子羧酸	增效剂		
60	100	0	0	0	0.5	2.70
	100	0	0	0	1.0	0.65
90	90	10	0	0	0.3	3.06
	90	10	0	0	0.5	1.22
	90	10	0	0	1.0	0.54
120	54	3	40	3	1	1.86

成果 3：建立了雾化酸酸岩反应速率、管柱腐蚀速率评价方法。

（1）主体酸液浓度优选实验。

常规酸动态酸岩反应速率曲线斜率（1.800 2）远高于雾化酸（0.814），表明雾化酸具有优良的缓速性能（图 3-2-45）。旋转岩盘转速对雾化酸酸岩反应速率（J）的影响规律不同于常规酸:低转速下,单位时间内酸液量少,酸岩反应速率低;高转速下,酸液来不及与岩石反应,酸岩反应速率低,有利于深部处理(图3-2-46)。

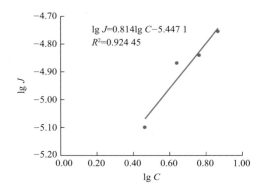
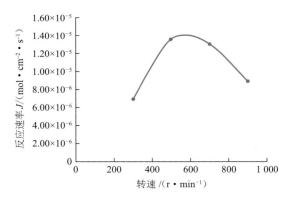

图 3-2-45　130 ℃时雾化酸酸岩反应速率
随酸液浓度的变化情况

图 3-2-46　130 ℃时雾化酸酸岩反应速率
随转速的变化情况

（2）雾化酸管柱缓蚀性能评价。

实验结果表明,雾化酸腐蚀速率约为常规酸的 1/10,酸蚀速率低(图3-2-47)。

3. 主要创新点

创新点1:确定了雾化酸注气调流技术界限。

创新点2:建立了雾化酸酸岩反应速率、管柱腐蚀速率评价方法。

4. 推广价值

注氮气＋雾化酸复合工艺能扩大注气动用的储

图 3-2-47　P110S 钢片雾化酸酸蚀
前后对比(130 ℃,4 h)

量范围,可为塔河油田缝洞型油藏单井注气低效井治理提供技术指导。

十、多轮次注气原油致稠机理分析与对策效果测试

1. 技术背景

据统计,注氮气原油变稠油井共 108 口,占注气井井数的 22.3%,主要分布在 8 区、10 区和托普台区,其中转掺稀井和掺稀比增加井有 45 口,占全部注气井的 9%,日增加掺稀油用量 410 t。此外,63 口非掺稀井的黏度升高井中 35 口出现电流高等异常情况,影响油井正常生产。注氮气油井原油变稠机理尚未明确,注气原油变稠油井解决对策尚未完善,注气原油变稠防治药剂体系尚需研发。

2. 技术成果

成果1:明确了注氮气抽提原油致稠机理。

注氮气与原油发生多次接触时,原油越稠,原油密度、黏度和重质烃含量越早趋近于峰

值并出现拐点,即氮气抽提原油达到了极限,不能再进一步抽提原油,使原油变得更稠(图3-2-48)。

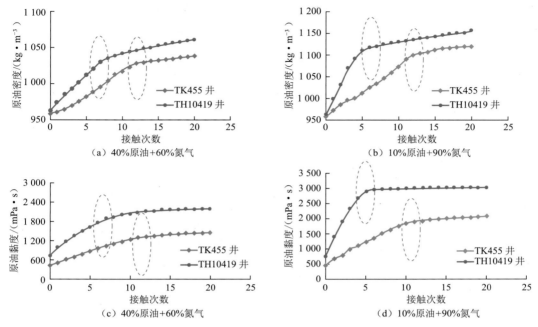

图 3-2-48　不同原油、不同原油含量地层流体注氮气多次接触实验对比结果

成果 2:明确了注含氧氮气氧化致稠机理。

注不同含氧量氮气与原油发生多次接触时,氧气含量越高,原油被氧化得越强,原油密度和黏度越大,表明氧气在氮气抽提原油的基础上进一步氧化了原油,且氧气含量越高,氧化原油的能力越强,原油中剩余的重质烃含量越高,原油密度和黏度增加幅度越大,原油变得越稠(图 3-2-49)。

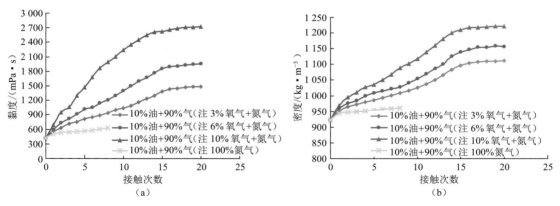

图 3-2-49　地层流体注氮气和注不同含氧量氮气多次接触实验测试结果对比

注含氧氮气与原油发生多次接触时,原油越稠,原油密度、黏度和重质烃含量越早趋近于峰值并出现拐点,即氮气抽提和原油氧化达到了极限,不能进一步抽提和氧化原油(图 3-2-50)。

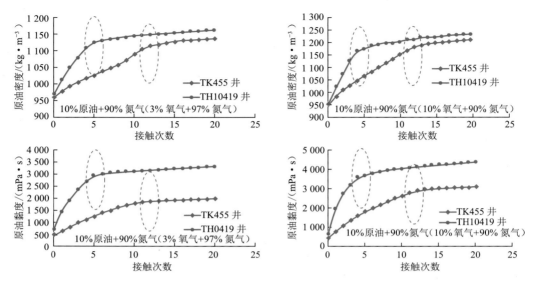

图 3-2-50　不同原油、注不同含氧量氮气多次接触实验测试结果对比

成果 3：明确了超临界二氧化碳和超临界二氧化碳相态特征。

超临界二氧化碳和超临界氮气观测实验(图 3-2-51、图 3-2-52)表明,35 ℃时,随着压力的下降,二氧化碳出现黄色不透明的临界乳光现象,实验过程可以清晰地反映降压过程中超临界二氧化碳的相态变化与临界乳光强弱变化的关系;20 ℃时,压力从 45 MPa 降低到 5 MPa,氮气未出现临界乳光现象,即未出现二氧化碳超临界相态特征,呈现出气态的相态特征,所以氮气在地层温度、压力条件下不会出现超临界现象。

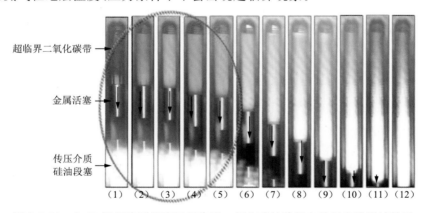

图 3-2-51　在 35 ℃超临界温度下超临界二氧化碳特殊相变特征实验测试结果

成果 4：提出了降黏技术对策。

针对塔河油田稠油特点,即储层深、含蜡量低、胶质沥青质含量高、原油黏度大、原油密度高(多数油井油样密度大于 1 g/cm³)、矿化度高等特点,建议采用稠油掺稀降黏或两性表面活性剂等降黏剂降黏方法。

3. 主要创新点

创新点 1：明确了抽提+氧化是多轮次注氮气原油致稠的主要因素。

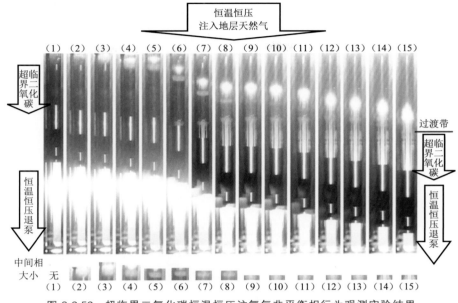

图 3-2-52 超临界二氧化碳恒温恒压注氮气非平衡相行为观测实验结果

创新点 2：明确了氮气在地层温度、压力条件下不会出现超临界现象。

4. 推广价值

随着注氮气规模的扩大，注氮气轮次增加，累积注气量增多，导致原油致稠井增多，攻关形成的致稠机理及提出的降黏对策对注气致稠井的治理提供了理论支撑和指导意义。

十一、注气控水增效体系研发

1. 技术背景

塔河油田前期对气井停躺问题实施了两井次注氮气解水锁试验，结果显示注氮气能够在一定程度上解除水侵导致的液锁，但这种方法对直井的控水效果优于对水平井的控水效果，另外恢复生产后凝析气藏地层水沿着原路径水侵，控水措施快速失效。为进一步提高注气控水效果，拟开展相关的体系研究，最终达到注气增效的目的。

2. 技术成果

成果 1：研发了油相润湿反转体系。

在亲水地层，水在毛管力的作用下可自动侵入气层，阻断气流通道。通过使地层润湿性发生反转，使毛管力变成水侵入地层的阻力，由此延缓地层水侵入气层，从而起到控水作用。优选了两种油相润湿反转体系，一种是辛基三甲氧基硅烷，一种是纳米颗粒，均有很好的润湿反转能力，可将水湿表面反转为油湿，注水突破压力可提升 6 倍以上（图 3-2-53～图 3-2-56）。

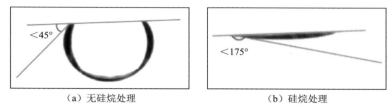

（a）无硅烷处理　　　　　　　　　　（b）硅烷处理

图 3-2-53　硅烷处理前后石英片表面润湿性变化情况

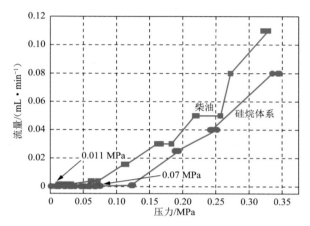

图 3-2-54　注硅烷体系后恒压注水入口端压力-流量对比曲线

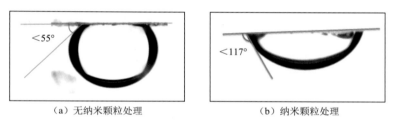

（a）无纳米颗粒处理　　　　　　　　　（b）纳米颗粒处理

图 3-2-55　纳米颗粒处理前后石英片表面润湿性变化情况

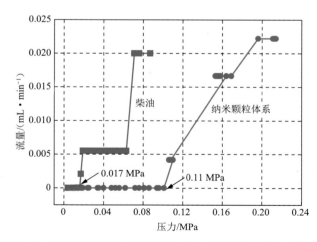

图 3-2-56　注纳米颗粒体系后恒压注水入口端流量-压力对比曲线

154

成果2:研发了一套活性油控水体系。

研发了一套活性凝析油控水体系,该体系油水体积比为2:8,体系含有质量分数为5%咪唑啉和质量分数为0.5%纳米硅。控水物理模拟实验表明,该体系有一定控水作用,对油相渗透率有一定的影响,对气相渗透率的影响比较小(表3-2-9、图3-2-57、图3-2-58)。

表 3-2-9 活性凝析油控水体系控水性能表

控水体系	单纯油突破压力 p_1/MPa	活性油突破压力 p_2/MPa	p_2/p_1	单纯油残余阻力系数 R_1	活性油残余阻力系数 R_2	R_2/R_1
活性凝析油控水体系	0.013	0.125	9.6	2.45	8.4	3.4

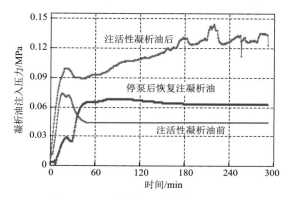

图 3-2-57 岩芯中注活性凝析油体系
前后反向注油压力曲线

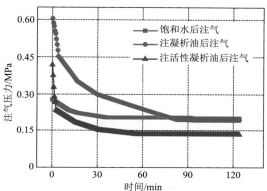

图 3-2-58 岩芯中注活性凝析油体系
前后反向注气压力曲线

3. 主要创新点

研发了两套油相润湿反转体系和一套活性油控水体系。

4. 推广价值

本技术研发了三套控水体系,为高含水凝析气藏提高注气效果提供了新的方法。从室内测试实验来看,研发的控水体系均有一定的控水效果,有待现场验证。

十二、缝洞型油藏注气地面驱动方式优化及能耗测试评价

1. 技术背景

缝洞型油藏注氮气技术在现场已得到规模化应用,成为继注水替油后又一战略接替技术。随着注氮气开发的进行,存在不同参数下注气地面设备能耗差异大、设备运行效率不高等问题,给注氮气成本的优化带来了很大挑战。本技术拟通过开展不同参数下注气地面设备能耗测试和高压注气理论模拟,评价现场设备运行状态,提出设备节能降耗方法,为注气

技术降本提供理论依据。

2. 技术成果

成果1：开展了11井次的现场测试，现场注气单台设备运行效率高，机组效率较低。

1）单台设备运行效率

（1）压缩机。现场测试11井次结果表明，空压机、增压机的平均效率分别为76.3％和68.9％，大于60％的标准，设备运行效率较高，整体运行状态良好。

（2）制氮设备。现场测试井的PSA制氮设备的单位制氮电耗均小于60％的标准，设备运行效率高。其中，TK831井PSA运行最为经济，单位制氮能耗为0.33 kW/m³。

2）机组运行效率

通过对注气地面系统的整体评价可知，单机运行效率较高，但因制氮设备排气和增压机级间冷却导致整体机组运行效率较低。其中，山东恒业机组平均运行效率为10.50％，尤龙机组平均效率为10.46％。

成果2：建立了注气系统能耗分析模型，明确了空压机能耗为主要能耗。

1）能量平衡方法

能流图（图3-2-59）是表征能量流动的方式。以TK425CH井为例，能量输入以空压机及空气能量为主，能量损失以空压机及PSA损失为主。

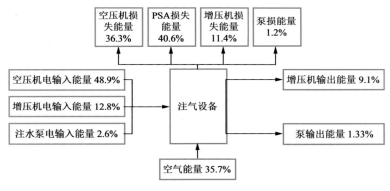

图 3-2-59 能流图

2）烟平衡分析法

烟流图用以表示烟流状况及能量转换关系（图3-2-60）。以TK425CH井为例，在整个系统中，PSA因产气和之后放空造成的能量损失最大，烟损也最大，其次是空压机。由于PSA制氮工艺为成型工艺，在现有条件下无法进行改造，因此节能改造的重点是空压机。

成果3：提出了6种注气设备改进节能降耗方法。

通过研究，提出了优化压缩级数、采用变频调速技术、降低气水比等6种注气设备节能降耗方法。对比不同节能方法（表3-2-10），结合现场可行性及成本问题，认为变频调速技术切实可行，为节能的最佳选择。

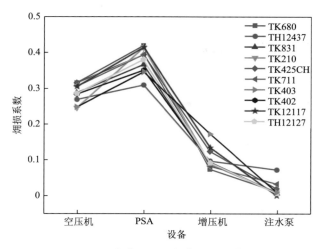

图 3-2-60 各井口不同设备㶲损系数变化

表 3-2-10 不同注气设备节能方法效果对比表

节能措施	节能率/%	节约成本/万元	备　注
优化压缩级数	9.1	4.58	与分级级数及单级压缩比有关
采用变频调速技术	19.9	11.44	与原动机功率有关,改造费用高
空压机进口处加装空气干燥装置	0.5~1.1	0.29~0.63	与现场空气湿度有关
空压机进口处加装空气预热装置	3.3~18.0	1.90~10.35	与现场空气温度有关
提高功率因数(如选择匹配的电机或变压器)	0.1~1.1	0.06~0.63	与设备选型和人工补偿有关
降低气水比	3.0	1.80	与现场气水比大小有关(100×10^4 m^3)

3. 主要创新点

创新点 1:明确了现场注气设备运行效率情况。

创新点 2:建立了注气系统能耗分析模型,提出了以变频调速技术为主的注气设备节能降耗方法。

4. 推广价值

随着注氮气规模的扩大,注气设备节能降耗势在必行,提出的以变频调速技术为主的注气设备节能降耗方法对实现低成本注气具有很好的指导意义。

十三、超深井氮气吞吐管柱优化及防腐技术

1. 技术背景

随着塔河油田注气三采的规模化应用,注气井管柱腐蚀问题日益凸显。由于腐蚀机理和原因不明,注气管柱及抽油泵腐蚀严重,导致部分井无法正常开井生产,作业成本增加。为此,通过开展超深井氮气吞吐管柱优化及防腐技术研究,形成了一套适合塔河油田的注气

工艺及腐蚀防控技术体系,对注气提高采收率技术的高效可持续发展具有重大意义。

2. 技术成果

成果 1: 设计了两套超深井注气防回窜管柱方案(图 3-2-61、图 3-2-62),研发了双通防回窜阀(图 3-2-63、图 3-2-64)。

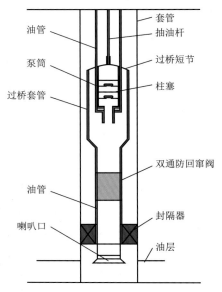

图 3-2-61　注气防回窜管柱方案一

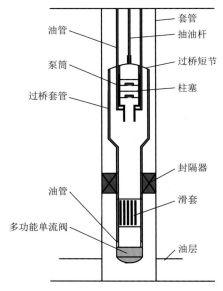

图 3-2-62　注气防回窜管柱方案二

图 3-2-63　双通防回窜阀透视图

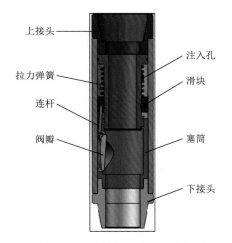

图 3-2-64　双通防回窜阀剖视图

双通防回窜阀工作原理为:
(1) 在注气过程中,阀门处于打开状态。
(2) 注气完毕,通过环空打压推动活塞关闭阀瓣。
(3) 焖井后,通过油管打压推动阀瓣打开阀门。

成果 2:优选了一套高气液比高效举升管柱优化设计方法。

塔河油田属于缝洞型油藏,采用氮气吞吐技术提高采收率,气液比高($200\sim600~\text{m}^3/\text{t}$),使得充满度不高,影响高效举升。为了使高气液比油井正常生产,提高有杆抽油系统效率,降低生产成本,采用的主要技术方法有:井筒多相流计算方法(Beggs-Brill 公式)、确定合理沉没压力、井下防气抽油泵的应用、KZQ-48/89 高效油气分离装置(气锚)的配套应用等。

成果 3:形成了一套氮气吞吐井腐蚀结垢预防方法及后期治理对策。

实验室针对 P110 和 P110S 钢片进行缓蚀剂的筛选,最终确定了 L802 作为体系中的缓蚀剂。该缓蚀剂加量为 500 mg/L,实验周期为 240 h,缓蚀率能够达到 85% 以上(表 3-2-11)。采用将缓蚀剂、除氧剂和防垢剂混合注入水后与氮气一同注入井筒的注入方式,除氧率高,防腐蚀结垢效果好。气液分注采用将缓蚀剂、除氧剂和防垢剂混合注入水后直接注入的方式,除氧效率相对较低,但实验结果表明其仍能满足防治腐蚀结垢的要求。

表 3-2-11 不同氧含量缓蚀剂评价结果

注氧后釜中压力/MPa	氧含量/%	缓蚀剂加量/(mg·L^{-1})	腐蚀前质量/g	腐蚀后质量/g	腐蚀质量/g	缓蚀率/%
9.00	1.1	500	10.097 2	10.094 2	0.003 0	88.6
9.05	1.6	500	9.985 0	9.981 7	0.003 3	87.5
9.10	2.2	500	10.164 5	10.160 9	0.003 6	86.2
9.15	2.7	500	10.127 4	10.123 6	0.003 8	85.3

3. 主要创新点

创新点 1:优选设计出两套超深井注气防回窜注气管柱结构,研发了双通防回窜阀。

创新点 2:优选了一套高气液比高效举升管柱优化设计方法。

创新点 3:形成了一套氮气吞吐井腐蚀结垢预防方法及后期治理对策。

4. 推广价值

本技术研发的双通防回窜阀的额定压力为 60 MPa,满足塔河油田超深井注气防回窜的需求。采用将缓蚀剂、除氧剂和防垢剂混合注入水后与氮气一同注入井筒的注入方式,除氧率高,防腐蚀结垢效果好,可提高氮气驱驱油效果并延长管柱寿命,从而提高氮气吞吐工艺措施的经济效益。

十四、酸气回注井下工艺技术

1. 技术背景

塔河油田硫化氢和二氧化碳的酸气产量可达 24 000 m³/d。酸气回注项目在加拿大和美国已经成功应用 70 例以上,但在国内尚未系统开展酸气注入研究,尤其是塔河油田油井井深普遍超过 5 000 m,地层压力为 55 MPa,回注关键工艺如适合缝洞型油藏的选井选层技术,井口、管柱及井下工具的设计等需要开展系统研究,为现场安全生产提供指导。

2. 技术成果

成果 1：优选出了合适的井口及井口密封材质。

在模拟酸气回注工况下（H_2S 含量 45％、CO_2 含量 55％、温度 30 ℃），对 35CrMo、熔覆 625、镍基 825 和镍基 718 这 4 种材质进行了耐腐蚀性能测试，分别得出 4 种钢的腐蚀速率（图 3-2-65），并对腐蚀形貌进行了表征分析（图 3-2-66）。实验结果表明，镍基 718、镍基 825、熔覆 625 抗腐蚀性能良好，均匀腐蚀速率都控制在 0.001 mm/a 以下，35CrMo 相对较差。依据 ISO 10423 标准，酸气回注井应采用 HH 级井口，井口材质建议选用镍基 718，密封面材质选用熔覆 625，井口密封材质选用镍基 825。

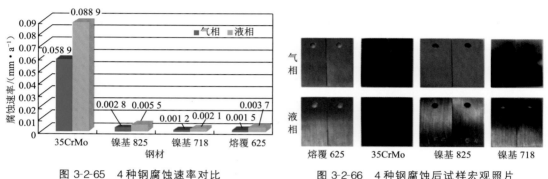

图 3-2-65　4 种钢腐蚀速率对比　　　　图 3-2-66　4 种钢腐蚀后试样宏观照片

成果 2：优选出了酸气回注井下管柱材质。

1）管柱材质优选

模拟现场工况对管柱材质进行耐蚀性能实验评价（图 3-2-67、图 3-2-68）。结果表明，腐蚀速率随温度的升高先升高后降低，在 120 ℃时达到最大值；3 种钢材的腐蚀速率大小为 T95 腐蚀速率＞P110SS 腐蚀速率＞0.076 mm/a＞G3 腐蚀速率，镍基合金 G3 材质的耐蚀性能最优。依据 ISO 15156 等行业标准，管柱材质推荐采用镍基合金 G3。

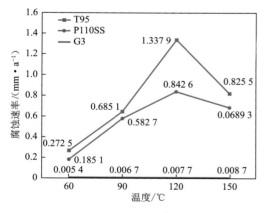
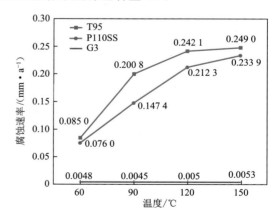

图 3-2-67　3 种钢腐蚀速率对比（液相）　　　图 3-2-68　3 种钢腐蚀速率对比（气相）

2）气密扣螺纹优选

建立 2⅞ in×5.51 mm P110SS 钢级油管气密扣有限元模型，分析承载工况，包括上卸扣、内压、轴向拉伸、外挤等。结果表明，气密扣 BGT2、汉廷 SL-APEX 相对具有优异的密封性能，推荐选用。

成果 3：优选出了合适的封隔器及井下安全阀。

通过实验评价及应用情况调研，橡胶材料建议选择 AFLAS 氟橡胶，钢材类推荐选择35CrMo、镍基 718 等（图 3-2-69、图 3-2-70），封隔器推荐威德福 UltraPak HU 液压坐封式封隔器、哈里伯顿 MHR 液压坐封永久式封隔器、贝克休斯 SABL-3 型永久式封隔器，井下安全阀推荐威德福 Optimax WPE-10 3.5 in×2.813 in 型号。

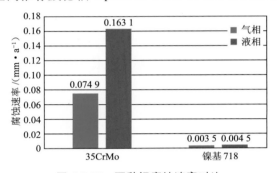

图 3-2-69　两种钢腐蚀速率对比

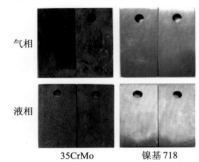

图 3-2-70　两种钢腐蚀后试样宏观照片

成果 4：优选评价出了合适的环空保护液。

形成了一套油基环空保护液配方：缓蚀剂＋白油，其开口闪点不低于 160 ℃，倾点为－35 ℃，密度为 0.85 g/cm³，模拟工况下缓蚀率大于或等于 90%。

形成了两套水基环空保护液配方：① 清水＋缓蚀剂＋杀菌剂＋除氧剂，密度为 1.02 g/cm³，凝点为－2.01 ℃；② 地层水＋清水＋缓蚀剂＋杀菌剂＋除氧剂。

成果 5：提出了一种酸气回注井下封隔装置的专利方案。

该装置（图 3-2-71）的双重封隔屏障可力保井筒安全注气。推荐采用高镍基合金材质和高抗硫钢材质组合油管：封隔器以上和安全阀以下管柱采用高抗硫材质油管（如 P110SS），封隔器以下和安全阀以上管柱采用高镍基合金钢材质油管（如 G3）。封隔器坐封在合金套管段，加注环空保护液；注气时，定期对油管内外壁进行预膜。

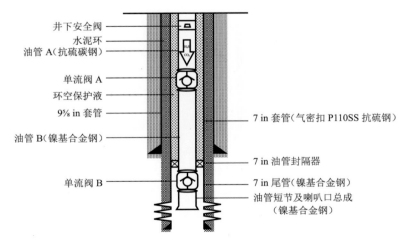

图 3-2-71　一种用于酸气回注的井下封隔装置

3. 主要创新点

创新点 1：引入了井筒完整性理念，创新形成了酸气回注井井筒完整性设计技术。
创新点 2：研发了适用于酸气回注井的油基、水基环空保护液新型配方。

4. 推广价值

目前塔河油田尚未开展酸气回注，通过对酸气回注井下工艺技术的研究，形成了酸气回注井井筒完整性设计技术，为油田后期酸气回注安全生产提供了技术依据。

第三节　碳酸盐岩油藏提高采收率技术

一、流道调整的裂缝启动与调流强度测试分析

1. 技术背景

缝洞型油藏裂缝存在闭合和开启的特征，由于对裂缝开启、闭合压力特征研究不足，严重制约了流道调整配套用剂强度设计的选择，因此需要对典型区块开展精细描述，并测试岩芯断裂面开启和闭合的临界压力，为调流方案的设计提供支撑。

2. 技术成果

成果 1：初步描述了缝洞型油藏岩芯裂缝特征及成像测井裂缝参数特征。

根据大量的岩芯观察和成像测井解释数据统计，缝洞型油藏岩芯主要存在以下特征（图 3-3-1）：一是以高角度缝和垂直缝为主，占裂缝总数的 93.10%，水平缝和低角度缝相对不发育。裂缝倾角分布统计显示，倾角主要集中在大于 60°。二是以全充填的裂缝为主，半充填的裂缝次之，充填物以方解石为主。三是裂缝宽度在 0～15 mm 之间，主要集中在 1～3 mm 之间，部分裂缝宽度因溶蚀等因素宽度变化较大。

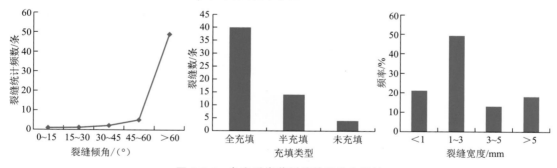

图 3-3-1　奥陶系岩芯裂缝特征分布统计

成果 2：建立了裂缝开启、闭合实验评价方法。

实验运用储层条件裂缝参数模拟测试系统（图 3-3-2），采用稳态法的原理，测量了岩石渗透率，同时通过测试上下游压力和流量，结合达西公式计算出渗透率。

图 3-3-2 储层条件裂缝参数模拟测试系统

1）裂缝闭合实验

根据裂缝解释成果，确定 3 个裂缝初始宽度（8 mm，6 mm 和 4 mm）。实验设计用盐块（可以溶解）、石蜡、泡沫等放置于裂缝内，固定初始裂缝宽度。

实验设定初始孔隙压力 1 MPa，增加围压到 21 MPa，且每变化 2 MPa，应待渗透率稳定后记录对应压力值，根据渗透率与宽度关系，分析裂缝宽度变化及闭合过程。当渗透率变化较小或者趋势走平时，即可认为达到闭合压力。

2）裂缝开启实验

裂缝开启实验通过增大孔隙压力，进而减小净压力的方式，模拟地层压力下降，然后通过注水增大地层压力使裂缝开启。实验固定围压为 21 MPa，孔隙压力由 1 MPa 开始增加，记录开启过程中的渗透率取值，然后根据渗透率与宽度的关系，分析裂缝宽度变化及开启过程。

成果 3：完成了不同裂缝开启、闭合实验。

根据不同裂缝宽度（8 mm，6 mm，4 mm）的渗透率与不同裂缝角度（90°，80°，60°）实验结果的相关性，确定了裂缝渗透率 K_1 与倾角 α 的关系式：

$$K_1 = K\cos\alpha^2$$

式中 K——倾角 $\alpha = 0°$ 时的裂缝渗透率。

裂缝开启与闭合实验（图 3-3-3）表明，随着裂缝初始宽度的降低，裂缝临界开启、闭合压力也随之降低。实验的临界闭合压力一般大于临界开启压力，通常临界闭合压力比临界开启压力大 0.5 MPa 左右。

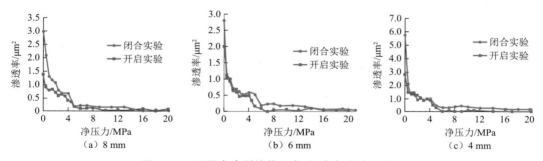

图 3-3-3 不同宽度裂缝的开启、闭合实验结果对比

3. 主要创新点

首次建立了一套缝洞型油藏裂缝开启、闭合实验评价方法,初步确定了裂缝渗透率与倾角的关系,形成了裂缝启动与调流强度测试分析方法。

4. 推广价值

碳酸盐岩裂缝开启与闭合实验可以初步描述断控岩溶区块裂缝开启、闭合压力特征,指导水驱流道调整方案的设计,明确调流药剂强度优选。

二、缝洞型油藏水驱流线特征

1. 技术背景

碳酸盐岩缝洞型油藏缝洞组合复杂,导致流体流动差异大。影响流体分布的因素主要有裂缝宽度、溶洞或裂缝的充填程度、岩石表面性质以及内部流体黏度等。为了指导流道调整参数优化,需要对影响水驱流线特征的主控因素进行研究。

2. 技术成果

成果 1:建立了分支缝模型,明确了影响单相分流的主要因素。

通过对真实裂缝形态的抽提,建立了矩形分支缝模型(为几何模型),采用 CFD 方法模拟了不同入口端流速、流体种类、流体黏度、裂缝形态等对分支缝分流量规律的影响(图 3-3-4、图 3-3-5)。研究表明,裂缝尺寸是影响分支缝分流量的主要因素。

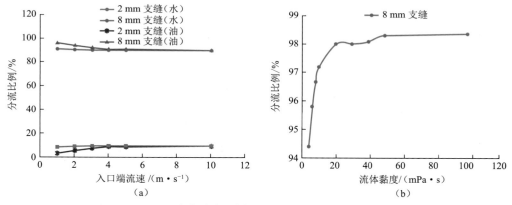

图 3-3-4　不同流体分流比例随入口端流速和流体黏度变化图

成果 2:建立了单缝流量压降关系式。

针对裂缝内的层流及紊流流态、颗粒填充、壁面粗糙度等因素的影响,结合数模及实验,通过修正立方定律的公式描述粗糙壁面的能量损失变化规律,建立了层流、紊流、孔隙渗流 3 种条件下的裂缝流量-压降关系式,为计算分流量奠定了基础。

成果 3:研发了缝洞型油藏多分支缝分流量计算模拟软件。

基于并(串)联裂缝的水力特性以及单缝流量压降关系式,设计并编写了缝洞型油藏多分支缝分流量计算模拟软件以指导流道调整方案设计(图 3-3-6)。

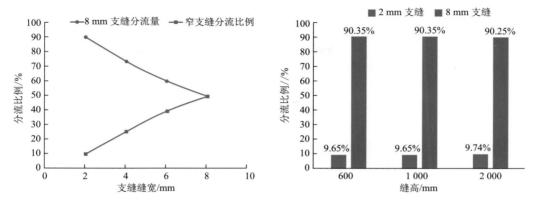

图 3-3-5 不同支缝条件下不同裂缝高度分流比例图

图 3-3-6 软件界面及功能

3. 主要创新点

建立了裂缝油气水多相流流动模型,通过数模与实验结合,实现了分支缝分流量软件化。

4. 推广价值

通过对分支裂缝分流规律的研究,明确了分流量对调流的影响,编制了缝洞型油藏多分支缝分流量计算模拟软件,可以更高效地指导缝洞型油藏水驱流道调整工艺参数优选,为水驱流道调整技术规模化推广提供支撑。

三、缝洞型油藏改善水驱物理模型研制

1. 技术背景

缝洞型油藏结构十分复杂,虽然物理模型经历了二维到三维、实体到可视化等过程,但仍然存在功能单一的问题,导致堵水、注气、调流等部分机理不清、参数不明。因此,亟须开展相

关的实验设备调研,加工一套具有典型井组特征的物理模型,以满足物理模拟实验的要求。

2.技术成果

成果1:完成了物理模型制作方式调研及水驱物理模型方案设计。

缝洞型油藏改善水驱评价装置由注入系统、二维三维模型系统(填砂、胶结、岩板及可视化亚克力板)、回压控制系统、采出计量系统、数据采集与自动控制系统、数据处理系统、辅助系统组成,主要用于不同裂缝分流机理实验、裂缝开启实验及水驱、气驱、调驱等提高采收率实验,主要要求是:① 提供调流用大尺度管线及驱替用小尺度管线等两套管线;② 实现整体撬装化,多种管线流程、中间模块可调换的模式;③ 满足气相、液相物质的注入要求,实现液相、气相的同时定量注入。

成果2:建立了一套多功能缝洞型油藏改善水驱的物理模型。

缝洞型油藏改善水驱模型的主要技术参数如下。

(1)高温高压物理立体模型:不可视耐压 20 MPa,可视耐压 10 MPa,耐温 120 ℃。

(2)模型高压舱系统:耐压 20 MPa,耐温 120 ℃。

(3)玻璃平板可视化架子和注采接头:耐压 1 MPa,耐温 80 ℃。

(4)岩块平板可视化架子和注采接头:耐压 1 MPa,耐温 80 ℃。

(5)不同尺度裂缝微观模型:尺度 1～6 mm 可调节,实现围压、缝内压力可调,压力范围视技术情况而定。

3.主要创新点

创新形成了一套适合水驱、气驱、调驱等多功能提高采收率实验装置,可以实现气、液、固三相同时注入。

4.推广价值

该物理模型可以满足不同裂缝分流机理实验及裂缝开启实验,以及水驱、气驱、调驱等提高采收率实验的要求,为缝洞型油藏提高采收率实验提供支撑。

四、表层风化壳黏弹调流体系实验评价

1.技术背景

表层风化壳储层大小孔道分布不均,裂缝大孔道较多,注入水会优先进入裂缝大孔道,导致水驱效果差,常规工艺无法满足要求,治理难度大。目前现有的中密度弹性颗粒对地层适应性差,存在注入困难、无法实现深部调流目的的问题,需要研发一种自适应的黏弹调流药剂。

2.技术成果

成果1:研发了一种耐温、耐盐、变形能力强的黏弹调流药剂。

针对聚合物不耐高温的问题,引入单体(图 3-3-7)与酰胺氢键反应生成具有一定稳定性的高分子,达到了软弹体高温长时间放置脱水小于 40% 的目的,通过调节支撑剂的用量,形成了不同强度的黏弹调流药剂(图 3-3-8)。

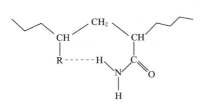
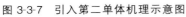

图 3-3-7 引入第二单体机理示意图   图 3-3-8 黏弹调流颗粒

成果 2：建立了弹性、密度、稳定性 3 项室内评价方法。

采用万能机、恒温箱等装置，建立了弹性、密度、稳定性等 3 项室内评价方法。室内测试表明，黏弹调流颗粒在高温高矿化度条件下放置 6 个月后其弹性能力保持不变（图 3-3-9）。

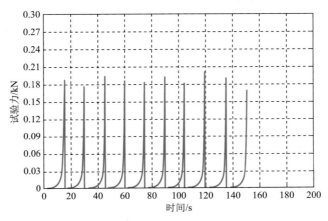

图 3-3-9 黏弹调流颗粒在高温高矿化度条件下评价 6 个月后
反复压缩过程应力曲线

建立了宽 1 mm、高 20 mm、长 200 mm 裂缝的裂缝动态调流实验评价装置，进行了黏弹调流颗粒粒径为 2～5 mm 的水驱封堵强度实验，测试驱替压力在 1.0～1.1 MPa 之间，达到了表层风化壳动态调流的目的（图 3-3-10）。

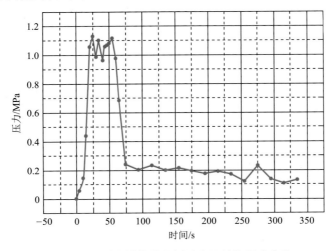

图 3-3-10 裂缝模拟装置测试水驱封堵强度实验

3. 主要创新点

形成了一套适合风化壳油藏调流的黏弹颗粒体系，并建立了室内评价方法，实现了工业化生产。

4. 推广价值

缝洞型油藏风化壳岩溶体剩余油丰富，常规水驱效果较差，黏弹调流颗粒完全可以弥补中密度弹性颗粒的不足，实现深部动态调流，为流道调整技术规模化推广提供支撑。

五、复合颗粒复配原则与改性性能变化

1. 技术背景

缝洞型油藏主要有3种岩溶类型，每种岩溶模式需要的调流药剂性能各不相同，而市面上的调流药剂体系无法满足流道调整技术发展的要求，因此急需一套将单一性能的调流药剂进行一定比例复合并重新剪切分离形成具有不同性能的复合颗粒体系。

2. 技术成果

成果1：形成了调流材料的性质、分类、生产厂家的调研报告。

调研了几十种物质，基于调流材料密度调整、黏弹性调整、油水选择性调整等要求，从聚合物材料化学基本原理出发，对不同材料复合后的性能进行了评价。

成果2：提出了适应调流用复合颗粒的复配原则。

根据热力学第二定律，颗粒复合需要满足吉布斯自由能。因此，提出了"4个可控"调流体系，即密度可控、强度可控、粒径可控、油水选择性可控调流体系，并提出了适应"4个可控"调流体系要求的复配原则，即共混玻璃温度公式、共混密度公式、共混剪切黏度公式。

3. 主要创新点

首次提出了"4个可控"调流体系，提出了适应"4个可控"调流体系要求的调流用复合颗粒的复配原则。

4. 推广价值

提出的适应"4个可控"调流体系要求的复配原则可以为建立缝洞型油藏调流颗粒的加工提供指导。

六、调流用复合颗粒设计与中试装置加工

1. 技术背景

缝洞型油藏水驱流道调整技术是将某一调流药剂放置在水驱优势通道中，改变注入水的水流路径，扩大水驱波及体积。根据室内物理模拟及数值模拟结果，调流药剂需要满足密

度可控、强度可控、粒径可控、油水选择性可控的要求。目前现有药剂无法满足这 4 个可控要求，需要进行复合颗粒设计，将不同密度、不同性能的单一调流药剂通过一定比例的复合、混炼、重新剪切分离，形成满足"4 个可控"要求的复合颗粒体系。

2. 技术成果

成果 1：创新形成了 4 个可控复合颗粒体系及设计方法。

复合颗粒是根据极性相匹配原则、表面张力相近原则、扩散能力相近原则、等黏度原则、溶解度参数相近原则以及药剂性能的要求进行设计组合的。研发了远距离定点放置的高温变密度调流体系(图 3-3-11)，可满足流道调整缩缝分流的需求，同时根据水驱流道不同启动压差，研发了 3 套不同强度卡缝转向调流体系。

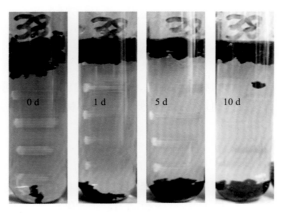

图 3-3-11 高温变密度调流体系

采用密度仪、布氏黏度计等设备以混炼＋造粒为核心，建立了"4 个可控"调流药剂设计方法：复合塑化粘连、油溶包覆、密度调整功能等。

成果 2：攻关形成了一套满足"4 个可控"要求的混炼造粒机。

根据调流颗粒 4 个可控的要求，设计了一套高温混炼设备(图 3-3-12)，可以将多种物质进行混合复配再造粒，形成具有多功能性质的颗粒，同时可以加工不同粒径的颗粒。

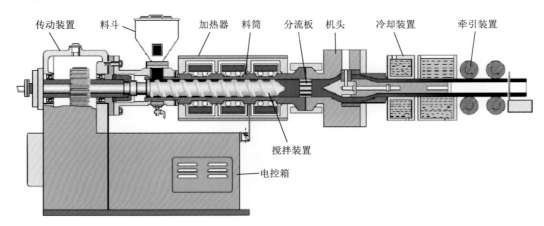

图 3-3-12 高温混炼造粒机

3. 主要创新点

建立了"4个可控"调流药剂设计方法,形成了一套满足"4个可控"要求的混炼造粒机,研发出4种缩缝、卡缝转向调流配套药剂。

4. 推广价值

复合颗粒设计方法丰富了调流药剂体系,中试加工设备(混炼造粒机)提供了工业化生产的重要手段,为调流药剂性能优化提供了指导,为缝洞型油藏水驱流道调整规模化推广提供了重要的技术支撑。

七、适用于缝洞型油藏流道调整的废旧材料评价

1. 技术背景

缝洞型油藏调流药剂存在原材料成本高、运输成本高、生产周期长的问题,为保证调流技术规模化推广,需要开展污废物调研,探索低成本废旧材料再加工。

2. 技术成果

成果1:建立了废旧材料性能评价实验方法。

根据调流药剂强度、密度、粒径、油水选择性的要求,建立了一套评价废旧材料的方法。该方法主要由相对密度测定方法、高温流变测试方法、软化点测试方法等组成。

成果2:优选出4种适合缝洞型油藏水驱调流的药剂。

从来源、安全、密度、软化点等方面对收集的60余种废弃物进行了综合评价,确定煤粉、废旧橡胶、地膜、塑料的密度接近 $1.14 \ g/cm^3$,且软化点较低,是理想的调流原材料。

成果3:初步探索了废旧材料加工调流颗粒的工艺。

采用HAAK混合挤出机,将软化点、密度、强度不同的高分子材料进行复合混炼,获得具有不同力学性能的低成本复合调流药剂。通过优化无机物加量,可以调节调流药剂的密度、软化点及成本(图3-3-13)。该混炼工艺具有加工简单、操作方便的特点,为工业化加工提供了技术支撑。

图 3-3-13　调流产品

3. 主要创新点

探索了废旧材料加工调流药剂的可行性,形成了废旧材料评价方法及混炼工艺。

4. 推广价值

废旧材料来源广、成本低,通过混炼工艺可以制备出具有粒径、强度、软化点可控等多种功能的调流颗粒,可满足调流施工的要求,大大降低药剂成本和生产周期,为缝洞型油藏水驱流道调整规模化推广提供了强有力的支撑。

八、调流用纤维球颗粒体系实验评价

1. 技术背景

针对断控岩溶的注采井组,注入水沿主裂缝通道水窜速度快,井组注水效果较差,常规调流颗粒存在大粒径易近井卡堵、小粒径无法实现远井卡堵等问题,需要一种前置纤维球颗粒以降低注入过程的安全风险,实现深部舒展架桥的目的。

2. 技术成果

成果 1:攻关形成了一套暂堵凝胶纤维球颗粒体系。

研发了具有耐温 120~140 ℃,耐盐 22×10⁴ mg/L 的暂堵凝胶纤维球颗粒(图 3-3-14)。该体系具有条带状致密网络结构,分布着较多的孔洞,对纤维具有较好的包裹作用,因此在油藏条件下老化 48 h 纤维才会缓慢被释放。

图 3-3-14 暂堵凝胶纤维球颗粒

成果 2:建立了裂缝尺度与絮状纤维尺寸匹配性关系。

(1)纤维长度:裂缝尺度为 2~7 mm 时,裂缝尺度与架桥最佳纤维长度几乎成正比,提出了纤维"3/2 架桥"规律,即当纤维长度为裂缝尺度的 3/2 倍时,纤维的架桥封堵能力最强。

(2)纤维浓度:纤维浓度越大,越容易产生架桥。裂缝尺度与纤维架桥的最小浓度呈正相关关系。

3. 主要创新点

形成了一套耐温 120~140 ℃、耐盐 22×10⁴ mg/L 的调流用纤维球颗粒体系。

4. 推广价值

纤维球颗粒的架桥能力明显高于一般颗粒,可以解决断控岩溶水驱流道调整时采用常规颗粒存在的注入难、架桥难的问题,为缝洞型油藏的水驱调流提供指导。

九、可降解化学胶塞暂堵表层动用实验评价

1. 技术背景

缝洞型油藏注入水主要沿着下部驱动,导致上部表层动用程度较低,而采用常规分段注水费用昂贵,亟待采取一定的措施封堵油井底部吸液段,迫使注入水沿表层驱替,扩大波及体积,提高采收率。

2. 技术成果

成果 1:研发了耐高温单体聚合的弱强度可降解化学胶塞体系。

优选合适的高温引发剂,通过单体聚合进行固化反应,形成了耐温 130 ℃以下、耐盐 20×10^4 mg/L,单体聚合的可降解化学胶塞体系,成胶时间 $2 \sim 3$ h,强度等级 H 级,高温 120 ℃ 下稳定 3 个月后自降解(图 3-3-15)。

成胶时间 3 h   8 d 开始降解   30 d 降解 20%

图 3-3-15 可降解化学胶塞的成胶和降解情况

成果 2:攻关形成了高强度树脂胶塞体系。

针对高强度封堵地层的技术要求,攻关研发了高强度树脂胶塞体系(图 3-3-16)。该体系抗温 130 ℃,初始黏度可调($50 \sim 1\,000$ mPa·s),固化时间可控($2 \sim 8$ h),固化强度可调($5 \sim 40$ MPa)。

图 3-3-16 高强度树脂胶塞体系的性能评价

3. 主要创新点

首次提出了缝洞型油藏化学胶塞表层动用方法，并研发了可降解的单体聚合胶塞体系和高强度树脂胶塞体系两种配套体系。

4. 推广价值

可降解的单体聚合胶塞体系可对地层通道进行暂堵，有效启动表层剩余油，并在一定时间自降解，不伤害地层，可有效改善水驱通道，提高水驱波及范围，为缝洞型油藏高效水驱提供技术支撑。

十、油水界面自展布隔板水驱实验评价

1. 技术背景

碳酸盐岩油藏无水采油量高，约占总产油量的70％，而暴性水淹是造成碳酸盐岩油藏产油期短的主要原因。目前塔河油田碳酸盐岩油藏暴性水淹井约占总井数的10％，对于近井溶洞型、强底水型暴性水淹，常规注气堵水效率低，目前无有效解决手段。因此，提出了缝洞型油藏油水界面自展布隔板技术。

2. 技术成果

成果1：研发了一种热粘连自展布隔板颗粒药剂。

将颗粒A和改进后的增强剂B放置在130 ℃条件下，它们可以黏连长大，在油水界面之间形成一种网状结构的自展布隔板（图3-3-17、图3-3-18）。该隔板具有耐温抗盐、油水都不溶的特点，密度为1.05 g/cm³，黏度在18 000 Pa·s以上，能够承受一定的生产压差（图3-3-19）。

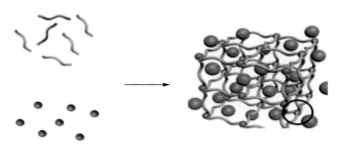

图3-3-17　复配原理

成果2：创新研发了一种地下聚合隔板药剂。

采用聚合胶液，向其中添加两种交联剂，并控制其交联时间，一次快速交联控制其展布性能并防止分散，二次交联形成强度隔板。通过优化反应物加量，形成了在130 ℃条件下成胶时间3～5 h且可控的地下聚合隔板药剂（图3-3-20）。同时，对成胶时间与温度进行了测试，得出成胶时间与温度呈指数关系（图3-3-21）。

图 3-3-18　130 ℃颗粒型自展布隔板展布情况

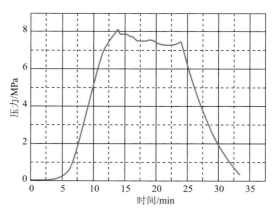

图 3-3-19　颗粒型自展布隔板强度测试实验

图 3-3-20　130 ℃条件下地下聚合隔板固化情况

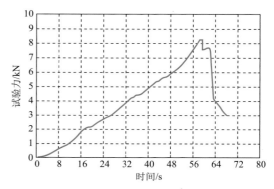

图 3-3-21　地下聚合自展布隔板强度测试实验

成果 3：建立了自展布隔板体系评价方法。

研发了高温高压隔板强度测定装置（图 3-3-22），建立了隔板室内评价方法，为现场施工有效性提供了技术支撑。

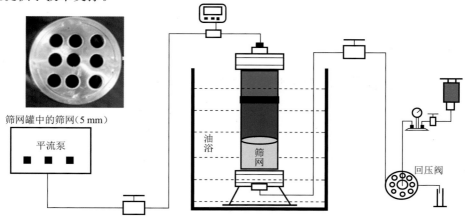

图 3-3-22　高温高压隔板强度测定装置示意图

3. 主要创新点

创新点 1：研发了两套隔板控水药剂，可以满足不同生产压差的需求。
创新点 2：建立了缝洞型油藏自展布隔板药剂强度评价方法。

4. 推广价值

自展布隔板药剂具有施工简单、体系强度高的特点，可以满足近井溶洞型、强底水型等水淹井治理，可以有效控制底水水侵速度。同时，该技术可以配合注气井提高单井注气实施效果。

十一、形状记忆材料堵剂测试评价

1. 技术背景

在塔河油田碳酸盐岩油藏高含水井堵水方面，目前体膨胀颗粒体系存在膨胀时间过快、膨胀后强度低而无法实现封堵的问题，拟开发形状记忆高分子材料，并对其形状进行加工。形状记忆材料在井底高温环境下可回复原始形状，从而对裂缝型油藏高含水通道进行卡堵，为塔河油田碳酸盐岩油藏堵水提供新思路。

2. 技术成果

成果 1：明确了适用于塔河油田碳酸盐岩油藏的形状记忆材料优选方向。
调研了形状记忆材料的研究现状，对五大类聚合物材料进行了详细分析，明确了针对裂缝型油藏的卡堵，使用热致型形状记忆聚合物是唯一的可能，进而初步筛选出聚丙酯、环氧脂和聚氨酯 3 种聚合物体系作为基础体系进行深入研究。

成果 2：优选出耐温抗盐性能较好的聚丙酯体系。
制备了 3 种不同交联度的聚合物体系，评价了它们的热分解温度、热转变温度、力学性能以及形状回复性能，筛选出性能较好的聚丙酯体系。该体系在其玻璃化转变温度（110 ℃）以上处于高弹态，可以完全回复原始形状（图 3-3-23），但在其玻璃化转变温度（110 ℃）以下，在观察时间内只能部分回复原始形状（图 3-3-24）。

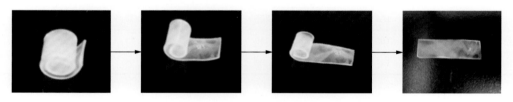

图 3-3-23　聚丙酯在 120 ℃下的形状回复过程

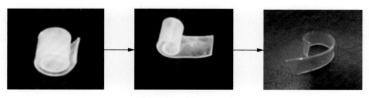

图 3-3-24　聚丙酯在 100 ℃下的形状回复过程

成果 3：对筛选出的聚丙酯体系进行了改性及性能评价，形成了基础配方。

针对聚丙酯体系开展了物理改性，经石墨烯和纳米碳化硅改性后明显提升了聚丙酯体系的热转变温度和高温下的形状记忆性能，且使其具有良好的抗老化性能，有望应用于 120 ℃ 及以上温度环境（图 3-3-25、图 3-3-26、表 3-3-1）。

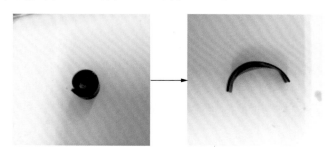

图 3-3-25　石墨烯改性聚丙酯在 120 ℃ 下的形状回复

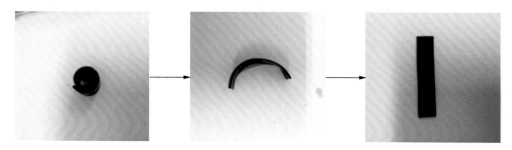

图 3-3-26　石墨烯改性聚丙酯在 130 ℃ 下的形状回复

表 3-3-1　改性聚丙酯体系形状回复性能

样　本	130 ℃		120 ℃			110 ℃	
	时间 /s	回复程度 /%	时间 /s	回复程度 /%	100%形状回复时间计算值/h	时间 /s	回复程度 /%
石墨烯改性 1	103	100	207	70	16.36	不回复	0
石墨烯改性 2	114	100	208	70	18.35	不回复	0
纳米碳化硅改性 1	105	100	349	0.7	16.74	不回复	0
纳米碳化硅改性 2	137	100	362	0.5	22.06	不回复	0

3. 主要创新点

创新点 1：形成了一种适合塔河油田碳酸盐岩油藏耐温抗盐形状记忆材料。

创新点 2：通过物理改性，提升了聚丙酯体系的热转变温度，可满足油藏堵调要求。

4. 推广价值

研发形成的耐温抗盐形状记忆材料通过形状回复可满足油藏堵水需求，可为井间剩余油波及动用提供技术支撑,为塔河油田碳酸盐岩油藏堵水提供新思路,同时可推广至其他缝洞型油藏。

十二、缝洞型油藏油井出水规律实验模拟评价

1. 技术背景

针对塔河油田缝洞型油藏油井高含水问题,前期堵水技术取得了一定的效果,但是仍然存在堵水适应性差、有效率低的问题,亟须开展油井出水规律模拟研究,同时结合油井生产实际,明确油井出水规律,为高含水油井堵水思路和技术方法的建立提供有力支撑,以提高油井堵水有效率。

2. 技术成果

成果 1: 利用微观可视化驱替实验及数值模拟,明确了裂缝出水的发育机制。

裂缝间的干扰包括竞争和屏蔽两个阶段,即水驱前期大小裂缝存在竞争关系,当优势裂缝建立水相流动通道时,会在采出端对劣势裂缝形成突变的屏蔽(图 3-3-27)。竞争规律是决定屏蔽状态的关键,受裂缝级差、原油黏度等因素的影响。

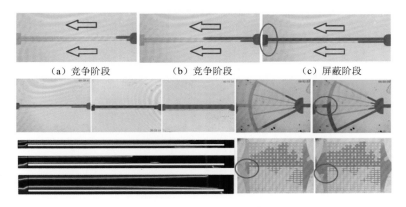

（a）竞争阶段　　　　（b）竞争阶段　　　　（c）屏蔽阶段

图 3-3-27　裂缝出水的发育机制

成果 2: 提出了"相对干扰系数",量化了缝间干挠的影响因素。

取优势裂缝突破时刻两级别裂缝的采出程度,定义优劣裂缝之间的相对干扰系数(图 3-3-28)。基于三因素正交实验的敏感性研究发现敏感性顺序为:渗透率级差＞裂缝长度＞原油黏度。可以确定,当缝宽比为 3～4,即渗透率比为 9～16 时,在大裂缝的优势渗流条件下,小裂缝几乎被完全屏蔽。

成果 3: 利用测试资料验证实验结果,形成了基于相对干扰系数的堵水决策流程(图 3-3-29)。

3. 主要创新点

创新点 1: 创建了典型微流控模型,结合数值模拟,明确了缝间干扰的发育机制。裂缝间的干扰包括竞争和屏蔽两个阶段,水驱前期大小裂缝存在竞争关系,当优势裂缝建立起水相

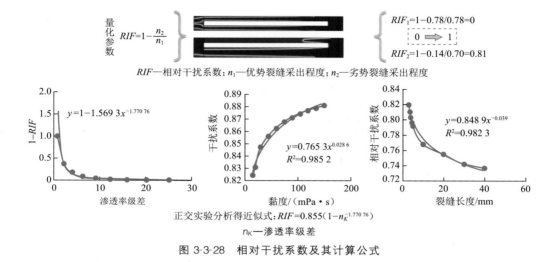

$$RIF_1 = 1 - 0.78/0.78 = 0$$
$$0 \Rightarrow 1$$
$$RIF_2 = 1 - 0.14/0.70 = 0.81$$

量化参数 $RIF = 1 - \dfrac{n_2}{n_1}$

RIF—相对干扰系数;n_1—优势裂缝采出程度;n_2—劣势裂缝采出程度

$y = 1 - 1.5693x^{-1.77076}$

$y = 0.7653x^{0.0286}$
$R^2 = 0.9852$

$y = 0.8489x^{-0.039}$
$R^2 = 0.9823$

正交实验分析得近似式:$RIF = 0.855(1 - n_K^{-1.77076})$

n_K—渗透率级差

图 3-3-28 相对干扰系数及其计算公式

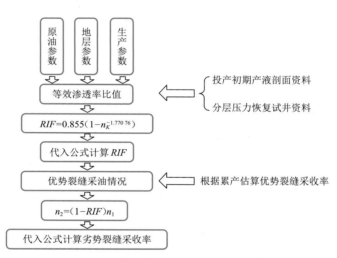

图 3-3-29 缝洞型油藏堵水决策流程

流动通道时,会在采出端对劣势裂缝形成突变的屏蔽。

创新点 2:首创了缝间干扰程度量化评价方法,可用于指导裂缝堵水决策。通过数值模拟,建立了考虑渗透率级差、原油黏度、裂缝长度的相对干扰系数计算公式,并利用分层测试资料估算堵水潜力。

4. 推广价值

该技术成果形成了微流控模型设计与实验方法,提出了缝间出水机制,量化了干扰程度,明确了缝宽比大于或等于 4 时存在优势通道,水相突破后可完全屏蔽劣势裂缝。以此作为裂缝油藏堵水井潜力判断依据,可提高堵水作业有效率,为同类型油井高含水治理思路和技术方法的建立提供支撑。

十三、裂缝型油藏选择性堵水用剂体系研发评价

1. 技术背景

针对塔河油田裂缝型储集体裂缝尺度多样、出水规律复杂,常规堵水工艺存在油水通道同堵的问题,以油水选择性控水和颗粒卡堵水为研究方向,开展油水选择性和自卡堵选择性堵剂体系研发和评价,为塔河油田裂缝型油藏控堵水提供技术支撑。

2. 技术成果

成果 1: 评价了油溶性树脂体系,研发了丙烯酸酯堵剂(图 3-3-30)。

非极性树脂普遍表现出能够快速溶于油且最终完全溶解的特性;弱极性树脂可溶于油,但溶解时间较长;强极性树脂不溶于油。线性树脂在油中的溶解性与上述情况相同。采用低交联、高相对分子质量的油溶性树脂可实现在高温高矿化度水中的有效封堵,粒子表现出较好的自黏性。

图 3-3-30　初步自制交联丙烯酸酯堵剂

成果 2: 评价了油田用体膨颗粒,研发形成了延迟膨胀橡胶堵剂。

常规体膨颗粒为由黏土和有机单体聚合而成的复合材料,可吸水膨胀达到封堵出水通道的目的。在塔河油田油藏条件下,常规体膨颗粒普遍存在 1 h 内快速膨胀、膨胀后强度较小、膨胀后体积回缩、耐冲刷性能弱的缺点。针对上述缺点,通过以橡胶为基体,加入聚氨酯预聚体耐盐性吸水、大分子间化学交联延迟膨胀,研发形成了延迟膨胀橡胶颗粒,具有初始膨胀时间大于 10 h、膨胀后不回缩、膨胀后强度高等特点(图 3-3-31)。

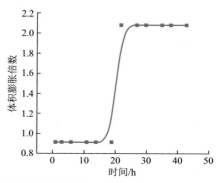

图 3-3-31　延迟膨胀橡胶及膨胀性能

3. 主要创新点

形成了一套延迟膨胀颗粒堵剂体系,具有耐温130 ℃、抗盐 21×10^4 mg/L、体积膨胀倍数大于2倍,且膨胀后不回缩、膨胀强度高等特点。

4. 推广价值

研发的延迟膨胀橡胶颗粒堵剂支撑了缝洞型油藏逆向卡堵水技术。通过颗粒延迟膨胀,在地层深部发生架桥堆积,封堵优势出水通道,启动次级剩余油。堵水药剂体系的突破对同类型油藏高含水治理提供技术支撑。

十四、选择性堵水技术工艺参数测试与评价

1. 技术背景

塔河油田缝洞型油藏堵水物理模型以岩板、亚克力板简单拼接、刻蚀为主,存在模拟相似性低、难以有效指导工艺优化的问题。通过开展相关研究,形成典型缝洞结构物理模型,并对注入量、注入参数等进行优化,提高堵水有效率。

2. 技术成果

成果1:建立了典型缝洞结构物理模型及堵剂评价系统。

基于前期物模制作、处理方式、应用领域成果,设计加工了致密柱状岩芯缝洞模型,搭建了冻胶型、颗粒型堵剂评价系统(图3-3-32)。

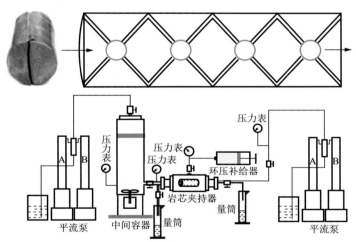

图 3-3-32　雕刻岩芯及堵剂评价模型

成果2:优化了冻胶类选择性堵水工艺参数。

基于驱替实验结果(图3-3-33),优化了冻胶类选择性堵水推荐工艺参数:堵水时机越早,注堵剂后的最终采收率越高;最优注入量为0.2 PV;注入速度越快,对冻胶堵剂的剪切影响越大,影响堵水效果;先弱后强的段塞组合可增加封堵深度,后续扩大波及体积能力更强。

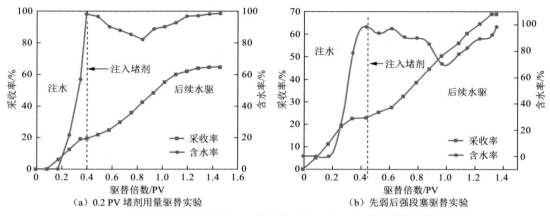

（a）0.2 PV 堵剂用量驱替实验　　　　（b）先弱后强段塞驱替实验

图 3-3-33　0.2 PV 堵剂用量驱替实验和先弱后强段塞驱替实验曲线

成果 3：优化了颗粒类堵水工艺参数。

基于驱替实验结果（图 3-3-34），优化了颗粒类堵水推荐工艺参数：堵水时机越早，注堵剂后的最终采收率越高；最优注入量为 0.2 PV；随着注入速度的增加，采收率增值趋于增加，颗粒悬浮性、注入性越好；先小后大的粒径组合可增加封堵深度，后续扩大波及体积能力更强。

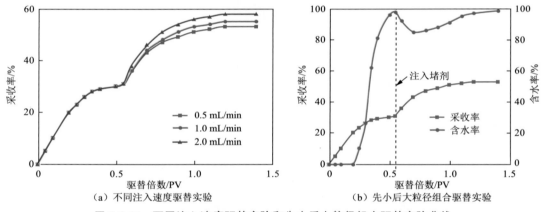

（a）不同注入速度驱替实验　　　　（b）先小后大粒径组合驱替实验

图 3-3-34　不同注入速度驱替实验和先小后大粒径组合驱替实验曲线

3. 主要创新点

基于致密柱状岩芯缝洞模型，搭建了冻胶/颗粒型堵剂评价系统。

4. 推广价值

该技术成果形成了物模装置及实验方法，可用于不同堵水技术工艺参数优化，为缝洞型油藏堵水技术优化提供实验手段。

十五、自组装油溶性颗粒堵剂研发评价

1. 技术背景

缝洞型储层颗粒卡封堵调存在裂缝尺度不明确、常见颗粒封堵强度严重不足以及体系

无油水选择性等问题。通过探索有强度、粒间交联聚集膨大的油溶性自组装体系,实现颗粒卡封堵水体系的突破。

2. 技术成果

成果1: 研发了一种全新的自组装油溶性颗粒堵剂。

该体系由两种树脂材料 SZ-1 和 SZ-2 作为主剂复配而成,通过添加强度调节剂增加体系的最大承压强度。该颗粒堵剂的粒径为 0.1～10 mm,具有良好的悬浮分散性,密度约为 1.04 g/cm³,承压强度大于 15 MPa,具有良好的高温黏结性质和良好的油溶性,油溶率大于 95%。

成果2: 设计了可视化缝洞岩芯模型,优化了颗粒堵水工艺参数。

模拟实验(图3-3-35)发现:注入颗粒粒径为缝宽的 0.3～0.4 倍时具有较好的粒径匹配效果;堵剂注入量为 0.3 CV(裂缝体积倍数)时,封堵强度大于 2 MPa/m。多尺寸组合颗粒堵剂的堵水效果相比单一粒径的堵剂要好。

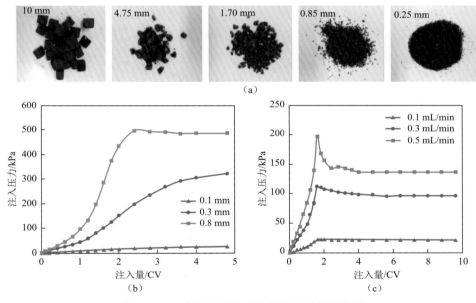

图 3-3-35 自组装油溶性颗粒堵剂及封堵性能

3. 主要创新点

通过调整助剂类型及配比,形成了系列自组装油溶性颗粒堵剂,具有遇水粘连、遇油溶解的特点。

4. 推广价值

研发形成的自组装油溶性颗粒堵剂在油藏条件下具有堵水不堵油的选择性封堵效果,通过调整粒径、优化段塞组合,可实现缝洞型油藏深部卡堵水,对同类型油藏高含水治水提供支撑。

十六、裂缝卡堵填充剂研发与评价

1. 技术背景

塔河油田裂缝型油藏目前已初步形成颗粒卡堵水技术,但单一使用膨胀颗粒仍存在粒间间隙,油水可通过,因此需研发一种粉体填充剂,搭配膨胀颗粒使用,以实现裂缝型油藏逆向卡堵水有效封堵。

2. 技术成果

成果 1:研发形成了裂缝型油藏粉体填充剂。

基于超声协同氧化原理,建立了有机-无机插层粉体填充剂的制备方法。该填充剂由天然鳞片石墨、预氧化剂组成,经一次强酸插层、二次弱酸插层、三次油基插层形成可膨胀石墨。该体系不受矿化度影响,在 130 ℃,22×10^4 mg/L 矿化度水中可膨胀 10 倍以上,且温度越高越利于膨胀(图 3-3-36)。

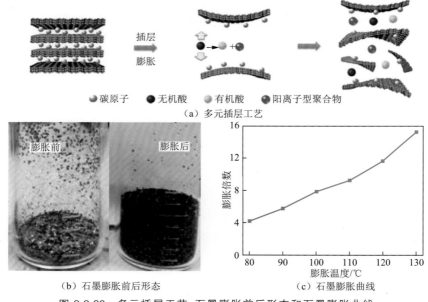

(a) 多元插层工艺

(b) 石墨膨胀前后形态　　　(c) 石墨膨胀曲线

图 3-3-36　多元插层工艺、石墨膨胀前后形态和石墨膨胀曲线

成果 2:优化了裂缝型油藏粉体填充剂注入工艺参数。

将碳酸盐岩柱状岩芯进行劈裂,充填粗砂造缝,模拟天然碳酸岩裂缝。基于驱替实验结果,形成了推荐工艺参数:最佳注入量为裂缝体积的 2 倍,最佳注入速度为 0.2 mL/min,最佳注入浓度为 0.5%(质量分数),最佳粒径为缝宽的 1/20(图 3-3-37、图 3-3-38)。最佳工艺组合为:先注 1/20 缝宽粒径的小颗粒,再利用 1/10 缝宽的大粒径粉体封口。

3. 主要创新点

基于超声协同氧化原理,通过多元复合插层制备的膨胀石墨,不受矿化度影响,在塔河 130 ℃,22×10^4 mg/L 矿化度油藏条件下可膨胀 10 倍以上,且温度越高,膨胀倍数越大。

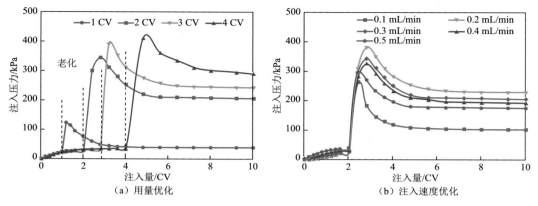

图 3-3-37　用量优化实验和注入速度优化实验曲线

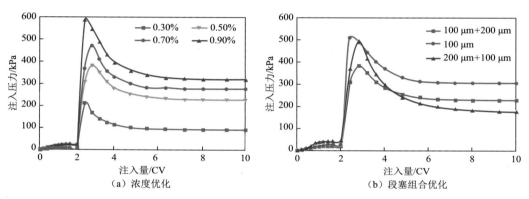

图 3-3-38　浓度优化实验和段塞组合优化实验曲线

4.推广价值

该技术成果形成了膨胀石墨,可作为裂缝型油藏颗粒卡堵水配套填充剂使用,搭建的劈裂岩芯物理模拟装置以及实验方法可用于不同颗粒堵水工艺参数优化,可为裂缝型油藏堵水技术优化提供实验手段。

第四节　碎屑岩提高采收率技术

一、耐温抗盐低成本延迟交联冻胶研发与评价

1.技术背景

针对塔河油田碎屑岩油藏高含水井近井多轮次堵水效果逐渐变差、井周剩余油难以动用的问题,通过开展冻胶体系配方优化,研发满足塔河油田碎屑岩油藏条件的耐温抗盐低成本延迟交联冻胶体系,形成低、中、高3套配方,有效延长体系成胶时间,建立不动管柱堵水

施工安全窗口,大幅降低措施成本,同时提升堵水增油效果。

2. 技术成果

成果 1：在常规冻胶堵剂配方的基础上,加入疏水基团和耐温聚合物,形成了耐温抗盐性能优异的冻胶体系。

在堵剂体系分子设计上,在常规水溶性聚合物的主链上引入适度的疏水基团,有效提升了聚合物耐温抗盐和抗剪切性能;在交联聚合物中引入环状结构,与聚合物中的酰胺基反应生成带有环状结构的聚合物——树脂冻胶,从而增强冻胶体系的耐温抗盐性能(图 3-4-1)。

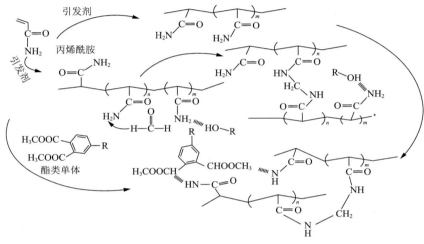

图 3-4-1　延迟交联冻胶结构

成果 2：通过优化聚合物和交联剂浓度,研发形成了弱、中、强 3 套耐温 120 ℃、耐盐 20×10^4 mg/L、强度可调、成胶时间可控、稳定性提升的系列配方体系。

（1）弱强度冻胶性能:成胶时间 50 h,成胶级别 D～E 级,初始黏度 8～10 mPa·s。

（2）中强度冻胶性能:成胶时间 30 h,成胶级别 E～F 级,初始黏度 10～20 mPa·s。

（3）高强度冻胶性能:成胶时间 20 h,成胶级别 F～G 级,初始黏度 20～30 mPa·s。

成果 3：开展了延迟交联冻胶体系性能评价。

延迟交联冻胶体系性能评价结果表明该体系具有油水选择性:在水中吸水膨胀,可有效地阻止水相通过(图 3-4-2);在油中冻胶的网络结构被破坏,体积收缩,可为原油的流动提供通道(图 3-4-3)。岩芯驱替实验表明,延迟交联冻胶的突破压力受岩芯物性的影响较大,岩芯渗透率越低,突破压力梯度越高,延迟交联冻胶突破压力可满足在高温高盐地层条件下对优势通道的封堵(表 3-4-1)。

3. 主要创新点

创新点 1：在冻胶体系分子设计中引入适度的疏水基团和环状结构,有效提升了体系的耐温抗盐性能。

创新点 2：研发形成了弱、中、强 3 套冻胶体系,体系成胶时间可控,为不动管柱施工建立了安全窗口,有效节约了修井费用。

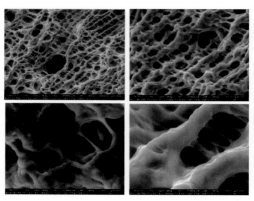
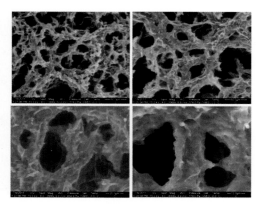

图 3-4-2　冻胶在水中膨胀后的微观形态　　　　图 3-4-3　冻胶在油中收缩后的微观形态

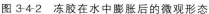

表 3-4-1　延迟交联冻胶突破压力

岩芯号	孔隙体积 /cm³	冻胶注入量 /PV	气测渗透率 /mD	地层水测 渗透率/mD	突破压力 /MPa	突破压力梯度 /(MPa·m⁻¹)
岩芯 1	地层水 130	0.7	500	177	0.62	4.1
岩芯 2	地层水 85	0.5	100~200	—	2.73	18.2
岩芯 3	地层水 120	0.7	500	54	1.26	8.4
岩芯 4	清水 110	0.5	100~200	35	5.80	38.7

注:实验中延迟交联冻胶由盐水配制,温度为 120 ℃。

4. 推广价值

形成的碎屑岩油藏深部堵水用冻胶体系具有耐温抗盐、延迟交联、堵水不堵油等优势,可实现深部堵水后扩大底水绕流,有效提高碎屑岩油藏采收率,广泛应用于底水碎屑岩油藏高含水井治理中。

二、碎屑岩油藏深部堵水工艺优化

1. 技术背景

针对塔河油田碎屑岩油藏储层非均质性强,导致油井过早高含水,常规冻胶堵水施工费用高、经济效益差的问题,开展碎屑岩油藏深部堵水工艺优化研究。在明确水侵形态的基础上,利用油藏物模方法,针对不同类型水平井开展工艺参数优化,形成深部堵水工艺方案设计方法,从而有效提高深部堵水有效率,改善开发效果。

2. 技术成果

成果 1:建立了适用于塔河油田碎屑岩高温高盐油藏的可视化物模装置。

基于碎屑岩底水油藏油水层的相对厚度、井间距离及底水能量的相对大小,建立了三维物理模型驱替系统(图 3-4-4),模型尺寸为 700 mm×300 mm×50 mm。该系统不仅可直观观测油水分布、底水上升规律及注入剂走向与展布,而且具有饱和度及压力场电子监测系统,可绘制饱和度与压力场分布云图。

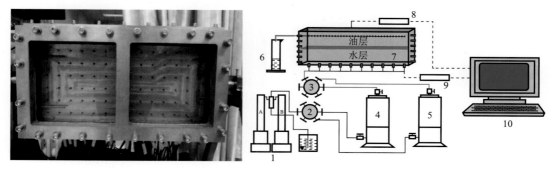

图 3-4-4　三维物理模型驱替系统

1—平流泵;2,3—六通阀;4,5—中间容器;6—计量筒;7—三维底水油藏模型;8,9,10—监测系统

成果 2:开展了深部堵水工艺优化,形成了最佳堵水参数。

(1)明确了堵剂用量越大,封堵效果越好。考虑经济性,推荐采用 0.3 PV 堵剂用量。

堵剂在储层中形成隔板,封堵底水优势通道,扩大水驱波及面积,这是其提高采收率的主要机理。随着堵剂注入量的增加,冻胶所形成的封堵隔板波及面积增大;冻胶封堵区域越大,封堵效果越好,后续底水驱时改善底水驱波及的效果越好(图 3-4-5、表 3-4-2)。考虑经济性,推荐 0.3 PV 作为最佳注入量。

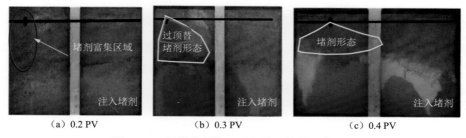

(a) 0.2 PV　　　　　(b) 0.3 PV　　　　　(c) 0.4 PV

图 3-4-5　不同堵剂注入量条件下堵剂展布形态

表 3-4-2　不同堵剂注入量下采收率增值

堵剂注入量/PV	采收率增值/%	单位体积堵剂增值/%
0.2	3.95	19.75
0.3	7.39	24.63
0.4	8.83	22.08

(2)明确了注入深度越深,堵水效果越好。

注入深度为 1/4 油层厚度时,采收率提高了 23%;注入深度为 1/2 油层厚度时,采收率提高了 36%(表 3-4-3、图 3-4-6)。由此可见,在一定范围内,注入深度越深,提高采收率效果越好。

表 3-4-3　不同注入深度下采收率增值

注入深度	采收率增值/%
1/4 油层厚度	23
1/2 油层厚度	36

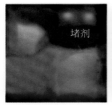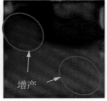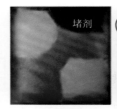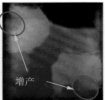

注堵剂	后续水驱		注堵剂	后续水驱
（a）1/2 油层厚度			（b）1/4 油层厚度	

图 3-4-6　不同注入深度堵剂形态及后续水驱实物图

（3）形成了多级复合段塞不动管柱堵水方法。

针对多轮次堵水工艺难、配套难、成本高的问题，形成了多级段塞组合方式进行深部堵水，即采用低强度冻胶深部弱隔离，以便推入油层深部；采用中强度冻胶中深强封堵，耐压强度高，封堵性能好；采用中质油近井强沟通，抑水疏油，实现层内近井选择性堵水，达到降水增油的目的。

3. 主要创新点

创新点 1：形成了碎屑岩油藏深部堵水最佳工艺参数设计。
创新点 2：建立了多级复合段塞不动管柱堵水施工工艺。

4. 推广价值

该技术成果可为有效指导深部堵水现场施工提供理论依据，同时研究形成的不动管柱堵水施工可有效节约油井费用，提升措施经济效益，为塔河油田碎屑岩油藏高含水井治理提供技术支撑，对同类油藏开采具有借鉴意义。

三、耐温抗盐多尺度冻胶分散体研制与评价

1. 技术背景

河道砂油藏边底水不发育，地层能量下降快，由于砂体非均质性强，注入水沿河道中央、局部高渗段发生水窜，严重影响注水开发效果。通过耐温抗盐多尺度冻胶分散体的研制与评价，利用其"注得进、能封堵、能运移"的特点，可有效治理水窜问题，改善河道砂油藏的注水效果。

2. 技术成果

成果 1：研发了以功能聚合物和交联剂为配方的快速交联冻胶体系（图 3-4-7）。

该冻胶体系成胶温度 $90\sim110\ ℃$ 可调，成胶时间 $3\sim15\ h$ 可控，成胶强度 $0.028\sim0.045\ MPa$ 可调，耐盐 $21\times10^4\ mg/L$，耐温 $143\ ℃$。

成果 2：研发了以胶体磨制备的多尺度冻胶分散体体系。

冻胶分散体通过机械剪切形成，粒径 $600\ nm\sim10\ \mu m$ 可调（图 3-4-8），耐温 $130\ ℃$，耐盐 $22\times10^4\ mg/L$，可膨胀 50 倍以上，易于注入，耐冲刷性好，剖面改善率可达 80% 以上，提高采收率达 20% 以上。

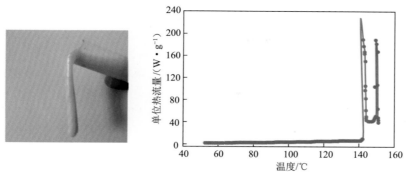

图 3-4-7 中高温快速交联冻胶体系成胶状态及耐温范围

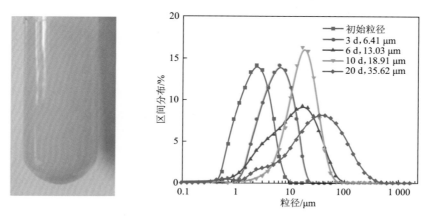

图 3-4-8 冻胶分散体初始状态及粒径分布范围

成果 3：明确了河道砂油藏冻胶分散体调驱机理。

利用微观可视模型开展驱替实验，冻胶分散体以直接通过和变形通过两种方式进入岩芯并实现深部调驱，通过单个颗粒直接封堵、多个颗粒架桥和吸附的形式对岩芯进行剖面调控（图 3-4-9）。

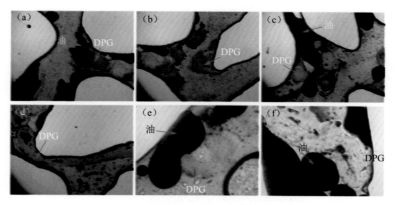

图 3-4-9 冻胶分散体（DPG）调驱机理

3. 主要创新点

创新点 1：形成了中高温快速交联冻胶体系。该本系具备成胶时间、强度可控，抗剪切性好,热稳定性强的特点。

创新点2:通过机械剪切研制了多尺度冻胶分散体体系。该体系耐温130 ℃,耐盐22×10^4 mg/L,粒径600 nm~10 μm可调,膨胀50倍以上,易注入。

创新点3:明确了冻胶分散体的3类调驱机理:单个颗粒直接封堵、多个颗粒架桥、吸附。

4. 推广价值

研发的多尺度冻胶分散体调驱体系具有制备简单、易注入、剖面改善效果好的特点,通过单个颗粒直接封堵、多个颗粒架桥和吸附,可实现河道砂油藏中央高渗条带微观液流转向,提高水驱波及范围,为河道砂油藏改善水驱提供技术支撑。

四、河道砂油藏冻胶分散体调驱工艺优化

1. 技术背景

河道砂油藏边底水不发育,地层能量下降快,由于砂体非均质性强,注入水沿河道中央、局部高渗段发生水窜,严重影响注水开发效果。基于耐温抗盐多尺度冻胶分散体成本低、环境友好、制备方便的特点,进行河道砂油藏冻胶分散体井间调驱工艺技术研究及现场试验,实现低成本治理水窜,改善河道砂油藏注水效果。

2. 技术成果

成果1:基于岩芯驱替实验,优化了冻胶分散体调驱工艺参数。

推荐冻胶分散体调驱工艺参数(图3-4-10):最佳浓度为0.06%~0.08%(质量分数),最佳注入量为1 PV,粒径组合由小到大,对渗透率100~2 000 mD地层的封堵率保持在90%以上,根据科泽尼公式和柔性颗粒封堵特点,选择合适粒径的冻胶分散体。

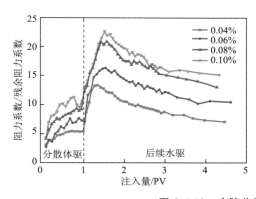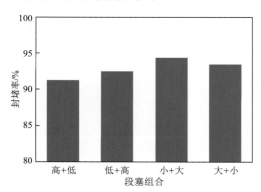

图3-4-10　冻胶分散体调驱工艺参数优化

成果2:搭建了多尺度冻胶分散体的工业化生产线。

基于室内研究成果,坚持现场操作简便的原则,创建了冻胶分散体工业化生产线(图3-4-11),由交联反应、剪切研磨、储存、调控等四大模块组成,日产能10 m^3/d,满足现场施工供应要求。

图 3-4-11　冻胶分散体工业化生产线

成果 3：现场试验 1 井组，完善形成了效果评价体系。

优选典型井组开展了先导试验，累注入冻胶分散体 6 300 m³，累增油 1 500 t，达到了良好的降水增油效果。注水指示曲线及对应井组生产变化曲线显示次级方向获得动用（图 3-4-12）。

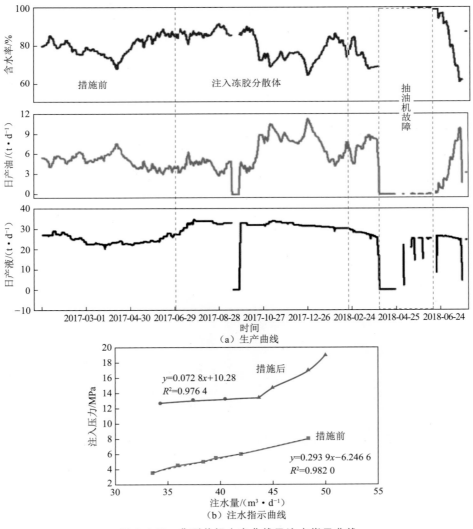

（a）生产曲线

（b）注水指示曲线

图 3-4-12　典型井组生产曲线及注水指示曲线

3. 主要创新点

创新点 1：设计加工了小型化、模块化、自动化冻胶分散体工业化生产线，满足现场作业需求。

创新点 2：优化了冻胶分散体调驱工艺参数，现场成功试验 1 井组。

4. 推广价值

基于研发的多尺度冻胶分散体调驱体系，优化了工艺参数，配套搭建了小型生产装置，降低了体系运输、加工成本，满足现场作业需求，为河道砂油藏改善水驱提供了技术支撑，可推广至其他类型高温高盐河道砂油藏。

五、功能型颗粒疏水开关控水技术

1. 技术背景

碎屑岩油藏水平井储层非均质性导致底水锥进或窜进，油井高含水，前期超细碳酸钙堵水存在三个方面的问题：一是粒径可控性差，进入地层深度浅（<50 cm）；二是封堵强度低（<60%）；三是不具备油水选择性。为此，亟待研发功能型疏水颗粒，开发选择性深部控水技术，实现底水油藏深部孔喉疏水开关控水，达到油井降水增油的目的。

2. 技术成果

成果 1：完成了纳米颗粒油田应用情况调研。

纳米颗粒是指粒度在 1～100 nm 之间的粒子（纳米粒子又称超细微粒），属于胶体粒子大小的范畴。纳米颗粒处于原子簇和宏观物体之间的过渡区，是由数目不多的原子或分子组成的基团，因此它们既非典型的微观系统，亦非典型的宏观系统。纳米颗粒包括纳米氧化硅、纳米氧化锆、纳米氧化钛等，主要应用于驱油、防腐涂层、钻完井液、增注等方面（图 3-4-13）。

图 3-4-13　纳米颗粒材料及应用

成果 2：研发了一套疏水颗粒体系，验证了"过油不过水"的疏水特性。

常规纳米颗粒多为无孔实心，比表面积小，通过卡堵孔喉增效。研发形成的疏水颗粒具有与水界面接触角 140°以上、开孔率 80% 以上、比表面积大等特点，驱替实验显示疏水颗粒换油率是空白样的 2～3 倍,具有明显的疏水开关性能(图 3-4-14)。

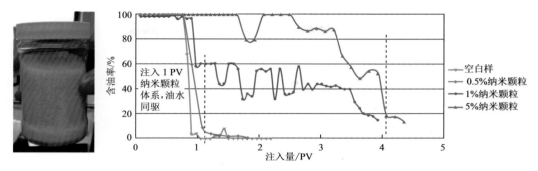

图 3-4-14　疏水颗粒体系及驱替增效曲线

成果 3:现场成功试验 1 井次,初步形成工艺方法。

优选典型井组开展先导试验,工艺设计原则为浓度由小到大、封堵能力由弱到强,累注入堵剂 145 m³,累增油 2 300 t,达到了良好的降水增油效果(图 3-4-15)。

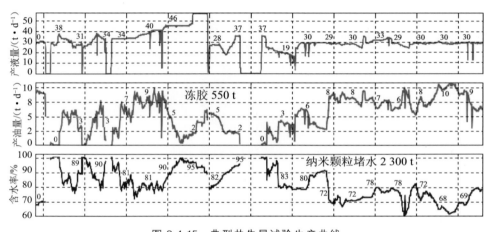

图 3-4-15　典型井先导试验生产曲线

3. 主要创新点

创新点 1:形成了一种宏观化疏水材料,外观尺度为微米级,内部为纳米级微流道,孔洞率高达 80%～99%,具有超疏水特性,与水界面接触角在 140°以上。

创新点 2:制作了一套油水同时供给的典型物理模型,实验发现疏水颗粒具有明显的油水开关性能,换油率可提升 2～3 倍以上。

4. 推广价值

研发的疏水颗粒堵剂体系通过对多孔基体赋予疏水特性在地层孔喉处进行卡堵,实现过油不过水,现场试验增效显著。后期将继续优化完善该功能型疏水颗粒堵水工艺设计,为碎屑岩底水油藏高效控水提供新的技术方向。

六、碎屑岩堵水机理评价

1. 技术背景

塔河油田碎屑岩油藏形成的乳状液、超细颗粒、冻胶等堵水技术在地层深部运移规律、体系注入展布特征、地层孔隙中封堵机理以及堵水后水驱特征等方面尚不明确。拟通过建立与地层相似的可视化模型,模拟堵剂堵水全过程,明确堵水机理,指导堵水工艺优化,引导新方向、新思路的构建。

2. 技术成果

成果1: 针对不同堵剂的特点,设计加工了3套可视化模型。

设计加工形成了非均质地层仿真可视化模型、可视化非均质微观刻蚀仿真模型、可视化非均质覆砂基质微观仿真模型(图3-4-16)。

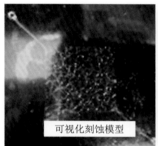

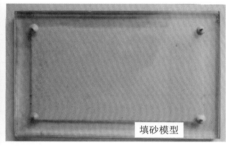

图3-4-16　刻蚀及填砂可视化模型

成果2: 利用填砂模型,明确了复合冻胶堵水协同增效机理。

根据现场典型实例,基于相似原则,设计了一套孔渗条件相当的填砂模型,并采用总体用量一致的原则,对比单一冻胶堵水与冻胶＋表面活性剂复合堵水的增效机理(图3-4-17)。实验显示:前置表面活性剂具有清洗通道、启动次级、引导后续冻胶形成整体横向封堵等机理,可扩大波及范围。

（a）单一冻胶堵水　　　　　　　　　　（b）复合冻胶堵水

图3-4-17　单一冻胶堵水、复合冻胶堵水注入形态

成果3:利用刻蚀、填砂模型,明确了疏水颗粒增效机理。

实验结果(图 3-4-18)显示,疏水颗粒堵剂主要进入出水通道,堵水机理除架桥外还有强疏水性和堵水不堵油的作用,在与孔隙匹配适当的情况下会实现较好的堵水增效。

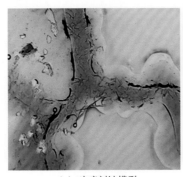 

(a) 玻璃刻蚀模型　　　　　　　　(b) 填砂模型

图 3-4-18　玻璃刻蚀模型和填砂模型疏水颗粒注入

3. 主要创新点

创新点1:形成了系列可视化物理模拟装置,满足不同堵剂机理研究的需要。

创新点2:明确了冻胶＋表面活性剂复合强化封堵形态、范围的协同增效机理,明确了疏水颗粒堵水架桥、选择性堵水的增效机理。

4. 推广价值

形成的可视化物理模拟装置以及实验方法对于后期不同堵水技术开发具有支撑作用,为碎屑岩底水油藏冻胶＋表面活性剂复合堵水、疏水颗粒堵水等技术的扩大应用提供了理论指导。

七、底水油藏耐温抗盐控水药剂体系研发与评价

1. 技术背景

针对塔河油田碎屑岩油藏高含水油井逐年增多的问题,前期以固化颗粒、乳化油等常规堵剂堵水为主,但效果逐渐变差,适应性减弱,逐渐暴露出有效率低、单井增油周期短的问题。通过室内实验评价,形成耐高温抗高盐的油水选择性延迟交联冻胶堵剂和高效泡沫体系。

2. 技术成果

成果1:筛选研发了耐温抗盐的油水选择性延迟交联冻胶堵剂体系。

优化了 DM 冻胶体系的配方,评价了 DM 冻胶的性能:成胶温度 75～130 ℃,矿化度 0～24×10^4 mg/L,钙镁离子含量 0～1.0×10^4 mg/L。盐水配液,封堵率在 95%～98% 之间,成胶时间 8～24 h,配方可调可选,强度 D～H 级别(图 3-4-19)。

12 h成胶状态,强度D级　　20 h成胶状态,强度D级　　22 h成胶状态,强度D级

图 3-4-19　高温下冻胶堵剂成胶性能

成果 2:研发了耐温抗盐的高效泡沫体系。

该体系耐温 120 ℃,耐盐 220 000 mg/L,发泡体积 5 倍,析液半衰期 40 min 以上。驱替实验表明,泡沫遇油消泡、遇水封堵,油水选择性好(表 3-4-4、图 3-4-20)。

表 3-4-4　高温高压下 KZF 泡沫性能

温度/℃	压力/MPa	气泡体积/mL	半衰期/min
120	1	500(5 倍)	58.5
	5	550(5.5 倍)	83.1

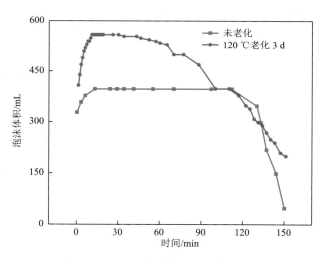

图 3-4-20　KZF 泡沫体系耐温性能评价

3. 主要创新点

创新点 1:创新研发了耐高温抗高盐(温度 120～130 ℃,矿化度 0～24×10⁴ mg/L)的油水选择性延迟交联冻胶堵剂体系,稳定性大幅提升。

创新点 2:创新研发了耐高温抗高盐(温度 120～130 ℃,矿化度 0～24×10⁴ mg/L)的高效泡沫体系,性能大幅提升,热稳定性好。

4. 推广价值

研发的耐高温抗高盐油水选择性延迟交联冻胶和高效泡沫体系具有较好的成胶性能和发泡性能,泡沫体系析液半衰期更长,两套体系性能优越,能够满足塔河油田现场施工要求,同时这两套体系可在其他同类油藏推广应用。

八、深层碎屑岩油藏二元复合控水增产

1. 技术背景

针对塔河油田碎屑岩油藏开发中后期控水稳油困难的问题,前期注气吞吐、化学堵水等单项技术应用取得了一定的成效,但也存在局限性,如单一堵剂体系控水有效率低、单井增油周期短等。集分级封堵、堵驱结合、控水增能于一体的复合控水技术具有一定的接替潜力,能够实现冻胶和泡沫复合的分级封堵、冻胶和表面活性剂复合的堵驱结合、冻胶和气体复合的控水增能机制,形成了二元复合控水增油技术。

2. 技术成果

成果 1:评价了二元复合控水技术的适应性。

分析了典型底水油藏剩余油分布规律及特征,通过可视化物理模拟实验明确了二元复合控水的机理,通过岩芯驱替实验验证了二元复合控水的适应性。

从实验结果(表 3-4-5、表 3-4-6、图 3-4-21)来看,二元复合堵剂体系性能最好,相比单一堵剂采收率更高。

表 3-4-5 单一堵剂封堵效果评价实验

实验方案	采收率/%				
	水 驱	注堵剂	后续水驱	采收率增值	总采收率
注泡沫	36.7	9.7	14.0	23.7	60.4
注凝胶	35.4	9.2	5.2	14.4	49.8

表 3-4-6 复合堵剂封堵效果评价实验

实验方案	采收率/%				
	水 驱	注堵剂	后续水驱	采收率增值	总采收率
注泡沫+冻胶	37.6	5.2+5.7	15.2	26.1	63.7
注冻胶+泡沫	36.4	4.9+3.2	7.7	15.8	52.2

成果 2:建立了底水油藏典型物理模型,开展了不同段塞组合方式的二元复合控水研究,明确了不同段塞组合方式的驱油效率。

段塞组合方式:① 泡沫+冻胶;② 冻胶强化堵水+泡沫;③ 泡沫+冻胶强化堵水。

实验结果(图 3-4-22)表明,泡沫+冻胶强化堵水模式相比冻胶+泡沫的堵水效果要好。

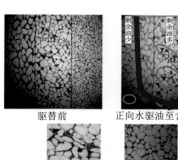

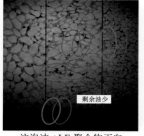

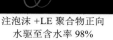

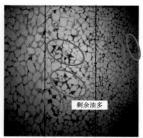

（a）正向水驱油至含水率 98%　　　　（b）后续水驱至含水率 98%

图 3-4-21　复合堵剂可视化驱替过程示意图

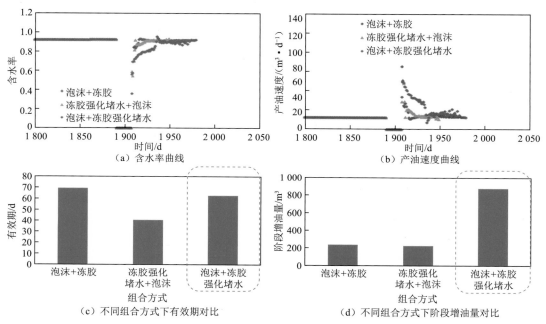

图 3-4-22　不同堵剂组合方式驱替效果

3. 主要创新点

创新点 1：通过建立微观可视化物理模型直观反映堵剂封堵机理，明确了不同堵剂组合方式的内在机理。

创新点 2：通过建立底水典型物理模型开展了不同堵剂体系组合研究，明确了不同段塞组合方式驱油效率。

4. 推广价值

对多种二元复合工艺进行了机理分析研究，验证了二元复合堵水的适应性，同时确定了二元复合控水段塞组合方式。二元复合控水技术对矿场施工具有指导意义，有潜力成为塔河油田碎屑岩油藏的主要接替技术，在塔河油田碎屑岩油藏具有推广应用价值。

九、底水油藏水侵形态及剩余油分布研究

1.技术背景

塔河油田大底水块状油藏底水能量强、非均质性严重,底水水侵表征难度大,剩余油分布模式难以明确。前期出水研究以点状水淹、线状水淹、局部水淹等为主,水侵形态研究相对粗糙,剩余油分布模式单一,无法有效支撑改善深部油水流动状态工艺技术的研究。为此,开展水侵形态和剩余油分布研究,精细化、定量化描述塔河油田底水水侵形态和剩余油分布模式,为改善深部油水流动状态工艺技术研究提供支撑。

2.技术成果

成果 1:动态反算完成了渗流能力再评价,有效渗透率小于测井渗透率;在无水—中低含水采油期阶段累积产油量与渗透率关联性好,而在高—特高含水采油期相关性弱。

利用直井及底水油藏水平井产能公式反算了 61 口井的初期渗透率,评价了储层渗流能力:塔河一区三叠系下油组平均有效渗透率为 55 mD,九区为 42 mD。结果(图 3-4-23)显示,无水—中低含水采油期,各阶段累积产油量与渗透率关联性较好,随着渗透率的增大,累积产油量上升,与后续典型模型的模拟结果较为一致;进入高—特高含水期,随着渗透率的增大,累积产油量上升幅度趋缓,主要原因是底水脊进以后造成水平段下部水淹严重,处于以液换油阶段。

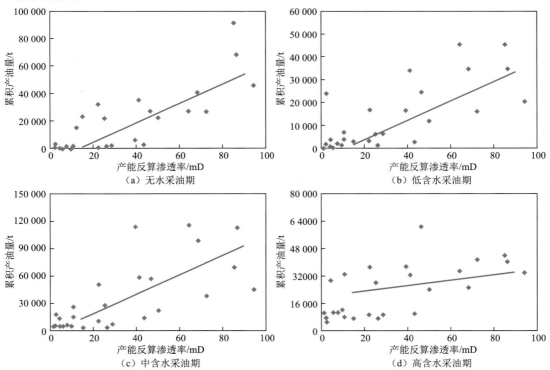

图 3-4-23 塔河一区三叠系下油组渗透率反算与累积产油量关系

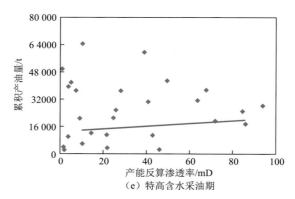

（e）特高含水采油期

续图 3-4-23　塔河一区三叠系下油组渗透率反算与累积产油量关系

成果 2：基于投产含水率、含水上升幅度、含水曲线形状、含水与无因次累积产油量关联性等，建立了直线型、上凸型、下凹型、折线型等 4 类水平井分类模式（图 3-4-24）。

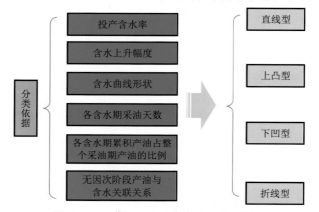

图 3-4-24　塔河一区 4 类水平井分类模式

（1）直线型（图 3-4-25）：投产时水淹程度高，离油水过渡带近，处于水窜通道发育区。

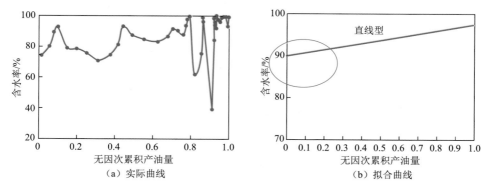

（a）实际曲线　　　　　　　　　　（b）拟合曲线

图 3-4-25　塔河一区直线型规律

（2）上凸型（图 3-4-26）：避水厚度小（离油水界面近），水平段非均质程度高，发育水窜通道，导致含水上升快，含水率曲线震荡。

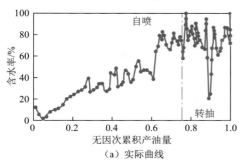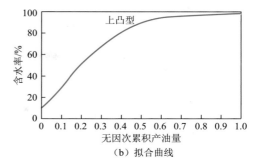

图 3-4-26 塔河一区上凸型规律

（3）下凹型（图 3-4-27）：避水厚度大，水平段内渗流能力相对均匀，中期静态非均质发挥影响，后期冲刷形成优势渗流区，含水率曲线震荡。

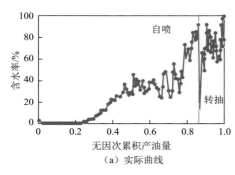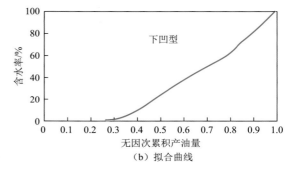

图 3-4-27 塔河一区下凹型规律

（4）折线型（图 3-4-28）：油层厚度及避水厚度较大，无水采油期长，水平段内渗流能力相对均匀。

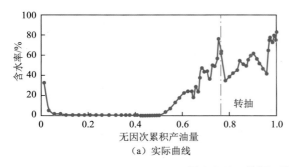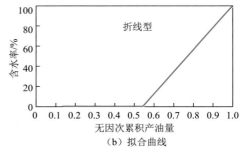

图 3-4-28 塔河一区折线型规律

成果 3：以数值模拟为手段完成了底水水侵模拟研究，明确了不同含水阶段含水上升类型的影响因素、影响规律及敏感性。

（1）明确了各参数水平对含水上升速度及累积产油量的影响规律。

研究表明，避水高度越大，底水水侵时机越晚，含水上升速度越慢，最终累积产油量越高（图 3-4-29）；隔夹层面积越大，无水采油期越长，底水水侵时机越晚，含水上升幅度越小，最终累积产油量越高（图 3-4-30）。

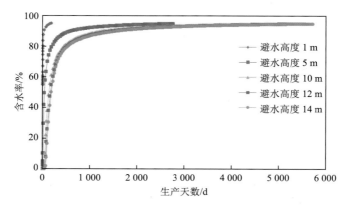

图 3-4-29　不同避水高度含水率对比

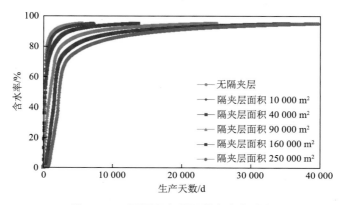

图 3-4-30　不同隔夹层面积含水率对比

（2）从"阶段角度"及"累积角度"，分别完成了无水采油期、低含水采油期、中含水采油期、高含水采油期及特高含水采油期因素敏感性分析（图 3-4-31）。

① 避水高度决定生产井投产时的含水，同时也影响生产井整个采油期的见水特征类型。当避水高度为 1 m 时，生产井见水特征为直线型；随着避水高度的增大，见水特征由直线型向上凸型、下凹型及折线型转变。

② 隔夹层面积对无水采油期长短、累积产油量影响比较大，同时也影响生产井整个采油期的见水特征类型。当隔夹层直径小于水平段实际产液长度时，见水特征为上凸型；当隔夹层直径大于水平段实际产液长度时，见水特征开始向下凹型演变。

③ 水平方向渗透率对无水采油期长短、累积产油量影响比较大，同时也影响生产井整个采油期的见水特征类型。水平渗透率由大变小，见水特征类型由上凸型向下凹型演变。水平方向渗透率非主要影响因素，与非均质程度亦相关。

④ 垂向渗流能力对见水特征类型影响不大，对生产井各含水期累积产油量影响大。

成果 4：微观、物模、宏观尺度 3 个角度互相验证，明确了剩余油微观赋存状态、赋存位置以及宏观（不同影响因素、不同含水时期）剩余油分布特征。

建立了不同微观、宏观尺度的物理模型，通过饱和油水，调整相关驱替参数，设计可视化油水微观流动和宏观驱油能力实验（图 3-4-32）。实验结果表明，可视化模拟剩余油分为连片型和分散型两大类，亚类如图 3-4-33 所示。

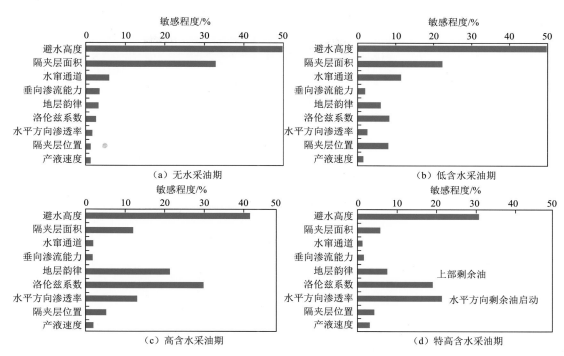

图 3-4-31 不同含水阶段含水上升类型影响因素

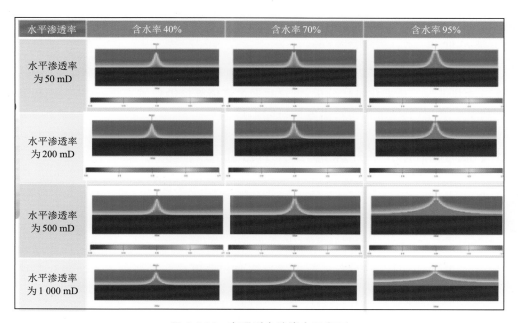

图 3-4-32 宏观剩余油演变示意图

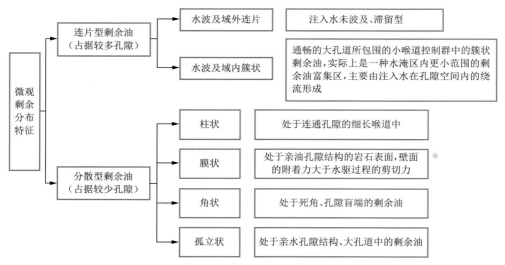

图 3-4-33　微观可视化模拟剩余油分类

3. 主要创新点

创新点 1：基于油井动、静态资料及含水率与无因次累积产油量关联性建立了直线型、上凸型、下凹型、折线型等 4 类水平井分类模式。

创新点 2：微观、物模、宏观尺度 3 个角度互相验证，精细分析了微观油水流动状态和剩余油分布模式。

4. 推广价值

该技术成果主要分析了塔河油田碎屑岩底水油藏的油井水侵形态和剩余油分布，从油藏角度对油井进行了精准化量化分析，可对后期增产措施提供技术支撑，在塔河油田其他碎屑岩区块推广应用，其他油田也可借鉴该研究思路。

十、底水油藏水平井深部堵水工艺优化

1. 技术背景

针对碎屑岩底水油藏水侵造成的油井高含水问题，前期形成的冻胶深部堵水技术在一定程度上起到了挖潜井周剩余油的作用，但是仍然存在油藏适应性不明确、深部堵水机理不明确、工艺参数待优化等问题，因此应通过开展相关研究来提高碎屑岩油藏深部堵水有效率。

2. 技术成果

成果 1：设计加工了两套典型可视化底水油藏模型。

加工了正韵律底水油藏模型、反韵律底水油藏模型（有/无原油补充设置）及二维平板夹砂可视化模型，并形成了相应的可视化物理模拟实验装置及驱替工艺系统（图 3-4-34）。

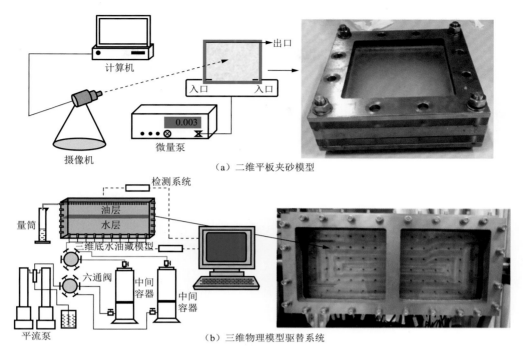

（a）二维平板夹砂模型

（b）三维物理模型驱替系统

图 3-4-34　二维平板夹砂模型和三维物理模型驱替系统

成果 2：明确了正韵律、反韵律底水油藏出水特征及堵水机理（图 3-4-35）。

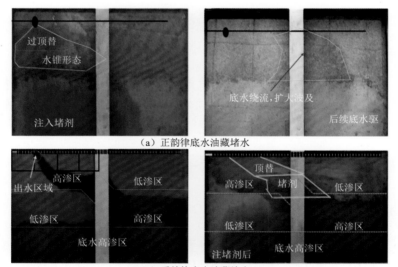

（a）正韵律底水油藏堵水

（b）反韵律底水油藏堵水

图 3-4-35　正韵律底水油藏堵水和反韵律底水油藏堵水

正韵律底水油藏出水特征：底水首先均匀推进，缓慢发育形成优势通道，并以锥形突破，造成生产井水淹，产液段油水同出。堵剂注入地层后沿底水上升优势通道铺展，在油水界面处形成自适应底水窜流通道的化学隔板。

反韵律底水油藏出水特征：底水首先沿垂向渗流阻力较小的方向上升，遇高、低渗交界处后,进入上方高渗区,剩余油主要分布于低渗区内。堵剂沿上方高渗区内底水窜流通道铺展,顶替后在高渗区通道处形成封堵。

成果 3:优化了反韵律底水油藏深部堵水施工工艺参数。

基于驱替实验结果(图 3-4-36),形成了反韵律底水油藏深部堵水推荐工艺参数:高渗通道注入量为 0.3 PV 时单位堵剂产油量最高,含水率约 80% 时堵水效果最佳,注入深度为 1/2 油层厚度,先弱后强的段塞组合堵水效果更好。

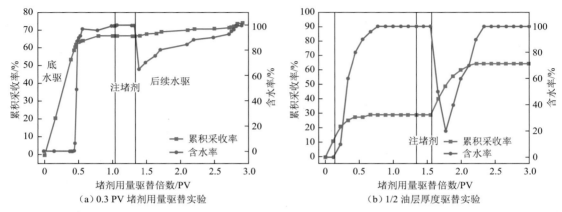

(a)0.3 PV 堵剂用量驱替实验　　　　　（b）1/2 油层厚度驱替实验

图 3-4-36　0.3 PV 堵剂用量驱替实验和 1/2 油层厚度驱替实验曲线

3. 主要创新点

建立了可视化物理模拟实验装置及驱替工艺系统,可实现直观可视、探针数值可视。

4. 推广价值

该技术成果形成的可视化物理模拟实验装置及实验方法可根据不同油藏类型进行针对性设计,可进行出水特征、堵水机理以及工艺优化等方面研究,能够为底水油藏堵水技术研发提供支撑。

十一、碎屑岩油藏油溶性自聚体卡堵体系研发与评价

1. 技术背景

前期碎屑岩水平井堵水冻胶体系存在对低渗潜力段产生污染、对油层造成伤害等问题,通过研发油溶性强、堵水强度高、稳定性好的油溶性自聚体卡堵体系,实现堵水不堵油,从而有效控制底水水侵。

2. 技术成果

成果 1:建立了油溶性自聚体的制备方法。

利用粉碎机对石油树脂进行粉碎,通过调节累积粉碎时间来获得不同粒度的颗粒(图 3-4-37)。石油树脂由于是非极性材料,在水中易出现团聚现象,向其中添加聚合物和表面

活性剂可实现 5～6 h 的稳定悬浮。

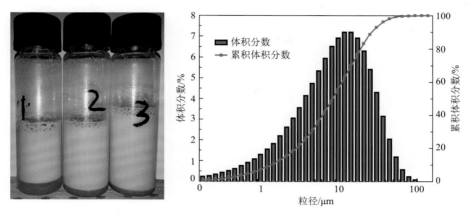

图 3-4-37　油溶性自聚体悬浮情况及粒径分布

成果 2：明确了油溶性自聚体的注入和封堵性能。

180 目以上的油溶性自聚体对渗透率高于 10 000 mD 的填砂管有较好的注入和封堵能力，封堵率在 95％以上，且具有堵水不堵油的特点，可以作为大孔道、裂缝卡堵体系（图 3-4-38）。

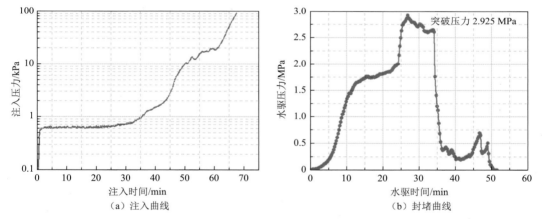

（a）注入曲线　　　　　（b）封堵曲线

图 3-4-38　油溶性自聚体注入曲线、封堵曲线

成果 3：筛选出沥青粉末，加入油溶性自聚体后进一步提升了封堵强度（图 3-4-39）。

筛选出的沥青粉末粒径在 80～140 μm 之间，在 130 ℃可以熔化粘连，对 3 mm 裂缝封堵的压力梯度达到 10 MPa/m 以上，是一种廉价的裂缝或大孔道堵剂。

3. 主要创新点

形成了油溶性自聚体的制备方法，配套完善了悬浮分散体系。

4. 推广价值

研发形成的可持久悬浮的油溶性自聚体堵剂具有易注入、封堵强度高的特点，选用不同粒径，可有效应用于封堵砂岩孔喉及灰岩裂缝。

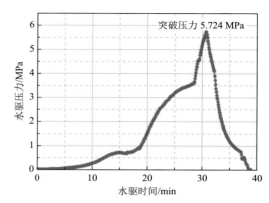

图 3-4-39　沥青粉末封堵强度实验

十二、低成本油脚控水体系研发

1. 技术背景

针对塔河油田碎屑岩油藏和缝洞型油藏控水难题以及超稠油井掺稀油短缺的需求,通过低成本油脂油脚体系筛选、性能评价及改进优化,研发适用性强的低成本油脚体系,在一定程度上支撑塔河油田石油工程措施的优化。

2. 技术成果

油脚是油脂精炼后分出的残渣。精炼一般有"六脱",每一步产生的废弃物都称为油脚,其主要成分是钠皂形式的脂肪酸和中性油脂。油脚又称水化油脚或湿胶,具体是指油脂水化脱胶时的副产物。油脂碱炼脱酸的副产物是皂脚,主要成分是肥皂、中性油。油脂脱臭的副产物是脱臭馏出物,亦称脂肪酸油,主要成分是脂肪酸、中性油及生育酚。

成果 1:研发形成了适用于塔河油田的棉籽油乳化体系。

将十二烷基苯磺酸钠与 Span80 复配成乳化剂体系,由该复配乳化剂乳化棉籽油和地层水混合体系。乳化能力随乳化剂添加量的变化而变化。

1) 复配乳化体系的抗盐能力

常温下,固定复配乳化剂浓度为6%(质量分数),改变钙离子浓度,调节含水率为50%,静置12 h后观察分层情况。结果表明,钙离子浓度越高,乳化效果越好(表3-4-7、图3-4-40)。

表 3-4-7　不同钙离子浓度下乳化能力数据表

钙离子浓度 /(mg·L⁻¹)	0	2 500	5 000	10 000	15 000	20 000
乳化情况	分 层	分 层	乳 化	乳 化	乳 化	乳 化

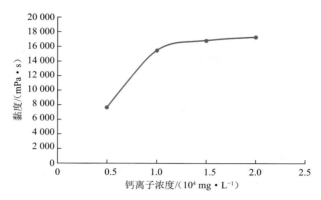

图 3-4-40　乳液黏度随钙离子浓度变化曲线

2）微颗粒对乳化体系的影响

在乳化体系中加入 3 种不同的颗粒（常温，复配乳化剂 6%，含水 60%，固体添加量 1%），分析评价了不同颗粒对乳化体系性能的影响。实验结果显示：① 添加的固体颗粒粒径越小，复配效果越好，黏度也越大（表 3-4-8）；② 固体颗粒的亲水、疏水性能对乳液的黏度影响不大（图 3-4-41）。

表 3-4-8　不同钙离子浓度下乳化能力数据表

物质名称	粒径数据/μm		
	DV10	DV50	DV90
未改性二氧化硅	31.5	65.8	111.0
亲水改性二氧化硅	16.4	40.2	75.4
疏水改性二氧化硅	22.8	47.9	81.9

注：DV10 表示体积分布中 10% 所对应的粒度。

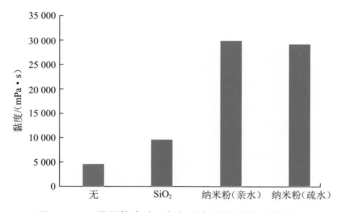

图 3-4-41　微颗粒亲水、疏水对乳液黏度影响柱状图

3) 乳化体系封堵能力评价

利用单管驱替实验方案(图 3-4-42),评价乳化体系的封堵能力。乳化体系注入孔隙体积倍数为 0.4,高温老化 48 h,评价其堵水率和堵油率。结果(图 3-4-43)显示,60%含水乳化体系封堵能力好,油水选择性强。

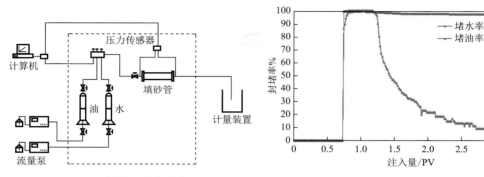

图 3-4-42　单管驱替实验流程图　　　　图 3-4-43　60%含水乳化体系对油、水的封堵能力

成果 2:研发形成了适用于塔河油田的油脚皂化体系。

油脚的主要成分是脂肪酸甘油酯和各类脂肪酸,脂肪酸的羧基与高浓度的高价金属离子(如 Ca^{2+},Mg^{2+})可以配位络合,从而能够聚集析出。根据该现象,设计让油脚皂化,令脂肪酸甘油酯水解释放更多的脂肪酸,使该水溶液体系与高矿化度地层水混合。脂肪酸与地层水中的 Ca^{2+} 和 Mg^{2+} 配位络合,产生析出物,最终利用析出物进行堵水。

对皂化体系做岩芯驱替实验,结果显示,皂化体系封堵能力强,可以作为适应塔河碎屑岩油藏的堵剂,但油水选择性弱,可以作为强封堵体系(表 3-4-9)。

表 3-4-9　单管岩芯驱替实验结果

2.5 cm×7.0 cm 规格的圆柱状岩芯						
类　型	堵　剂	渗透率/mD	水驱压力/MPa	注入压力/MPa	堵后渗透率/mD	突破压力/MPa	封堵率/%
堵　水	10%皂水	927	0.007	1.02	126	0.686	86.41
堵　油	10%皂水	956	0.021	0.93	346	0.091	63.81
堵　水	10%皂水	964	0.006	0.83	48	0.120	95.02
堵　油	10%皂水	927	0.013	0.43	292	0.040	68.50

皂化体系成本低,其原液为 2 950 元/t,矿场施工稀释注入,5%皂化体系的成本仅 147.5 元/t,因此具有较大的成本优势。

成果 3:研发形成了适用于塔河油田的油脚硫化体系。

将塔河油田自产硫黄与植物粗油按不同比例混配,评价了油脚硫化体系的耐温性能、稠化能力、溶解能力等,形成了 30%～50%不同比例的油脚硫化体系(图 3-4-44),满足了塔河油田堵调技术需求。

图 3-4-44　不同比例油脚硫化体系固化情况

1）油脚硫化体系高温下定剪切速率黏度变化

利用高温高压流变仪对油脚硫化体系进行扫描,设定剪切速率为 $10\ \text{s}^{-1}$,温度范围为 $0\sim$ 180 ℃,观察剪切条件下的黏度变化。结果显示,30％的油脚硫化体系在 180 ℃ 条件下黏度高达 6 000 mPa·s(图 3-4-45)。

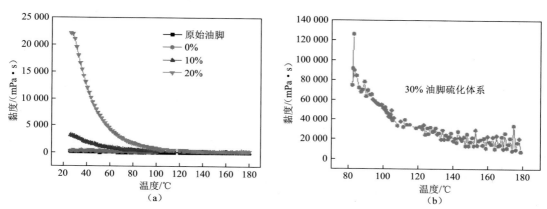

图 3-4-45　高温高压条件下油脚硫化体系温度扫描曲线

2）油脚硫化体系高温下变剪切速率黏度变化

利用高温高压流变仪对油脚硫化体系进行扫描,设定剪切速率区间为 $1\sim170\ \text{s}^{-1}$,观察 180 ℃ 条件下的黏度变化。结果显示,30％的油脚硫化体系在 $1\sim170\ \text{s}^{-1}$ 的剪切速率内黏度最低值达 5 000 mPa·s,在高温下依然表现出非常好的黏度特性(图 3-4-46)。

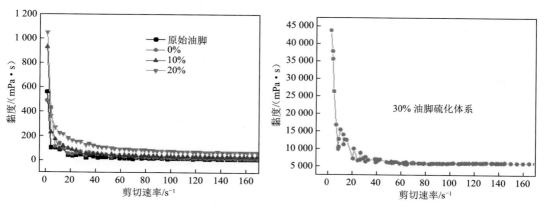

图 3-4-46　高温高压条件下油脚硫化体系剪切扫描曲线

3) 油脚硫化体系稠化时间与强度

对油脚硫化体系做稠化实验,结果显示,随着反应温度的提高,稠化时间缩短(图 3-4-47)。通过添加适当的催化剂和助剂,可提高硫黄的交联效率,最终得到力学性能可调的橡胶体系。

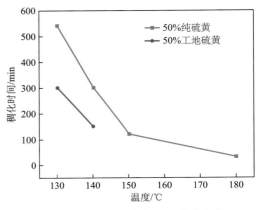

图 3-4-47 不同温度条件下油脚硫化体系稠化时间

3. 主要创新点

创新点 1:创新研发了适用于塔河油田碎屑岩油藏的油脚乳化体系。

创新点 2:创新研发了适用于塔河油田碎屑岩油藏的油脚皂化体系。

创新点 3:创新研发了适用于塔河油田碳酸盐岩油藏的油脚硫化体系。

4. 推广价值

油脚作为炼油边角料,可将其变废为宝。通过油脚创新研发的 3 套药剂体系性能好、成本低,可在塔河油田碎屑岩油藏和碳酸盐岩油藏中应用,同时可以推广至具有相似油藏的塔里木油田及新疆其他油田。

第五节　稠油降黏技术

一、稠油井掺稀天然气气举优化设计

1. 技术背景

稠油开采过程中,由于热流体沿井筒的热损失很大,原油黏度在沿井筒方向上急剧增加,导致井筒举升困难甚至无法开采。通过建立混合体系物性参数模拟计算方法,结合井筒传热、多相流动模拟分析建立沿环空向下的气液两相流动及沿油管柱内的混合体系流动模拟计算方法,结合单级气举特点建立单级气举注气量、注气深度、稀油/天然气比值的优化方法,为掺稀天然气气举实施提供技术支持。

2. 技术成果

成果 1:建立了稠油气举过程中流体物性计算方法。

在现有计算模型的基础上,建立物性参数模型(图 3-5-1),运用新模型预测了不同温度(40 ℃,50 ℃,70 ℃和 90 ℃)下的黏度,两个 API 范围内的黏度预测平均相对误差分别为 15.8% 和 17.2%,能够满足实际需求。

成果 2:建立了稠油气举井井筒流动模拟计算方法。

(1)结合现场规模试验管线特征,建立了掺稀注气井筒流动模型。

图 3-5-1　稠油掺天然气物性参数计算软件模块

建立了气液两相倾斜管流的基本控制方程,并在均相流动模型与分相流动模型的假设前提下提出了综合压降计算模型。通过对 A 井注气前及注气过程中沿井筒压力变化进行计算,并与现场实测结果对比,验证井筒多相流计算方法的可靠性(图 3-5-2)。

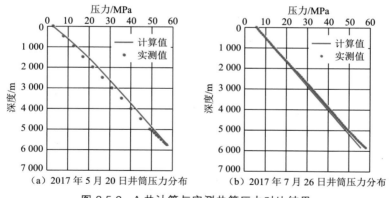

（a）2017 年 5 月 20 日井筒压力分布　　　　（b）2017 年 7 月 26 日井筒压力分布

图 3-5-2　A 井计算与实测井筒压力对比结果

计算结果表明,A 井注气前压力计算误差为 3.95%,注气时压力计算误差为 1.46%,能够满足分析计算的要求。

（2）井筒沿程流动变化规律分析。

以 B 井为例,在稠油掺稀气举过程中,伴随注气量的增加,井筒中的持液率逐渐降低,表明气相占据油管横截面的体积越来越大(图 3-5-3a)。伴随注气量的增加,井筒压力梯度逐渐减小,且在注气点以上部分呈不同的变化趋势,主要受不同注气量条件下井筒流态不同的影响(图 3-5-3b)。

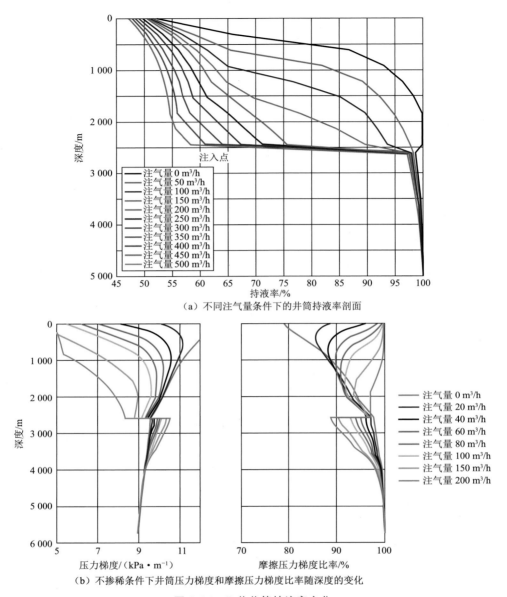

（a）不同注气量条件下的井筒持液率剖面

（b）不掺稀条件下井筒压力梯度和摩擦压力梯度比率随深度的变化

图 3-5-3　B 井井筒持液率变化

以 B 井（图 3-5-4）为例，不掺稀、不气举条件下井筒摩阻损失占总压力损失超过 20％（轻质油＜5％）；掺稀＋注气条件下，井筒重力损失占比约 90％，摩阻损失占比约 10％。

对比分析井筒中不同流态带来的压力梯度差异，结果表明，在井筒中形成段塞流是降低井筒压降的有效手段之一。

成果 3： 建立了稠油掺稀井单级气举优化设计方法。

为满足稠油气举工艺优化设计的需要，自主研制了稠油气举的计算软件模块（图 3-5-5）。

通过模拟分析不同掺稀量下的协调产量，编制了稠油井掺稀气举分析计算软件，并绘制了稠油掺稀井注气参数优选图版，论证了不同的注天然气掺稀气举试验方案，为现场气举工艺的有效实施提供了资料。

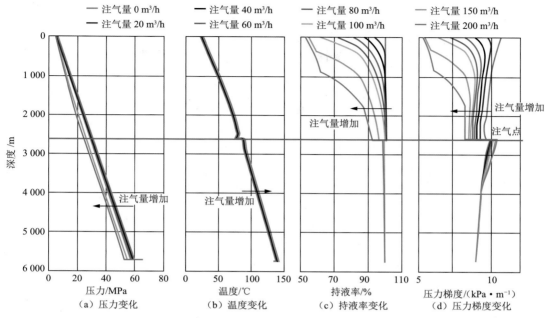

图 3-5-4　井筒流动规律分析

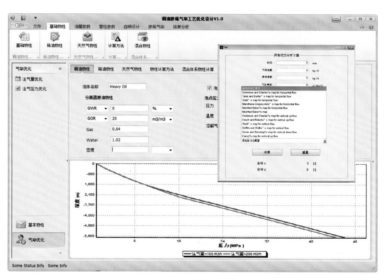

图 3-5-5　稠油气举计算软件模块

3. 主要创新点

通过稠油、稀油、气混合流体物性及油、气、水井筒流动规律研究,优化了塔河油田稠油掺稀＋气举的举升工艺,形成了一套稠油掺稀＋气举的工艺设计方法。

4. 推广价值

研究形成的稠油掺稀＋气举的工艺设计方法可为塔河油田稠油的后期开采提供技术支撑,同时为塔里木油田、新疆油田、吐哈油田等类似井况提供技术参考。

二、稠油井掺天然气降黏基础实验评价

1. 技术背景

井筒内油气两相流动过程中的压力波动导致油气两相混合物呈现不同的流动型态,这些不同的流动型态又直接影响着沿程压降、气体的持液率以及混合物的密度等参数。尤其对于气举井和绝大多数自喷井,油气两相流型直接影响井筒内的压力分布。为了掌握油井生产规律,合理地控制、调节油井工作方式,必须研究油气两相混合物在井筒内的流动型态规律。通过实验得到温度、压力、溶解度、原油黏度对原油注天然气的影响规律,建立原油注天然气密度模型。

2. 技术成果

成果 1:根据原油注天然气溶解度变化规律,建立了注天然气溶解度模型。

在 Standing 溶解度模型的基础上,测定了不同温度、压力条件下天然气在塔河油田不同原油中的溶解度。分析发现,Standing 模型的平均拟合度为 77.29%,新建立模型的平均拟合度为 99.07%。

塔河稠油注天然气溶解度模型为:

$$R_s = 3.626 \left(p^{0.82} \times 10^{1.96 \rho_o^{-1} - 0.001\,47 t^{1.22} - 1.56} \right)^{0.998}$$

式中　R_s——溶解度,mg/L;

　　　ρ_o——原油密度,g/cm³;

　　　p——压力,MPa;

　　　t——温度,℃。

成果 2:根据原油注天然气黏度变化规律,建立了注天然气黏度模型。

在 Chew-Connaly 原油黏度模型的基础上,结合溶气原油高压流变及溶解度测量装置得到的实验数据,通过与实验结果进行对比,Chew-Connaly 模型的平均拟合度为 15.54%,新建立模型的平均拟合度为 98.72%。

塔河稠油注天然气黏度模型为:

$$\mu = \left(0.2 + \frac{0.8}{10^{0.006\,58 R_s}} \right) \left[\mu_{50} \left(\frac{t}{50} \right)^{-5.45} \right]^{0.43 + \frac{0.57}{10^{0.000\,694 R_s}}}$$

式中　μ——原油注天然气黏度,mPa·s;

　　　R_s——溶解度,mg/L;

　　　t——温度,℃;

　　　μ_{50}——50 ℃下脱气原油黏度,mPa·s。

成果 3:根据原油注天然气密度变化规律,建立了注天然气密度模型。

在 Obomanu 模型和实验的基础上修正相关系数,通过与实验结果进行对比,Obomanu 模型的平均拟合度为 91.89%,新建立模型的平均拟合度为 99.33%。

塔河稠油注天然气密度模型为：

$$d = (d_o + 0.000\,545\,R_s)/(0.001\,74\,R_s + 1.038\,85)$$

式中　d——原油注天然气后密度；

　　　d_o——地层温度下脱气原油密度。

成果 4：根据高温和高压对油气两相流动型态的影响规律，绘制了油气两相流动型态图。

（1）采用高温高压井筒流动模拟装置（图 3-5-6），通过高温高压可视窗观察油气两相流动型态，采用电阻探针法测试油气不同流动介质的电信号；通过研究稠油-气两相井筒举升流动型态，得到了不同流态下的电阻特征频谱（图 3-5-7），建立了油气两相高温高压井筒举升流动型态研究方法。

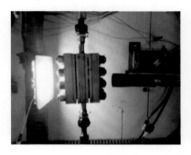

图 3-5-6　井筒流动模拟装置

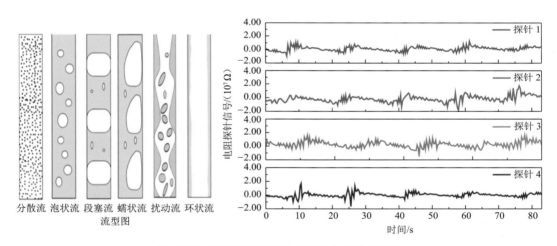

图 3-5-7　流型图和不同流态下的电阻特征频谱

（2）建立了高温高压不同气油比垂直管流流动型态图版（图 3-5-8）。根据不同井深处的温度和压力，可在流动型态图版中查到不同油气比原油在该井深位置处的流动型态（图 3-5-9）。

（3）建立了油气两相流动压降数学模型。

经典模型认为不同流体状态下的 C_o 为定值 1.2，实验拟合修正模型计算流体状态与状态有关的变量。结果对比表明，经典模型的平均拟合度为 24%，新建立模型的平均拟合度大于 97%，更适用于高温高压条件下油气两相流体的流动压降计算。

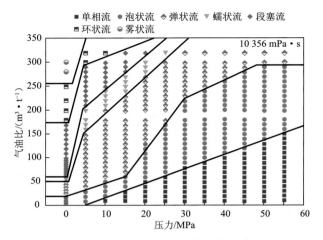

图 3-5-8　50 ℃不同压力下油气两相流动型态图

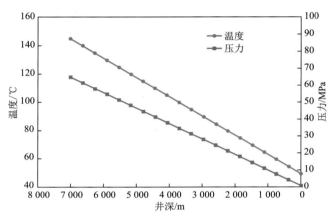

图 3-5-9　温度和压力随井深的变化关系

① 油气环状流的压降计算模型(图 3-5-10a 和 b)。

液膜压降：

$$\left(\frac{\mathrm{d}p}{\mathrm{d}H}\right)_{\mathrm{f}} = \left[\frac{X_{\mathrm{m}}^2}{\phi_1} - \frac{Z}{(1-\phi_1)^{1.5}\phi_1}\right]\left(\frac{\mathrm{d}p}{\mathrm{d}L}\right)_{\mathrm{sc}} + \rho_1 g$$

式中　X_{m}^2——修正的洛克哈特-马蒂内利参数；

ϕ_1——持液率，%；

Z——界面摩阻与油膜厚度相关参数；

ρ_1——液相密度；

$(\mathrm{d}p/\mathrm{d}H)_{\mathrm{sc}}$——气芯折算摩阻压力梯度。

气液相互作用压降：

$$\frac{\mathrm{d}p}{\mathrm{d}H} = \frac{Z}{(1-\phi_1)^{2.5}}\frac{\mathrm{d}p}{\mathrm{d}L} + \rho_1 g$$

② 油气蠕状流的压降计算模型(图 3-5-10c)：

$$\frac{\mathrm{d}p}{\mathrm{d}H} = \rho_{\mathrm{m}}g + \left(1 - \frac{\phi_{\mathrm{g}}}{2}\right)f_1\frac{\rho_{\mathrm{m}}v_1^2}{2D}p^d$$

式中　ϕ_g——气相含率，%；

　　　v_1——液相流速，m/s；

　　　ρ_m——油气混合密度，kg/m³；

　　　D——管径，m；

　　　f_1——液相摩阻系数。

　　　p——压力，MPa；

　　　d——修正系数。

③ 气液段塞流的压降计算模型（3-5-10d）：

$$\frac{\mathrm{d}p}{\mathrm{d}H} = \rho_m g + (1 - \phi_g) f_1 \frac{\rho_m v_1^2}{2D} p^d$$

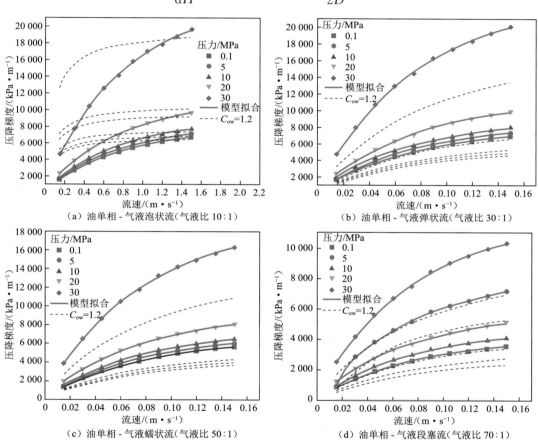

图 3-5-10　油气两相流动压降数学模型

④ 根据建立的不同油气流动型态井筒压降计算模型，对塔河油田 6 口井的油井基础数据进行计算，得到这 6 口油井井筒压力分布曲线。将图 3-5-11 中各压力曲线流至井口的压力总结至表 3-5-1 中，得到计算井口压力与实际井口压力的相对误差均在 10% 以内，计算精度较高。

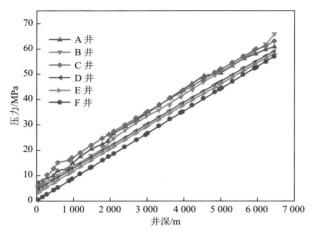

图 3-5-11　计算井筒压力随井深变化曲线

表 3-5-1　井口压力计算误差率分析

井　号	实际井口压力/MP	计算井口压力/MP	相对误差/%
A 井	6.30	5.89	6.5
B 井	2.20	2.34	6.4
C 井	5.92	5.52	6.7
D 井	2.89	2.98	3.1
E 井	4.27	4.01	6.1
F 井	0.44	0.40	9.1

3. 技术创新点

创新点 1：建立了原油注天然气溶解度模型,平均拟合度为 99.07%。
创新点 2：建立了原油注天然气黏度模型,平均拟合度为 98.72%。
创新点 3：建立了原油注天然气密度模型,平均拟合度为 99.33%。

4. 推广价值

通过研究原油注天然气溶解度、黏度、密度的变化规律,分别修正和建立了相应的模型,使得模型平均拟合度均有不同程度的提高,且得出了高温高压油气两相在不同因素影响下的压降规律计算模型,为研究油井生产规律及合理地控制、调节油井工作方式,以及后期稠油开发以提高稠油开采效益提供了一定的依据。

三、稠油注天然气气举降黏效果实验评价

1. 技术背景

从目标井况、施工参数及实验效果三方面分析,确定影响稠油注天然气降黏能力的主要因素,开展稠油注天然气混配物性实验。研究稠油注天然气降黏能力与影响因素之间的关

系,并建立相应的黏度定量关系式,通过多相流实验平台模拟稠油与天然气在井筒中的流动规律,可获取不同工况下气举井筒的流型及压降。结合黏度计算方法,建立稠油注天然气气举井筒压力计算模型,为超稠油高效开发奠定理论基础。

2. 技术成果

成果 1:建立了掺稀注气现场试验评价方法,明确了主要影响因素。

建立了以流动摩阻为核心的评价方法,对 11 口现场试验井开展评价,确定了影响降黏举升的敏感参数为含气率,明确了游离气在含气率 20%～70% 范围内对"降黏举升"表现为负面影响因素(图 3-5-12～图 3-5-14)。

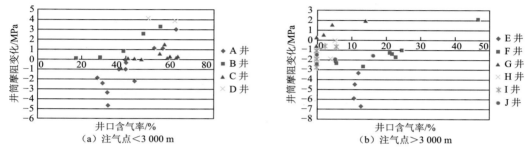

（a）注气点<3 000 m 　　　　　　（b）注气点>3 000 m

图 3-5-12　井口含气率-井筒摩阻变化

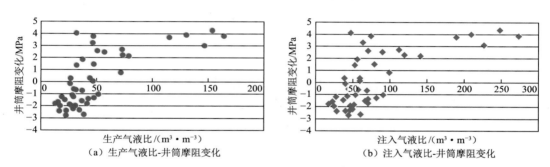

（a）生产气液比-井筒摩阻变化 　　　　　（b）注入气液比-井筒摩阻变化

图 3-5-13　注入/生产气液比-井筒摩阻变化

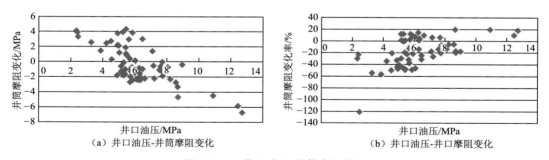

（a）井口油压-井筒摩阻变化 　　　　　　（b）井口油压-井口摩阻变化

图 3-5-14　井口油压-井筒摩阻变化

成果 2:开展了稠油天然气混溶实验,明确了溶解降黏机理。

通过稠油天然气室内混溶实验(图 3-5-15),测试了不同工况条件下稠油天然气混合流体黏度,并分析了天然气对稠油的降黏能力;明确了掺稀注气工艺技术原理为天然气的溶解降黏,对比掺稀工艺可提高降黏率 20%～30%;建立了不含气混油和含气混油黏度计算方法,平均计算误差分别为 10.5% 和 13.2%。

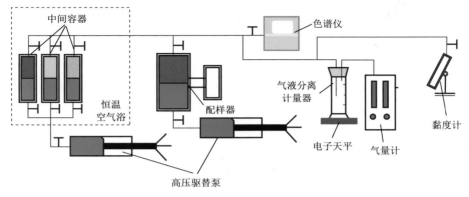

图 3-5-15　混溶实验流程

对混合流体黏度计算方法进行了修正:

(1) 对 Beggs & Robinson 方程进行回归分析及数据拟合,建立了黏度计算新模型:

$$\ln(\mu_m + b_6) = \exp[(b_1 m + b_2)T] + (b_3 m + b_4)p + b_5$$

式中　μ_m——混油黏度,mPa·s;

　　　$b_1 \sim b_6$——模型系数;

　　　m——稀稠比,小数;

　　　T——温度,℃;

　　　p——压力,MPa。

(2) 综合陈永遂的双对数模型和黄启玉的黏温数学模型,考虑稀稠比、气油比 R_s 对稠油黏度的影响,对实验数据进行拟合,建立了如下黏度计算模型:

$$\ln(\ln \mu_m) = (a_1 + a_2 m)\ln T + a_3 + \ln R_s(a_4 + a_5 m)(p + a_6) + a_7$$

式中　$a_1 \sim a_7$——模型系数。

成果 3:开展了稠油气举多相管流实验,明确了核心工艺参数,并制定了稠油注天然气实施方案,指导现场施工,现场验证符合率达到 81.24%。

(1) 工艺参数优化——稀稠比大于 1。

(2) 为稳妥起见,参照稀稠比大于 1 的原则,掺稀量范围为 20～30 m³/d。

(3) 原则上,注气量越大越好,但考虑现场实际情况,推荐注气量范围为 4 000～8 000 m³/d。此外,注气量小于 1 500 m³/d 时也能取得一定的效果。

(4) 在满足地面注气条件要求的基础上,注气越深越好,根据油井实际情况,推荐注气深度 5 000～6 000 m。

(5) 井口油嘴尺寸对掺稀注气效果影响很大。注气量在 4 000～8 000 m³/d 范围内时,若油嘴尺寸小于 6 mm,则掺稀注气工艺效果弱于掺稀工艺;随着油嘴尺寸的增加,掺稀注气工艺效果提高,但当油嘴尺寸大于 8 mm 后,增幅降低,因此推荐油嘴尺寸为 8 mm。

(6) 注入气液比小于 200 m³/m³,由此可给出最大注气量范围为 4 000～6 000 m³/d。

(7) 单井注气量较低,远小于地面供气设备能力,为提高高压气利用率,推荐采用集中供气方式。

3. 主要创新点

创新点 1: 建立了以流动摩阻为核心的稠油掺稀注气工艺现场试验评价方法, 填补了复杂工艺条件评价技术空白。

创新点 2: 建立了掺稀工艺及掺稀注气工艺下混油黏度计算模型, 确立了溶解降黏是掺稀注气工艺的主要技术原理。

创新点 3: 建立了适应稠油气举的压降计算模型, 丰富了高黏稠油多相流动理论。

4. 推广价值

研究形成的稠油掺稀注气工艺现场试验评价方法及稠油注天然气实施方案能够有效地指导现场工艺实施, 提高稠油开采的经济效益, 为超稠油高效开发提供技术支撑。

四、含蜡稠油流动规律实验评价

1. 技术背景

塔河油田部分井开采过程中, 井筒蜡堵严重, 清蜡频繁, 机械清蜡风险大, 常规热洗效率低, 井筒处理周期长。利用流体相态测试仪以及激光测试装置, 得到了原油在不同温度、压力下的析蜡点与析蜡量, 结合静态实验与数学模型预测井筒流温、流压、结蜡位置、结蜡量和结蜡速度, 提出了一种解堵方法, 保证了九区奥陶系凝析气藏和顺北油气田的顺利开采。

2. 技术成果

成果 1: 分析了原油和石蜡的性质, 为清防蜡提供了理论依据。

对 A 井和 B 井原油的基本物理性质及原油组分进行了分析, A 井原油高碳原子数组分含量高达 90%, 而 B 井原油碳原子数低于 16 的油质组分占 73.16%。两种油样成分均主要为饱和烃类物质。黏度、熔点、凝固点及酸值等均与原油组成相关, 反映了原油中的蜡含量。

蜡样的主要成分为微晶蜡, 熔点和倾点较高, 易沉积并对井筒造成堵塞, 蜡样主要由饱和烃组成, 主要元素成分为 C 和 O。

油井堵塞物微观上呈致密、凹凸不平状, 但有微小裂缝。微观上的微小裂缝及宏观上的脆性特征表明堵塞物中含有沥青质等相对大的颗粒物质。高碳数的微晶蜡含量高, 使其在微观上呈致密状, 宏观上呈高硬度。

成果 2: 研究了含蜡原油蜡沉积规律, 建立了指导模型。

结果(图 3-5-16～图 3-5-20)表明, 原油温度越低, 油壁温差越大, 流速越慢; 压力影响着原油组分, 原油中凝析油的析出以及天然气组分的脱出会造成析蜡点和析蜡量的复杂变化。

成果 3: 建立了井筒结蜡动态预测模型, 可预测井筒结蜡状况。

结合结蜡因素影响实验, 建立了井筒结蜡动态预测模型(图 3-5-21), 采用 JAVA 程序语言实现编译, 编程设计了井筒结蜡动态预测程序。将建立的模型结合现场生产施工数据, 预测了现场结蜡井井筒流温、流压, 模型准确度平均达 98% 以上; 分析了现场井筒中的结蜡位置、结蜡量、结蜡速度, 模型准确度平均达 90% 以上。

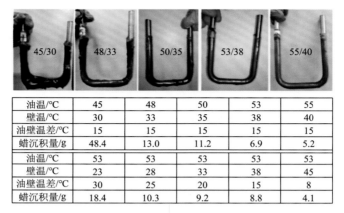

油温/℃	45	48	50	53	55
壁温/℃	30	33	35	38	40
油壁温差/℃	15	15	15	15	15
蜡沉积量/g	48.4	13.0	11.2	6.9	5.2
油温/℃	53	53	53	53	53
壁温/℃	23	28	33	38	45
油壁温差/℃	30	25	20	15	8
蜡沉积量/g	18.4	10.3	9.2	8.8	4.1

图 3-5-16 温度对析蜡的影响

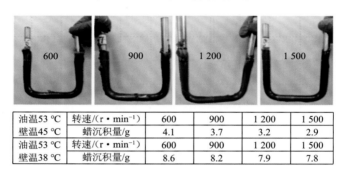

油温53 ℃	转速/(r·min⁻¹)	600	900	1 200	1 500
壁温45 ℃	蜡沉积量/g	4.1	3.7	3.2	2.9
油温53 ℃	转速/(r·min⁻¹)	600	900	1 200	1 500
壁温38 ℃	蜡沉积量/g	8.6	8.2	7.9	7.8

图 3-5-17 流速对析蜡的影响

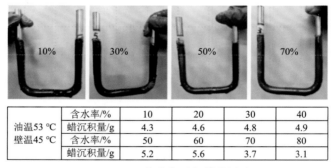

油温53 ℃	含水率/%	10	20	30	40
	蜡沉积量/g	4.3	4.6	4.8	4.9
壁温45 ℃	含水率/%	50	60	70	80
	蜡沉积量/g	5.2	5.6	3.7	3.1

图 3-5-18 含水率对析蜡的影响

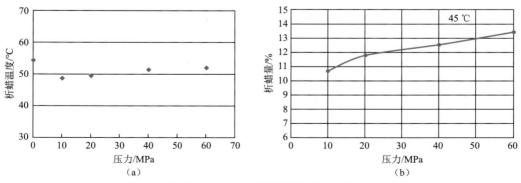

图 3-5-19 压力对析蜡的影响(A 井)

224

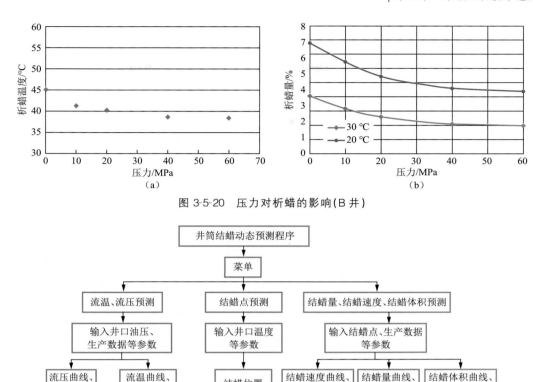

图 3-5-20　压力对析蜡的影响（B 井）

图 3-5-21　井筒结蜡动态预测模型

3. 主要创新点

创新点 1：通过碳数、红外及元素测试等分析了原油和石蜡的物理性质和化学组分，能够为现场清防蜡提供数据支撑。

创新点 2：研究了温度、压力、流速和含水率等蜡沉积影响因素，总结了结蜡规律，得出温度为结蜡最大的影响因素。

创新点 3：通过模型分析了现场井筒中的结蜡位置、结蜡量、结蜡速度，效果良好。

4. 推广价值

该技术研究成果对塔河油田开发过程中蜡的预防和治理及油气井清蜡周期的延长具有很强的指导意义，同时可为国内其他类似油田的开采提供技术参考。

五、功率超声井筒降黏清防蜡技术

1. 技术背景

塔河油田稠油储量占总储量的一半以上，稠油在井筒中上升到 3 000 m 左右时会失去流动能力，开采难度非常高。现有掺稀生产方式存在掺稀油缺口及稀稠油价差问题，影响稠油开采的经济效益。

超声波具有降低稠油黏度的效果,但目前尚未有成熟可用的超声波井筒降黏技术。拟设计评价适合塔河油田深井应用的井筒超声波降黏工具及配套技术,提高稠油开采经济效益。

2. 技术成果

成果1:完成了功率超声样机设计与加工制作,优化了样机的结构参数。

(1)功率超声样机(图3-5-22)主要包括驱动电源、超声波换能器(前后盖板和压电陶瓷)、变幅杆(一级)、发射工具头(二级变幅杆)。

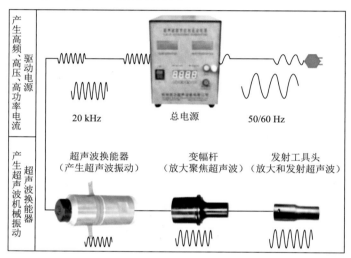

图3-5-22 功率超声样机组成示意图

(2)基于有限元分析,优化了功率超声样机的结构参数及振动模态、应力等参数。

(3)加工制作了功率超声样机(图3-5-23),经过实验测试,样机符合设计要求。

成果2:搭建了实验样机测试评价平台(图3-5-24),设计了实验样机降黏评价方案。

进行了样机在线处理参数分析——侵入深度和容器横向尺寸分析。将纵向的深度 d 设置为 $d \gg \lambda$(λ 为波长)。侵入深度浅,声场更均匀,有利于超声对液体的处理;容器的横向尺寸为波场的 $3\lambda/4$ 时,容器内的声场分布最均匀。搭建了实验样机测试评价平台(图3-5-24),为超声波降黏测试奠定了基础。

图3-5-23 功率超声样机实物图

图3-5-24 实验样机测试评价平台

成果3:完成了功率超声样机评价实验,分析评价了超声降黏的主要影响参数。

完成功率超声降黏实验48组,主要评价了超声波功率、超声作用时间、稠油初始黏度等参数对降黏效果的影响。

随着超声波功率的增大,增加量对降黏率的影响变小(图3-5-25);功率小于1 000 W不仅不能起到降黏作用,还会导致黏度升高,其原因初步分析可能是黏度过高形成了稠油包稀油的状态,具体需进一步验证。

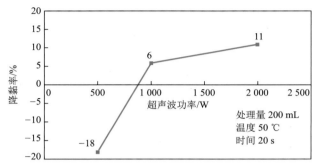

图 3-5-25　超声波功率对降黏率的影响

样机的最优作用时间是20 s,超过最优时间会起到相反的作用(图3-5-26)。

稠油初始黏度在10 000～20 000 mPa·s之间时,超声处理降黏率为正值,在上述初始黏度区间之外时,超声降黏率为负值(图3-5-27)。

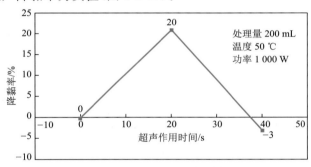

图 3-5-26　超声作用时间对降黏率的影响

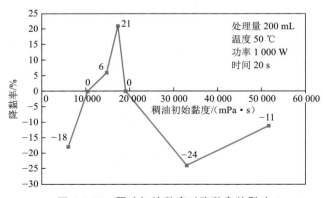

图 3-5-27　稠油初始黏度对降黏率的影响

3.技术创新点

创新点1：设计制作了大功率超声实验样机,优化了样机和实验参数。
创新点2：设计并完成了塔河稠油超声降黏评价实验,优选了参数。

4.推广价值

通过建立一种稠油超声降黏评价平台,明确了超声降黏的主要影响参数,为稠油降黏提供了一种新的思路。

六、稠油流动性改性技术

1.技术背景

塔河油田稠油储量占总储量的一半以上,稠油油藏大幅度提高采收率缺乏强有力的支撑,埋藏超深和储层特征复杂导致稠油油藏常规提高采收率技术难以得到借鉴和应用,适合此类油藏的采收率工程技术尚未取得突破,大量稠油未能得到有效动用。

2.技术成果

成果1：研究了稠油流变性、稠油组分、稠油含水率对稠油在裂缝中流动规律的影响。

稠油的极限动切力与启动压力梯度存在一定的线性关系,塑性黏度与启动压力梯度的拟合关系式中以对数形式的相关性最好。稠油的启动压力梯度主要是由稠油的重质组分(胶质和沥青质)在稠油中所占的比例决定的。稠油在裂缝中流动时,原油含水率越大,原油黏度越高,渗流曲线越弯曲,启动压力梯度越大,因此启动压力梯度表征了稠油在裂缝中流动的非线性程度和渗流能力。

成果2：研究了孔缝模型、裂缝模型的水驱规律。

对于孔缝模型,对采收率影响最大的因素是原油黏度和注水速度,渗透率的影响不是很大。原油黏度越低,注水速度越慢,则原油采收率越高(图3-5-28)。

对于裂缝模型,对采收率影响最大的因素是裂缝开度,其次是原油黏度和注水速度。裂缝开度越大,原油黏度越低,注水速度越慢,采收率越高(图3-5-29)。

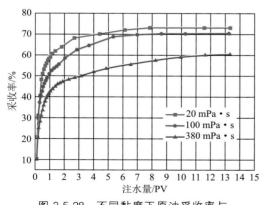

图3-5-28　不同黏度下原油采收率与注水量的关系曲线

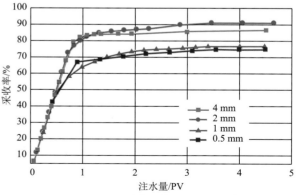

图3-5-29　不同裂缝开度下原油采收率与注水量的关系曲线

孔缝模型中的残余油主要是由注入水的指进造成的,提高采收率的关键是提高驱替介质的黏度。基于这些实验结果,推荐类似油藏通过注聚合物稠化液来提高采收率。

成果3: 探索与研究了稠油提高采收率药剂。

开展了孔缝模型、裂缝模型水驱采收率实验。实验结果(图3-5-30、图3-5-31)表明,水驱后注入聚合物溶液或聚合物和表面活性剂的复合体系可起到较好的采油效果。

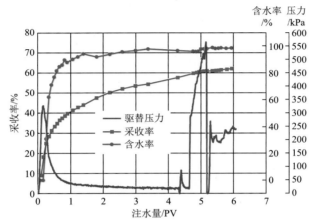

图 3-5-30 水驱+0.5 PV 弱交联聚合物+水驱采油曲线

1# 弱交联聚合物,渗透率 15 000 mD,原油黏度 400 mPa·s,注水速度 50 m/d

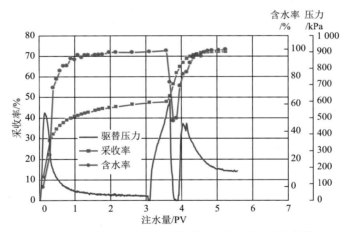

图 3-5-31 水驱+0.5 PV 弱交联聚合物+水驱采油曲线

2# 弱交联聚合物,渗透率 15 000 mD,原油黏度 400 mPa·s,注水速度 50 m/d

3. 技术创新点

创新点 1: 研究了孔缝模型、裂缝模型的水驱规律。

创新点 2: 基于孔缝模型、裂缝模型水驱实验,探索与研究了稠油提高采收率药剂。

4. 推广价值

研究的孔缝模型、裂缝模型水驱规律,建立的稠油提高采收率研究和评价方法,以及研究的药剂配方,对塔河油田缝洞型稠油开采及国内外其他类似油藏采收率提高具有指导和借鉴意义。

七、油脂副产物资源化利用技术可行性评价

1.技术背景

塔河油田稠油储量占总储量的一半以上，现有掺稀生产方式存在掺稀油缺口及稀稠油价差问题，影响稠油开采的经济效益。

通过改善低成本植物油加工废弃油（油脚、皂脚等）、石油炼制废弃油及其副产品等的性能，探索其用于稠油掺稀生产的可行性，以实现掺稀油和其他用油的有限替代，大幅度提高稠油开发效益。

2.技术成果

成果 1:明确了植物油脂副产物的掺稀效果。

实验研究了塔一联稀油、脂肪酸甲酯、脂肪酸、毛油和油脚提取物 5 种掺稀介质的降黏效果，结果（表 3-5-2）表明，5 种介质都能将稠油黏度降到 2 000 mPa·s 左右，以脂肪酸甲酯的降黏效果最好。

表 3-5-2　不同掺稀介质的掺稀效果评价

掺稀介质	稀稠比	黏度/(mPa·s)	降黏率/%
空白样	—	58 700	—
塔一联稀油	1:1	6 450	89
	2:1	2 295	96
脂肪酸甲酯	0.14:1	2 010	97
	0.13:1	3 926	93
脂肪酸	0.19:1	1 982	97
	0.17:1	3 829	93
毛 油	0.45:1	1 964	97
	0.43:1	2 510	96
	0.33:1	2 804	95
油脚提取物	0.17:1	2 241	96

成果 2:明确了植物油脂副产物掺稀稳定性。

在脂肪酸甲酯静置实验中，上、中、下 3 部分的黏度与初始黏度差别不大，表明油脂副产物脂肪酸甲酯掺稀体系是稳定的（图 3-5-32）。油脂副产物有机氯分析测试报告表明，油脂副产物中不含有机氯，在设备腐蚀方面对炼化无影响。

成果 3:完成了合成植物油脂副产物堵剂评价。

测试了不同堵剂浓度下油脂皂化堵剂的堵水堵油效果，结果表明，堵水封堵率达到85%以上（表 3-5-3）。

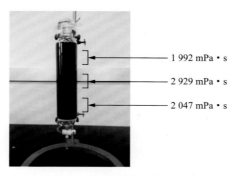

图 3-5-32 脂肪酸甲酯静置实验

表 3-5-3 油脂皂化堵剂评价

类 别	堵 剂	渗透率 /mD	水驱压力 /MPa	注入压力 /MPa	堵后渗透率 /mD	突破压力 /MPa	封堵率 /%
堵 水	10%皂水	927	0.007	1.02	126	0.686	86.41
堵 油	10%皂水	956	0.021	0.93	346	0.091	63.81
堵 水	15%皂水	964	0.006	0.83	48	0.120	95.02
堵 油	15%皂水	927	0.013	0.43	292	0.040	68.50

3. 技术创新点

创新点 1：明确了植物油脂副产物用于稠油掺稀降黏是可行的，以脂肪酸甲酯掺稀效果最好。
创新点 2：油脂皂化物可作为堵水剂，封堵率均能提高到 85% 以上。

4. 推广价值

结合新疆丰富的植物油脂资源，开展了低成本稠油流动性改善技术研究。研究表明，植物副产物中脂肪酸甲脂用于掺稀降黏是可行的。另外，也可以以油脂为原料合成表面活性剂，并用于超稠油降黏和提高采收率研究。该研究成果可为塔河油田稠油井降本增效提供了技术支持。

八、高抗盐低成本水基降黏体系实验评价

1. 技术背景

塔河油田目前主要采用掺稀降黏为主的稠油开采工艺，稀油资源短缺；在一些区块试验的乳化降黏方法由于面临后续破乳脱水的问题，难以大规模推广应用；掺稀替代技术中，水基降黏剂有望实现中低黏稠油掺稀完全替代，但由于耐盐有限，无法采用地层水直接配制。针对塔河油田稠油性质、地层水性质开展了相关抗盐降黏剂的研究，拟解决稠油开发难题。

2.技术成果

成果1:研制了生物质抗盐稠油降黏剂。

抗盐稠油降黏剂主要基于降低油水表面张力的原理,依靠配方中的高分子聚合物提高水相黏度,有效改善油水流度比,使油水均匀流动,增加水相对稠油的分散作用。在原油表面形成一层比较稳定的水膜,减小油相之间的相互作用以及原油与管道壁的摩擦。

降黏剂主要由A剂、B剂和C剂组成。A剂可在200 ℃以下保持结构稳定(图3-5-33),主要原料为低聚糖混合物和十二醇。B剂(脂蛋白高分子活性聚合物)主要利用发酵法制得。采用的蛋白高分子活性聚合物不仅具有减阻的效果,而且具有稳定油水体系的作用,但并不影响破乳剂的使用效果。C剂为耐盐表面活性剂,可以通过提高水相黏度来降低油水流度比。

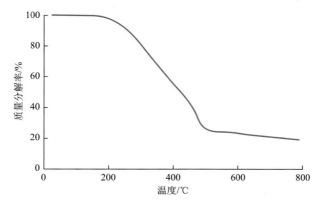

图3-5-33　配方主要成分A剂结构稳定性随温度变化

对用量近90%的样品A剂固体样进行了热重分析研究,结果表明样品在200 ℃前没有任何分解,200～500 ℃开始明显分解,分解率与温度升高基本呈线性关系,500 ℃残碳稳定在20%左右。因此,作为配方中主要成分样品A剂可在200 ℃内结构稳定。

成果2:形成了高抗盐降黏体系配方,并对其降黏效果进行了室内评价。

形成了一套高抗盐降黏体系配方(表3-5-4),并提供了现场配制方法。实验结果表明,使用该配方可达到较好的乳化降黏效果,使原油均匀分散在体系中,黏度降低到100 mPa·s以下且不会出现反相。乳化实验也表明,塔河油田破乳剂可对该降黏体系起到较好的破乳效果。

表3-5-4　高抗盐降黏体系配方

降黏剂组分	用量/(mg·L⁻¹)	配制方法
低聚糖苷活性剂(A剂)	5 400	自来水配成10%
脂蛋白高分子活性聚合物(B剂)	600	高矿化度水配成2%
耐盐表面活性剂(C剂)	600	高矿化度水配成10%

具体实验方法:

(1) 将A剂与C剂按9∶1混合后,用自来水稀释10倍。

(2) B剂直接用高矿化度水配成2%的水溶液,配制过程不断搅拌,直到溶解均匀。

（3）自来水用量占总用水量的 13.5％，自来水用量占体系总量的 5.4％，C 剂占油水体系总量的 0.66％。

（4）将油水体系按上述配比配制好后放于水浴锅中加热至 80 ℃。

（5）依次向油水体系中按规定量加入 A 剂、B 剂、C 剂，80 ℃下用玻璃棒不断搅拌，直到原油均匀分散于体系中。

3. 技术创新点

研发了高抗盐水基降黏体系，该体系是一种非典型的非离子表面活性剂体系，具有以下特点：

（1）合成原料属于农副下游产品，成本低，不受石油价格浮动的影响；

（2）具有优良的表面性能、复配性能；

（3）结构上含有大分子亲水基团，有利于油相分散于水相；

（4）含有大豆活性物质，有利于抗钙、镁离子；

（5）耐温抗盐性能优良；

（6）与油类作用强，适合分散、清洁油类。

4. 推广价值

该技术研究形成了一套耐盐 22×10^4 mg/L、适用原油黏度 60×10^4 mPa·s 的水基降黏体系，使用上述活性剂配方可利用 22×10^4 mg/L 高矿化度水对黏度大于 60×10^4 mPa·s 的塔河油田油样起到较好的乳化降黏效果，使原油均匀分散在体系中，黏度降低到 100 mPa·s 以下。该技术研究成果丰富了塔河油田稠油降黏技术思路。

九、塔河稠油地面热改质中试试验评价

1. 技术背景

为解决塔河油田稀油缺口、稀油与稠油价差导致的稠油产能限制和开发效益低的问题，在前期稠油热改质小试试验基础上，通过中试试验验证小试优化的工艺条件，确定中试试验各项工艺参数，以期为现场规模化应用及装置设计提供技术支撑。

2. 技术成果

成果 1:完成了稠油热改质中试试验，验证了小试优化的工艺条件。

利用减黏-焦化一体化中试装置（图 3-5-34、图 3-5-35），做了 400 ℃-80 min 和 405 ℃-60 min 两组工艺条件试验，得出了沥青质聚沉生焦是限制裂化反应深度的关键因素。为了减少生焦，在两组工艺条件基础上分别采取注水方式进行试验。主要结论如下：

（1）中试（不注水）与小试评定减黏裂化生成油降黏率基本一致，均在 97％以上，中试甲苯不溶物含量（生焦率）略高。

（2）400 ℃-80 min（不注水）中试进料流率为 2.39 L/h，所得减黏裂化生成油稳定性较好，与小试结果基本一致。

（3）注水虽可减少生焦（降至 0.1％以内），但降黏效果差。

（4）综合稳定性及黏度分析可知,塔河油田稠油热改质两组中试条件中,400 ℃-80 min（不注水）工艺条件改质效果相对最优。

图 3-5-34　减黏-焦化一体化中试装置

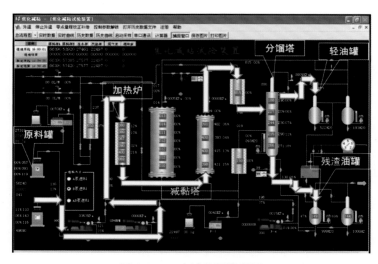

图 3-5-35　中试装置路程图

成果 2:完成了改质油稳定性评价实验。

评价了 400 ℃-80 min 条件下所得减黏改质油储存 3～15 d 的稳定性（表 3-5-5）。

表 3-5-5　400 ℃-80 min 所得减黏改质油储存 3~15 d 基本性质

储存时间/d	取样点	黏度(50 ℃)/(mPa·s)	斑点等级
3	上	3 349	Ⅱ
	中	3 482	Ⅱ
	下	3 608	Ⅲ
6	上	3 253	Ⅱ
	中	3 574	Ⅲ
	下	3 826	Ⅲ

储存时间/d	取样点	黏度(50 ℃)/(mPa·s)	斑点等级
9	上	3 281	Ⅱ
	中	3 608	Ⅲ
	下	3 957	Ⅳ
15	上	3 179	Ⅱ
	中	3 664	Ⅳ
	下	3 851	Ⅴ

(1)储存 3 d 时,上、中、下部位斑点等级存在一定的差异且下部为Ⅲ级,表明油样已经出现不稳定现象。

(2)储存 6 d 时,上、中、下部位斑点等级分别为Ⅱ级、Ⅲ级、Ⅲ级,表明改质油稳定性一般。

(3)储存 9 d 时,上、中、下部位稳定性进一步恶化,油样稳定性较差。

(4)储存 15 d 时,稳定性很差。

成果 3:完成了塔河稠油地面热改质工艺技术可行性分析。

对塔河炼化(图 3-5-36)进行了调研和分析,结果显示中试改质油黏度超出要求,稳定性较差,会对塔河炼化装置产生较大的影响。主要影响为:

(1)改质油中的沉积焦和悬浮焦可能在炼化设备管线中聚集,堵塞装置,造成安全隐患。

(2)改质油中的结焦物质会影响换热器和加热炉的传热效率,破坏热平衡。

(3)焦炭在蒸馏塔板处聚集会堵塞筛孔,影响传质过程,破坏物料平衡。

(4)结焦会降低设备减黏处理能力,造成巨大的经济损失。

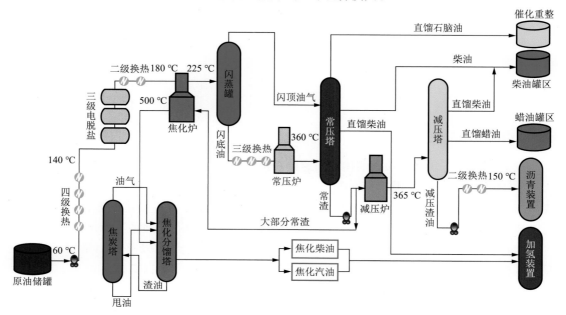

图 3-5-36 塔河炼化工艺流程图

3.技术创新点

创新点 1：在 400 ℃-80 min 和 405 ℃-60 min 两组工艺条件实验基础上，采取注水方式完成了稠油热改质中试试验。

创新点 2：完成了塔河稠油地面热改质工艺技术可行性分析。

4.推广价值

改质油稳定性评价实验结果表明，400 ℃-80 min 减黏改质油储存 3 d 时即出现不稳定现象，第 6～15 d 稳定性会进一步变差。目前塔河炼化并没有减黏裂化热改质装置，且 400 ℃-80 min 减黏热改质中试试验所得改质油储存稳定性差，采用减黏裂化对塔河稠油进行热改质实现长周期稳定储存输送是不可行的。该技术研究成果为明确塔河稠油提高采收率方向奠定了基础。

十、稠油掺混介质优选及掺稀优化技术分析与评价

1.技术背景

塔河油田前期成功攻关形成了以掺稀为主、化学/物理降黏为辅的稠油开采技术。随着稠油开采的深入与加强，掺稀油不足已然成为稠油高效开发的瓶颈。"十三五"期间稀油预计缺口达 150×10^4 t，而稠油作为塔河油田产量的重要组成部分（年产稠油 380×10^4 t 以上，占总产量的 50% 以上），是实现高效平稳开采的关键，因此必须突破掺稀油不足的制约。为此，对合适的混合体系相容性评判方法、体系稳定性预测参数、原油相容的体积配比范围等进行研究，调配出稳定的混合原油，以便于混合原油的运输、储存和加工，必将产生重大的经济效益。

研究表明，掺入柴油、生物柴油、甲苯-汽油、轻烃等也可有效降低稠油的黏度，其机理和掺稀油降黏相似，但由于掺入介质来源困难、成本高等缺点，未被现场采用。由于目前新疆区域稀油资源匮乏，急需开展塔河油田稠油掺混介质优选与掺稀优化技术分析与评价的研究。

2.技术成果

成果 1：建立了塔河油田原油体系稳定性判定方法。

TCII(Tahe Field Colloid Instability Index)法是在 CII 值的基础上，采用浊度法测定沥青质析出点，确定稳定区间，计算 CII 值并修正稳定性判定区间，进而建立适合塔河油田的原油稳定性判断方法。实验测定 TCII 值大于 1.39 时沥青质析出，体系不稳定。

通过浊度法实验测定了不同区块塔河稠油的沥青质析出点（图 3-5-37），确定了原油的稳定区间，为建立适用于塔河油田的稠油稳定性判定准则提供了数据支撑。

分析塔河不同区域 38 种油品的组成，计算 6～8 区 CII 平均值为 1.47，10 区平均值为 1.26，12 区平均值为 1.44（表 3-5-6）。塔河地区 CII 平均值为 1.39，塔河原油的稳定性判定准则为：TCII 值大于 1.39 时，沥青质析出，体系不稳定。

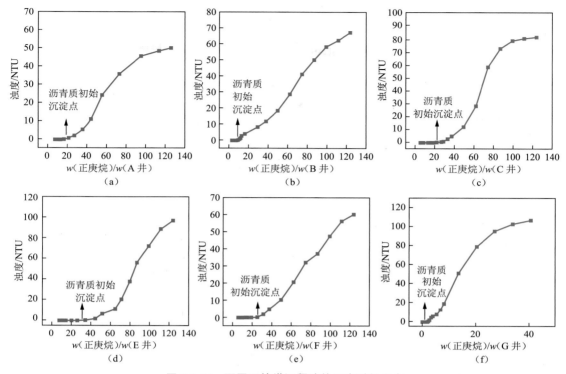

图 3-5-37 不同区块塔河稠油的沥青质析出点

表 3-5-6 塔河油田各区块 CII 值汇总

区　　域	平均值	最小值	最大值
6~8 区	1.47	0.85	2.64
10 区	1.26	0.82	1.67
12 区	1.44	0.77	2.54
汇总平均值	1.39	0.81	2.28

采用浊度法测定 H 井,I 井和 J 井油样的沥青质析出点时,w(正庚烷)/w(原油)分别为 7.9,14.8 和 12.7,原油处于稳定状态,TCII 判断方法更准确(表 3-5-7)。

表 3-5-7 TCII 法的验证对比

油　样	50 ℃黏度 /(mPa·s)	沥青质 /%	胶质 /%	芳香分 /%	饱和分 /%	CII		TCII	
H 井	13 581	35.25	7.74	39.93	17.08	1.10	不稳定	1.10	稳　定
I 井	13.5×10^4	40.09	44.41	6.38	9.12	0.97	不稳定	0.97	稳　定
J 井	27.3×10^4	36.74	13.99	34.55	14.72	1.06	不稳定	1.06	稳　定

成果 2:确立了一套掺稀介质筛选图版。

对不同黏度的稠油在不同掺稀介质下的临界稀稠比进行拟合回归,得到临界稀稠比关系式,据此建立了不同掺稀介质条件下塔河稠油稳定性图版(图 3-5-38)。随着稠油黏度的增加,临界稀稠比值逐渐减小;掺稀介质的黏度越小,临界稀稠比越小。实际掺稀过程中,通过图版可直接查得不同黏度稠油保证稳定性前提下的最小稀稠比。

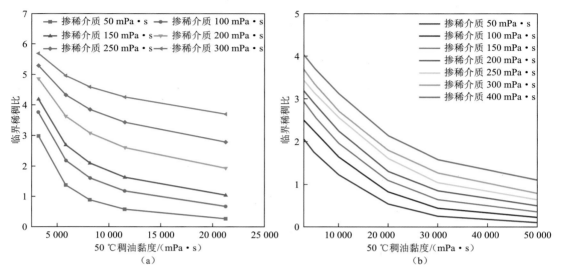

图 3-5-38　不同掺稀介质条件下塔河稠油稳定性图版

根据混合油黏度计算方程,绘制了稠油掺稀降黏筛选图版(图 3-5-39)。从图版中可直接查到保证掺稀后混合油黏度小于或等于 2 000 mPa·s 条件下不同黏度稠油对不同黏度稀油所需的临界稀稠比。

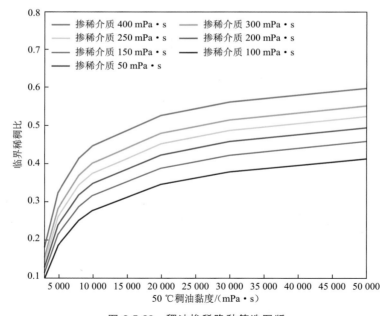

图 3-5-39　稠油掺稀降黏筛选图版

成果3：形成了一套掺稀优化方案。

通过掺稀井井筒压力场和温度场软件计算，输入稠油黏度等参数后，以稠油顺利举升至井口时混合油黏度（50 ℃）2 000 mPa·s 为标准，利用稠油掺稀优化软件对掺稀工艺进行优化。稠油的掺稀优化软件计算界面如图 3-5-40 所示。

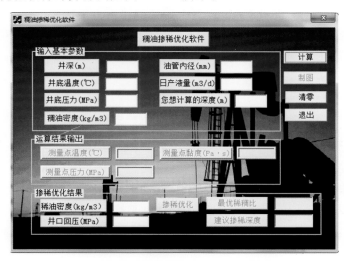

图 3-5-40　稠油掺稀优化软件计算界面

通过稠油掺稀优化软件和掺稀降黏筛选图版，从混合油井口黏度、掺入点深度等方面，优化设计了 6 口掺稀井的工艺参数（表 3-5-8），软件计算稀稠比均小于实际稀稠比且处于稳定区间内，为稠油掺稀方案优化设计提供了理论基础。

表 3-5-8　掺稀井工艺参数优化结果

井 号	现场井口黏度/(mPa·s)	现场掺稀深度/m	现场稀稠比	软件计算掺稀深度/m	稀油 100 mPa·s		稀油 150 mPa·s		稀油 300 mPa·s	
					软件稀稠比	稳定性临界稀稠比	软件稀稠比	稳定性临界稀稠比	软件稀稠比	稳定性临界稀稠比
A	5 169	3 530	2.31	3 400	0.29	2.18	0.31	2.54	0.34	3.30
B	7 352	2 062	0.43	2 800	0.21	1.52	0.26	2.87	0.42	1.65
C	4 443	3 123	2.13	3 100	0.83	2.54	1.10	2.90	1.27	3.63
D	6 173	2 568	1.95	3 200	0.31	1.82	0.35	2.47	0.63	2.96
E	6 456	5 819	2.09	3 500	0.30	1.74	0.41	2.39	0.46	2.87
F	8 700	3 802	2.00	3 600	0.86	1.28	1.14	1.61	1.32	2.38

3.技术创新点

创新点1：建立了塔河油田不同区块原油和塔河原油稳定性判定标准（简称 TCII 法），并通过浊度法验证了 TCII 值判定结果较为准确。

创新点2：基于掺混油品的稳定性、黏温性质、流动性，确立了掺稀介质的筛选标准和筛选图版，可根据稀油和稠油黏度选择合适的掺稀比。

创新点 3：通过掺稀优化软件优化计算了 6 口井的掺稀深度、掺稀量等生产工艺参数，结合经济性分析，确定了 2 套最佳掺稀方案。

4. 推广价值

该技术建立的掺混介质优化体系、优选出的最佳掺稀方案为塔河油田稠油开采及工艺优化提供了理论依据和技术指导，形成了技术可行、经济合理的稠油开采技术对策，可促进塔河油田稠油掺稀介质多元化，为油田后续的经济、高效开发提供技术支持。

参 考 文 献

[1] 巫光胜,张涛,钱真,等.调流剂颗粒在裂缝中的输送实验与数值模拟[J].断块油气田,2018,25(5):675-679.

[2] 中国石油化工股份有限公司.缝洞型碳酸盐岩油藏流道调整改善水驱的方法:201810388040.6[P].2018-10-09.

[3] 中国石油化工股份有限公司.弹性调流颗粒及其制备方法:201810310358.2[P].2018-09-25.

[4] 中国石油化工股份有限公司.测量模拟真实油藏条件下的调流颗粒密度的方法:201810296744.0[P].2018-10-26.

[5] 戴彩丽,方吉超,焦保雷,等.中国碳酸盐岩缝洞型油藏提高采收率研究进展[J].中国石油大学学报（自然科学版）,2018,42(6):67-78.

[6] 中国石油化工股份有限公司.缝洞型油藏流道调整剂及其制备方法:201710739725.6[P].2017-12-15.

[7] 中国石油化工股份有限公司.测定调流颗粒在模拟真实藏条件下强度的系统:201820482100.6[P].2018-11-23.

[8] 中国石油大学(华东).调流剂颗粒连续在线生产及注入一体化装置及其方法:201811223584.3[P].2019-12-10.

[9] 何龙,甄恩龙,何晓庆,等.粉煤灰与 PVC/PP/PE 复合材料的研究应用进展[J].山东化工,2018,47(8):63-64.

[10] 何晓庆,徐杨,李鹏鹏,等.沙子的疏水改性及其油水分离性能[J].精细石油化工,2018,35(5):55-59.

[11] 中国石油化工股份有限公司.缝洞型水驱柔性调流颗粒及其制备方法:201810310422.7[P].2018-09-18.

[12] 中国石油化工股份有限公司.可降解化学桥塞组合物及其注入方法:201810547429.0[P].2018-11-20.

[13] 中国石油化工股份有限公司.粘连自卡调堵流颗粒及其制备方法:201810550718.6[P].2018-11-02.

[14] 中国石油化工股份有限公司.溶洞型油藏自展布化学隔板组合物及其注入方法:201810310584.0[P].2020-06-16.

[15] 中国石油化工股份有限公司.人工隔板用的评价装置:201710906803.7[P].2019-07-05.

[16] 刘榷,邓洪军,张建军.塔河油田深抽工艺技术研究与应用[J].新疆石油地质,2010,9:104.

[17] 王洪勋,张琪.采油工艺原理[M].修订本.北京:石油工业出版社,1989.

[18] 靳永红,梁尚斌,刘玉国,等.塔河油田超深特稠油井大排量抽稠泵的研制与应用[J].石油天然气学报,2012(9):328-330.

[19] 万仁溥.采油工程手册[M].北京:石油工业出版社,2000.

[20] 邹国军.塔河油田超深超稠油藏采油新技术研究[J].西南石油大学学报(自然科学版),2008,30(4):

130-134.

［21］ 罗辉.抽油机井系统效率的影响因素及提高讨论[J].内蒙古石油化工,2010,36(6):51-52.

［22］ 张彦廷,万邦烈.抽油泵合理沉没度的确定[J].石油钻采工艺,1999,21(2):62-65.

［23］ 李虎君,王立军,王金良,等.抽油机井合理沉没度的优化方法及其应用[J].大庆石油学院学报, 1994,18(3):22.

［24］ 薄启炜,邓洪军,张建军,等.塔河油田深抽工艺与井筒储层优化技术[J].油气田地面工程,2010,29 (2):87.

［25］ 王常文,崔方方,宋宇.生物柴油的研究现状及发展前景[J].中国油脂,2014,39(5):44-48.

［26］ 李为民,章文峰,邬国英.菜籽油油脚制备生物柴油[J].江苏石油化工学院学报,2003,15(1):7-10.

［27］ 刘怀珠,李良川,郑家朋,等.硅酸盐化学堵水技术研究现状及展望[J].油田化学,2015,32(1): 146-150.

［28］ 曾俊,廖石胜,任小娜.植物油制备润滑油基油的研究[J].食品工业,2015,36(5):213-216.

［29］ 高亚军,姜汉桥,王硕亮,等.基于 Level set 方法的微观水驱油模拟分析[J].中国海上油气,2016,28 (6):59-65.

［30］ 田喜军.三元复合驱深度调剖技术研究及其应用[J].钻采工艺,2013,36(1):56-58,72,11.

［31］ 张建华.聚合物凝胶体系在孔隙介质中交联及运移封堵性能研究[J].油气地质与采收率,2012,19 (2):54-56,63,114-115.

［32］ 甘振维.塔河油田底水砂岩油藏水平井堵水提高采收率技术[J].断块油气田,2010,17(3):372-375.

［33］ 孙焕泉.油藏动态模型和剩余油分布模式[M].北京:石油工业出版社,2002.

［34］ 王克文,孙建孟,关继腾,等.聚合物驱后微观剩余油分布的网络模型模拟[J].中国石油大学学报(自 然科学版),2006(1):72-76.

［35］ 白振强,吴胜和,付志国.大庆油田聚合物驱后微观剩余油分布规律[J].石油学报,2013,34(5): 924-931.

［36］ 余义常,徐怀民,高兴军,等.海相碎屑岩储层不同尺度微观剩余油分布及赋存状态——以哈得逊油 田东河砂岩为例[J].石油学报,2018,39(12):1397-1409.

［37］ 赵光,由庆,谷成林,等.多尺度冻胶分散体的制备机理[J].石油学报,2017,38(7):821-829.

［38］ 刘祥,杜荣荣,杨添麒,等.抗温耐盐聚合物冻胶的低温合成及性能[J].材料科学与工程学报,2016, 34(4):596-602.

第四章
储层改造工程技术进展

随着塔河油田勘探开发及产能建设的逐步推进,主体区开发对象由主干断裂向次级断裂带扩展,外扩区块储层的发育程度逐渐变差。同时顺北油气田投入开发,油藏埋深逐渐变大,温度升高,对储层改造工艺、液体性能要求更高。顺北主干断裂部分井漏失量大,近井污染严重,远井通道不畅通,常规酸化工艺难以对远井通道进行有效疏通。复杂的储层地质条件导致常规储层改造后建产稳产难度大,同时还需要降低成本,因此急需研发经济高效的储层改造工艺技术。

针对塔河油田储层改造存在的难题和技术需要,重点从基础理论研究、液体材料体系研发、酸压工艺技术等方面开展了大量的研究工作。

基础理论研究方面:① 开展了裂缝扩展规律研究及岩块静态注液破坏形态研究,模拟了影响储层压裂改造效果的地质与工程因素;开展了多洞连续沟通数值理论研究,明确了人工裂缝沟通近井及远井溶洞储集体的路径;开展了暂堵转向靶向酸压物理模拟实验,对不同井型暂堵转向靶向酸压工艺进行了优化;研究了动态冲击能量在缝洞型碳酸盐岩中的传播与衰减规律,建立了能量与时间、距离的理论关系,为动态破岩裂缝形态的理论研究及脉冲波压裂量化设计提供了有力指导。② 加强应力场监测与分析,通过地质建模与有限元方法建立了区域地质构造模型与区域地应力场,开展了区域构造应力场数值模拟分析,为规划设计改造方案提供了理论基础;通过大型压裂及监测实验,监测了不同断层、溶洞区域的应力情况,为工艺优选、提高沟通率提供了技术支撑。③ 开展了顺北地区酸压机理研究,通过不同酸液与非反应性液体组合注入的物理模拟实验研究,大幅扩大了顺北裂缝型碳酸盐岩储层远井改造范围;研究了深穿透高导流酸压技术,建立了高温条件下考虑滤失的酸蚀有效作用距离计算模型,通过工艺优化增大了酸液作用距离,实现了远距离沟通。④ 针对碳酸盐岩不同储集体类型,建立了靶向目标与酸压工艺耦合模型,并通过物理模拟实验,确立了靶向目标与工艺间的模型耦合规律,提高了靶向目标酸压的针对性和改造效果。⑤ 开展了脉冲波压裂机理研究,建立了二维脉冲波压裂力学和数值计算模型、二维天然裂缝、天然洞体的数学和力学模型,明确了小尺度、大尺度脉冲波压裂规律及影响因素,理论上证明了脉冲裂纹有助于沟通天然洞体;通过缝洞条件下三维数值模拟研究,明确了三维复杂储层下脉冲波压裂造缝及沟通机理。

液体材料体系研发方面:① 随着顺南、顺北区块的开发,对液体的耐温性能提出了更高的要求,研究形成了耐温150 ℃的酸化用缓蚀剂并形成了耐温达120 ℃的工业化产品——

胶凝酸体系;② 针对现有成熟暂堵剂无法满足裂缝宽度大、漏失量大的酸压井暂堵施工要求的问题,研发的膨胀性可降解颗粒暂堵剂可满足需求;③ 针对灰岩储层酸岩反应速度快、酸液有效作用距离短的问题,形成了一套适应塔河油田高温碳酸盐岩深度酸化作业的固体酸液体系,为深穿透酸压技术提供了一种新思路;④ 研发形成了新型高性能减阻压裂液技术,解决了塔河油田利用高矿化度水配制高性能减阻液的技术难题。

酸压工艺技术方面:① 针对非主应力方向储集体沟通难的问题,开展了暂堵酸压工艺研究。开展了井周预制缝转向沟通能力评价研究,明确了射孔、水力喷射、爆燃压裂等方法的转向距离区间及极限转向距离;开展了裂缝远端暂堵转向工艺参数测试研究,提高了缝内暂堵强度;研究了裂缝暂堵模拟技术,开展了 1~8 mm 缝宽条件下的暂堵剂施工参数优化研究;建立了含天然裂缝的双孔/双渗碳酸盐岩储层压裂模型,形成了白云岩储层交联酸携砂压裂的技术思路。② 继续开展酸化工艺技术优化。针对顺北高密度钻井液导致地层伤害大的问题,评价了不同酸液及处理剂对解除钻井液污染、重晶石伤害的酸化效果,优选出适合不同类型伤害的最佳酸化工艺及酸液体系;通过裂缝型油藏产能模拟,配套新型高性能可控释放酸体系,形成了裂缝型储层远井剩余油酸化挖潜技术体系。

储层改造新工艺探索方面:① 针对缝洞型碳酸盐岩储层常规酸压形成人工裂缝沿最大主应力方向延伸难、井周非主应力方向上储集体无法有效沟通的技术难题,探索了脉冲波压裂工艺;② 针对塔河油田深层地温高、酸蚀反应速度快、酸液在近井快速消耗的问题,探索了新型酸液。

这些技术为储层改造技术提供了新的思路和方向,在降低施工费用、减小施工难度、增大改造效果方面有切实的指导意义。

第一节　储层改造基础理论研究

一、井周不同区域储集体多洞连续沟通数值理论分析

1. 技术背景

溶洞是影响碳酸盐岩建产的重要储层类型,而常规酸压储集体沟通后形成较大压降,导致缝内压力低,难以沟通其他方位的储集体。拟通过研究明确人工裂缝沟通近井及远井溶洞储集体的路径及多洞连续沟通的人工裂缝形态,提出工艺方案和控制手段,增加不同方位溶洞储集体的沟通数量和沟通率。

2. 技术成果

成果 1:基于模拟建立了水力裂缝沟通溶洞预测技术。

在软件开发方面,利用 CoFrac 建立了基于三维模拟软件的缝洞型储层水力裂缝沟通溶洞预测技术,为研究水力裂缝扩展提供了有效工具。在数值模拟算法开发方面,完善了杂交有限元-无网格法(FEMM)模拟算法。利用 FEMM 模拟裂缝扩展裂隙面,不必与单元边界重合,因此模拟水力裂隙扩展过程中无须重新划分网格。由于油藏计算模拟需要包含节理、

断层、地层和井筒等结构,往往非常复杂,所以在裂隙模拟过程中重新全局划分网格是不现实的,而基于 FEMM 模拟油藏中的裂隙扩展过程优势明显。

成果 2:揭示了单溶洞沟通机理。

通过数值模拟和理论分析,揭示了单溶洞对单水力裂缝扩展的影响规律:由于塔河油田地质条件——溶洞内压力略低于三维地应力,溶洞对人工裂缝主要起排斥作用。当溶洞周围有初始压力分布时,拉应力区会吸引裂缝向溶洞扩展,压应力区会排斥裂缝向溶洞扩展。三维地应力在溶洞周围主要形成压应力区(和小部分拉应力区),排斥裂缝向溶洞扩展。溶洞内压力会在溶洞周围形成压应力区,吸引裂缝向溶洞扩展。当溶洞内压高于地应力时,将吸引裂缝向溶洞扩展;当溶洞内压低于地应力时,将排斥裂缝向溶洞扩展。当溶洞周围没有初始压力时(不考虑围压等),裂缝趋于向软弱材料的溶洞扩展,这种情况只在实验中存在。

成果 3:揭示了多溶洞沟通机理。

在双溶洞情况下,溶洞内压的相对大小对裂缝偏转起决定性作用;当存在多个溶洞时,多溶洞之间的连通会相互影响,在工程中应着重考虑注入井与主要产油溶洞连通与否,计算注入井在主要产油溶洞区的最优位置安排。

3. 主要创新点

创新点 1:在软件开发方面,利用 CoFrac 建立了基于三维模拟软件的缝洞型储层水力裂缝沟通溶洞预测方法,为研究水力裂缝扩展提供了有效工具。

创新点 2:在数值模拟算法开发方面,完善了杂交有限元-无网格法模拟算法。

4. 推广价值

技术成果通过数值模拟揭示了单溶洞不同沟通方式、多溶洞不同沟通方式、含节理油藏中多溶洞不同沟通方式机理,对优化井筒不同区域储集体多洞沟通工艺方案有重要的指导意义。

二、断溶体不同区域压裂前后应力监测测试分析

1. 技术背景

碳酸盐岩断裂两侧、断裂端部、远离断裂的应力情况极为复杂,影响酸压工艺以及增产效果。拟通过大型压裂及监测实验,将高精度的应力监测探头置于岩样内不同位置,监测不同断层、溶洞区域的应力情况,为优选工艺、提高增产率提供支持。

2. 技术成果

成果 1:形成了断溶体不同区域压裂前后应力监测方法。

压裂物理模拟实验(图 4-1-1)中需监测不同情况、不同位置下的应变和应力变化。将高精度的电阻应变片置于岩样内不同断裂部位,监测不同断层、溶洞区域的应力情况,为优选工艺、提高增产率提供了支持(图 4-1-2)。

图 4-1-1　压裂物理模拟实验示意图

图 4-1-2　电阻应变片工作原理

成果 2：明确了断溶体不同区域压裂前后的应力变化规律。

1）不同区域的应力变化总体规律

（1）断层端部：

① 最大水平主应力 σ_1 整体上呈现初期快速增加，后期保持略微下降的趋势；

② 最小水平主应力 σ_2 整体上呈现前期增加，后期保持稳定下降的趋势；

③ 水平应力差（$\sigma_1 - \sigma_2$）呈现先增加后下降的趋势；

④ 角度 α 整体在 $-4°$ 左右波动。

（2）断层侧面：

① 最大水平主应力 σ_1 整体呈现先增加后缓慢降低的趋势；

② 最小水平主应力 σ_2 整体呈现先增加后降低的趋势；

③ 水平应力差（$\sigma_1 - \sigma_2$）呈现先增加后下降的趋势；

④ 角度 α 整体在 $-4°\sim1.7°$ 范围内波动变化。

（3）断层交叉区域：

① 最大水平主应力 σ_1 整体呈现先急剧增加后稳定下降的趋势；

② 最小水平主应力 σ_2 整体呈现增加趋势；

③ 水平应力差（$\sigma_1 - \sigma_2$）呈现先增加后降低的趋势；

④ 角度 α 整体稳定在 $-4°\sim3°$ 之间。

（4）溶洞附近：

① 最大水平主应力 σ_1 整体呈现先急剧增加后保持稳定的趋势；

② 最小水平主应力 σ_2 整体呈现先急剧增加后保持稳定趋势；

③ 水平应力差（$\sigma_1 - \sigma_2$）呈现先增加后下降的趋势；

④ 角度 α 整体稳定在 $-1°\sim4°$ 之间。

（5）双溶洞之间：

① 最大水平主应力 σ_1 整体呈现先急剧增加后保持稳定的趋势；

② 最小水平主应力 σ_2 整体呈现先急剧增加后稳定下降的趋势；

③ 水平应力差 $(\sigma_1-\sigma_2)$ 呈现先增加后保持稳定趋势；

④ 角度 α 整体稳定在 $-4°\sim4°$ 之间。

（6）地层远端：

① 最大水平主应力 σ_1 整体呈现先急剧增加后保持稳定的趋势；

② 最小水平主应力 σ_2 整体呈现先增加后下降的趋势；

③ 水平应力差 $(\sigma_1-\sigma_2)$ 呈现先增加后下降的趋势；

④ 角度 α 整体稳定在 $-4°\sim3.6°$ 之间。

2）统计的应力变化总规律

根据统计和平均不同断溶体情况的 $1^\#\sim10^\#$ 岩样的最大水平主应力 σ_1、最小水平主应力 σ_2、水平应力差 $(\sigma_1-\sigma_2)$ 和角度 α，可以得到不同区域的应力变化总规律。

（1）最大水平主应力 σ_1：地层远端（17.75 MPa）＞断层侧面（16.21 MPa）＞溶洞附近（15.77 MPa）＞双溶洞之间（15.03 MPa）＞断层端部（14.27 MPa）＞断层交叉区域（14.01 MPa）。

（2）最小水平主应力 σ_2：溶洞附近（10.87 MPa）＞双溶洞之间（10.33 MPa）＞断层侧面（10.25 MPa）＞断层端部（9.25 MPa）＞地层远端（9.17 MPa）＞断层交叉区域（8.14 MPa）。

（3）水平应力差 $(\sigma_1-\sigma_2)$：地层远端（8.58 MPa）＞断层侧面（5.96 MPa）＞断层交叉区域（5.87 MPa）＞断层端部（5.02 MPa）＞溶洞附近（4.90 MPa）＞双溶洞之间（4.70 MPa）。

（4）角度 α：总体变化相近，在 $-4°\sim4°$ 之间。

成果 3：明确了断溶体不同区域裂缝扩展路径规律。

（1）地应力为水力裂缝扩展的主控因素。

在不同断溶体组合的情形下，岩样水力压裂实验后均形成了沿最大水平主应力方向扩展的水力垂直裂缝，这说明地应力是水力裂缝扩展的主控因素。

（2）断溶体对水力裂缝扩展总体具有吸引作用。

水力压裂物理模拟实验和数值模拟发现，水力裂缝扩展过程中可沟通最大水平主应力方向上的溶洞或断层。在沟通断层后，水力裂缝沿着断层发生转向并继续延伸。水力裂缝沟通断层的概率高于其沟通溶洞的概率。断层端部、交叉断层的交叉点对水力裂缝的吸引更加明显，而溶洞对水力裂缝有环绕吸引的趋势。

在水力裂缝沟通断溶体后，压裂液将大量流入断溶体。受此影响，在断溶体一侧水力裂缝扩展范围较小，而另一侧水力裂缝扩展范围明显较大。

3. 主要创新点

通过实验实测得出断溶体不同区域压裂前后应力变化规律。地应力是裂缝扩展方向的主控因素，通过水力裂缝沟通断层可以实现裂缝的转向延伸；水力裂缝遇到断溶体后裂缝波及范围减小，说明对水力裂缝扩展具有一定的吸引作用。

4. 推广价值

该技术成果监测了不同断层、溶洞区域的应力情况,可为布井及优化酸压工艺、提高增产率提供支持。

三、储层区域构造应力场数值模拟分析评价

1. 技术背景

地应力场参数是油田开发过程中的重要基础参数,是制定钻井、完井与油气开发方案和施工措施的重要依据。裂缝溶洞的发育程度影响着局部地应力场的三维分布。地应力场的方向决定后期酸压人工裂缝的延伸方向、延伸高度等。因此,有必要研究区域缝洞发育特征与应力场的分布规律,为后期油藏改造方案设计提供基础。

2. 技术成果

成果1:托甫台区域地质模型建立与应力场模拟。

1)定量识别提取裂缝,建立裂缝分布模型

采用蚂蚁算法对地震数据进行分析处理,认为断层与溶洞有较强的伴生关系(图 4-1-3)。裂缝走向主要为北西和北东两个方向。在研究区南部,溶洞和断层的伴生关系比较明显,大部分溶洞沿着断层延伸;在研究区北部,溶洞和主断层有伴生关系,但是由于北部地区溶洞发育较强,大部分溶洞呈连片状,伴生关系不明显。

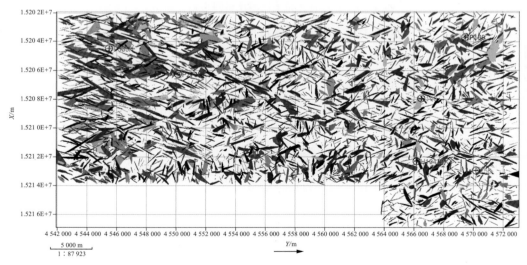

图 4-1-3　研究区天然裂缝离散预测和建模

2)识别提取溶洞,建立溶洞三维分布模型

(1)由溶洞三维地质模型可以看出串珠状反射。在 T_{74} 界面以下,溶洞在地震反射剖面上呈现"串珠状"特征,对应的时间剖面在 3 900~4 100 ms 范围内。

（2）从平面分布来看,在 T_{74} 界面附近,北部区域溶洞发育中等,中部地区少有溶洞存在;在界面向下 25 ms 切片,南部区域溶洞迅速减少,北部区域溶洞发育程度增大,中部地区溶洞数量少;在 50 ms 和 75 ms 切片上,北部地区的溶洞均较南部区域发育;至 100 ms 与底部 T_{76} 界面时,整个地区的溶洞发育均较少。

（3）垂直方向上,南部地区溶洞数量少,北部地区自上向下均有溶洞发育,中部地区整体溶洞发育程度很低。整个研究区,东北区域的溶洞最为发育,北部偏西区域也有一定程度的发育,南部区域溶洞的发育程度较弱且呈条带状展布。

3）建立了托甫台区域三维地质模型

通过地震数据重采样,建立了时间域地质模型,利用建立的时深转换关系,建立托甫台区域三维地质模型(图 4-1-4)。

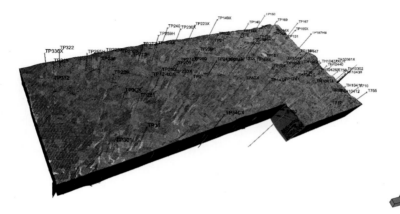

图 4-1-4　托甫台区域奥陶系地层网格划分模型图

成果 2：区域应力场模拟与不同主应力分布规律解析。

1）垂向应力分布规律

（1）远离断层与溶洞区域,随着深度增加,垂向应力增大。

（2）在溶洞发育区域,溶洞内部为应力低值区,溶洞上部与两侧局部会出现应力集中,较正常应力大 10～20 MPa,且增大规律与深度相关性不强,在溶洞底部则会出现应力降低;应力集中的影响范围是洞径的 0.5～0.8;相邻溶洞间距较大时,应力集中效应更明显。

（3）在断层带内部应力降低,断层带两侧易产生应力集中现象,应力增大 5～10 MPa,影响范围约为断层带宽度的 1/2,向外再逐渐过渡至正常应力。

④ 总体来看,由于南部地区的埋深较北部深 300～500 m,因此南部地区的应力较北部地区大 7～12 MPa。

2）水平最大主应力分布规律

（1）研究区内水平最大主应力分布在 120～145 MPa 范围内,总体上在断层与溶洞不发育地区,随着深度增加,水平最大主应力增大;自北向南,随着埋深增加,水平最大主应力增大。

（2）研究区北部为构造高部位,南部为构造低部位,中间部位形成过渡带,因此南部与北部溶洞相对较发育,中部地区基本上不发育,由此导致南部与北部地区形成水平最大主应力高值区（应力在 130～150 MPa 之间），中部形成应力低值区（应力在 110～130 MPa 之间）。

（3）在研究区西北部，由于存在小型构造，因此形成了水平最大主应力的高值区（部分地区应力值为 140～150 MPa），平面上显示该部位的应力值较高，应力等值线相对密集。

（4）溶洞对水平最大主应力的影响较大。在溶洞发育区域，出现等值线密集现象，溶洞内部为应力低值区，溶洞周围有应力集中现象，局部地区应力可以超过 140 MPa，影响范围约为洞径的 0.5～0.8，然后过渡至正常应力；在溶洞间距较小时，溶洞之间易形成相互干扰，产生明显的高应力区，部分地区应力可达到 150 MPa。

（5）在断层发育区域，总体表现为断层带中间部分为应力低值区（110～120 MPa），然后逐渐过渡至正常应力，主要原因在于断层内岩石破碎，导致应力解除；在断层两端则易产生应力集中现象，局部地区应力可以达到 140 MPa 以上；在应力等值线上则表现为断层两侧等值线呈条带状密集分布，应力降低幅度为 20～30 MPa。

3）水平最小主应力分布规律

（1）研究区内水平最小主应力主要分布在 85～105 MPa 之间，总体上随着深度的增加，水平最小主应力增大；自北向南，随着埋深的增加，水平最小主应力增大，北部地区应力值在 70～90 MPa 之间，南部地区应力值在 80～100 MPa 之间。

（2）北部构造高部位与南部构造低部位溶洞较发育，最小水平主应力相对较大，应力值在 100～115 MPa 之间，中间过渡带处的应力值在 70～90 MPa 之间；区域西北部小型构造发育区形成最小水平主应力低值区，等值线相对稀疏。

（3）溶洞导致水平最小主应力减小。在区域的西北部、东北部和南部，由于存在溶洞，因此形成了水平最小主应力的低值区，应力等值线相对密集；溶洞内部为应力低值区，溶洞周围有应力集中现象，然后过渡至正常应力；溶洞间距较小时，溶洞之间易形成相互干扰，形成明显的低应力区；在溶洞底部，水平最小主应力增大，形成高值区。

（4）在断层发育区域，总体表现为断层带中间部分为应力低值区，然后逐渐过渡至正常应力，断层的两端则易产生应力集中现象，应力等值线则表现为断层两侧等值线呈条带状密集分布；同时在共轭断层交叉地区，水平最小主应力降低幅度更大。

成果 3：揭示了断层、溶洞对局部应力场的影响规律。

1）断层附近地应力分布

在断层发育区，由于断层带内部地层破碎，使断层内部应力降低，一般较周边的应力值低 15～20 MPa，影响范围为断层带宽度的 1 倍左右，使应力低值区呈条带状分布；在断层末端易产生应力集中现象，出现应力高值区，较正常应力值高 20～30 MPa；在断层的尖端与拐弯处，水平最大主应力方向会产生改变，其他地区差别不大。

2）溶洞附近地应力分布

在溶洞发育区域，由于溶洞内部为正常流体压力，在地层埋深较大时，溶洞周边存在较大的应力差，因此易出现等值线密集现象；由溶洞向正常地层方向过渡，应力逐渐增大，在 0.5～0.8 倍洞径附近，出现应力极大值，较正常值高 30～40 MPa；在约 2 倍洞径处，恢复为正常应力值；在溶洞间距较小时，应力集中现象更为明显；溶洞周边的水平主应力方向在两侧变化较大，西侧表现为由 NE 向 NW 拐向，然后再恢复 NE 向，东侧则向 NE30°～40°偏转，再恢复至 NE10°～15°。

成果 4：预测了人工裂缝走向分布。

水平应力差比值 F 为：

$$F=\frac{水平最大主应力-水平最小主应力}{水平最大主应力}$$

$F>0.3$ 时，易产生裂缝，西北部构造区、东北部溶洞区、中南部的次级断层与溶洞发育区为可能的裂缝发育区（图 4-1-5）。裂缝的走向有两组，即 NW340°～350°和 NE25°～30°。裂缝转向接近溶洞方向，裂缝易被吸引转向，断层区域影响不大。

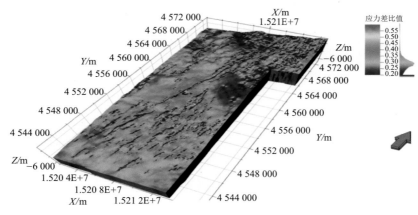

图 4-1-5　人工裂缝分布范围与走向预测

塔河油田基岩水平应力差为 30～40 MPa，西北部构造发育地区为 50～70 MPa，东北部溶洞发育区为 10～30 MPa，南部构造与次级断层发育区为 40～50 MPa。因此，对于基岩与西北部构造发育地区，应力差较大，应造长缝沟通溶洞；对于东北部溶洞发育区，应力差较低，应采用复杂缝进行改造；对于南部构造与次级断层发育区，采用多裂缝进行改造。

3. 主要创新点

通过建模明确了断层、溶洞对局部应力场的影响规律，进行了人工裂缝分布范围与走向预测，并对单井的酸压改造给出了方案与建议。

4. 推广价值

通过地质建模与有限元方法建立了区域地质构造模型与区域地应力场，结合现今区域应力场的分布特征分析了断层及缝洞对局部应力场的影响，可以由应力场分布预测人工裂缝的分布，最终从油藏角度规划设计改造方案与单井改造方案，在塔河油田及其他地区储层改造中具有很好的推广价值。

四、暂堵转向靶向酸压大尺度全过程物模技术

1. 技术背景

常规物模只能对堵剂参数进行单因素模拟，无法模拟压裂全过程裂缝延伸及转向规律，

仅能定性指导工艺设计,因此有必要开展大尺度、全过程物模研究,以指导整个施工工艺系统优化。本技术通过构建缝洞型储层物理模型,对不同工艺条件下全过程模拟实验,根据实验结论,进行不同井型暂堵转向靶向酸压工艺优化,最终形成不同井型暂堵转向靶向酸压工艺。

2. 技术成果

成果 1:明确了直井缝内暂堵裂缝扩展物模实验规律。

缝内暂堵形成低渗带,流动阻力增大。实验条件下,压力能增加 15 MPa 以上,且压力上升过程中波动明显,形成了复杂裂缝,新缝主要从天然裂缝、层理处起裂扩展(表 4-1-1)。

表 4-1-1 不同暂堵剂类型直井缝内暂堵实验规律

序 号	应力$(\sigma_h/\sigma_H/\sigma_z)$ /MPa	排量 /(mL·min^{-1})	泵注程序	暂堵剂类型	实验现象
1	5/13/15	50+50	1 000 mL 纯液+ 1 000 mL 暂堵液	0.4%纤维 (<1 mm)	注入压力上升较高,裂缝转向,纤维大量进入裂缝
2	5/13/15	50+50	1 000 mL 纯液+ 1 000 mL 暂堵液	0.7%纤维 (<1 mm)	注入压力上升较高,裂缝转向,较多纤维进入裂缝
3	2/10/15	100+100	1 000 mL 纯液+ 1 000 mL 暂堵液	1%纤维 (<1 mm)	注入压力上升较高,裂缝转向,纤维大量进入裂缝
4	2/10/15	100	1 000 mL 暂堵液	人造岩样 预置纤维(6 mm)	注入压力上升不明显,形成简单双翼缝
5	2/10/15	100	1 000 mL 暂堵液	人造岩样 预置纤维(6 mm)	注入压力上升不明显,形成简单双翼缝
6	2/10/15	100+100	1 000 mL 纯液+ 1 000 mL 暂堵液	1%膨胀型颗粒 (<100 目)	注入压力上升不明显,形成简单双翼缝,颗粒球少量进入裂缝
7	2/10/15	100	1 000 mL 暂堵液	2%膨胀型颗粒 (<100 目)	注入压力上升几兆帕,形成简单缝,开启层理缝,颗粒球大量进入裂缝
8	2/10/15	100	1 000 mL 暂堵液	5%膨胀型颗粒 (18A-310)	注入压力上升较高,形成简单双翼缝,颗粒球大量进入裂缝

成果 2:明确了直井缝口暂堵裂缝扩展物模实验规律。

缝口暂堵时,纤维或纤维+颗粒球能形成致密暂堵层暂堵缝口,憋起较高压力,裂缝在井筒新位置起裂,起裂位置主要在层理、天然裂缝所在地方(表 4-1-2)。

表 4-1-2　不同暂堵剂类型直井缝口暂堵实验规律

序号	应力($\sigma_h/\sigma_H/\sigma_z$) /MPa	排量 /(mL·min^{-1})	泵注程序	暂堵剂类型	实验现象
1	5/13/10	50	1 000 mL 暂堵液	0.2%纤维 （3～4 mm）	压力上升较高，形成简单双翼缝
2	5/13/10	50	1 000 mL 暂堵液	0.2%纤维 （1.5～2 mm）	压力上升较高，形成简单双翼缝
3	1/14/15	50＋50	50 mL 纯液＋ 950 mL 暂堵液	0.5%纤维 （<1 mm）	压力上升较高，形成简单双翼缝，开启层理缝
4	1/14/15	50＋50	250 mL 纯液＋ 750 mL 暂堵液	0.7%纤维 （<1 mm）	压力上升较高，形成简单双翼缝，开启层理缝
5	1/14/15	50＋50	1 000 mL 纯液＋ 1 000 mL 暂堵液	0.6%纤维 （<1 mm）	压力上升较高，开启层理缝
6	5/13/15	100＋100	1 000 mL 纯液＋ 1 000 mL 暂堵液	0.4%纤维 （<1 mm）	压力上升较高，开启层理缝
7	5/13/15	100	1 000 mL 暂堵液	0.7%纤维 （<1 mm）	压力上升较高，形成简单双翼缝，开启层理缝
8	5/13/15	100	1 000 mL 暂堵液	0.7%纤维 （<1 mm）	压力上升较高，形成简单双翼缝，开启层理缝
9	2/10/15	100	1 000 mL 暂堵液	0.7%纤维 （<1 mm）	压力上升较高，开启层理缝
10	1/14/15	50＋50	1 000 mL 纯液＋ 1 000 mL 暂堵液	0.5%颗粒球 （0.8～1.2 mm）	压力上升不明显，形成简单双翼缝
11	1/14/15	50＋50	1 000 mL 纯液＋ 1 000 mL 暂堵液	0.5%颗粒球 （20～40 目）	压力上升不明显，形成简单双翼缝
12	1/14/15	50＋50	50 mL 纯液＋ 950 mL 暂堵液	0.7%颗粒球 （20～50 目）	压力上升较高，形成简单双翼缝
13	1/14/15	50	1 000 mL 暂堵液	0.7%颗粒球 （20～50 目）	压力上升较高，形成简单双翼缝，开启层理缝

成果 3：明确了水平井缝口暂堵分段压裂物模实验规律。

在水平井分段压裂中，纤维或纤维＋颗粒球可有效暂堵缝口，憋起更高压力，使裂缝在其他地方起裂延伸，形成多条横切缝（表 4-1-3）。若天然岩样存在天然裂缝或层理，暂堵压裂时可憋起较高压力，开启天然裂缝或层理，形成较复杂裂缝。

表 4-1-3　不同暂堵剂类型水平井缝口暂堵实验规律

序　号	应力($\sigma_h/\sigma_H/\sigma_z$)/MPa	排量/(mL·min^{-1})	泵注程序	暂堵剂类型	实验现象
1	13/23/25	100+100+100	1 000 mL 纯液+1 000 mL 暂堵液	0.7%纤维（2 mm）	两条裂缝，一条垂直于σ_h方向，一条垂直于σ_H方向
2	10/27/30	50+50+50	1 000 mL 纯液+200 mL 暂堵液+1 000 mL 纯液	1%纤维（2 mm）	三条裂缝，一条垂直于σ_h方向，两条垂直于σ_H方向
3	10/27/30	50+50+50	1 000 mL 纯液+200 mL 暂堵液+1 000 mL 纯液	1%纤维（2 mm）	三条裂缝，一条垂直于σ_h方向，两条垂直于σ_H方向
4	10/27/30	200+100+200	1 000 mL 纯液+200 mL 暂堵液+1 000 mL 纯液	0.5%纤维（0.75 mm，1.5 mm 和 3 mm 比例1:1:1）	两条裂缝，均垂直于σ_h方向，沟通天然裂缝
5	10/27/30	200+100+200	1 000 mL 纯液+200 mL 暂堵液+1 000 mL 纯液	0.4%纤维（0.75 mm，1.5 mm 和 3 mm 比例1:1:1）	两条裂缝，均垂直于σ_h方向，沟通天然裂缝
6	10/27/30	100+100+100	1 000 mL 纯液+200 mL 暂堵液+1 000 mL 纯液	0.4%纤维（0.75 mm，1.5 mm 和 3 mm 比例1:1:1）+0.4%颗粒球（0.8~1.2 mm）	两条裂缝，均垂直于σ_h方向，沟通天然裂缝
7	10/27/30	200+200+200	1 000 mL 纯液+200 mL 暂堵液+1 000 mL 纯液	0.4%纤维（0.75 mm，1.5 mm 和 3 mm 比例1:1:1）+0.4%颗粒球（0.8~1.2 mm）	两条裂缝，均垂直于σ_h方向，沟通天然裂缝
8	10/27/30	100+100+100	1 000 mL 纯液+200 mL 暂堵液+1 000 mL 纯液	0.8%纤维（6 mm）+0.8%颗粒球（0.8~1.2 mm）	两条裂缝，均垂直于σ_h方向，沟通天然裂缝
9	10/27/30	100+100+100	1 000 mL 暂堵液	0.8%纤维（6 mm）+0.8%颗粒球（0.8~1.2 mm）	两条裂缝，均垂直于σ_h方向，沟通天然裂缝
10	10/27/30	100+100+100	1 000 mL 纯液+200 mL 暂堵液+1 000 mL 纯液	0.8%纤维（6 mm）+0.8%颗粒球（0.8~1.2 mm）	两条裂缝，均垂直于σ_h方向，沟通天然裂缝

3. 主要创新点

通过大尺度全过程物模实验明确了缝内和缝口暂堵酸压人工裂缝延伸规律及暂堵强度，指导了暂堵工艺。

4. 推广价值

通过构建缝洞型储层物理模型，在不同工艺条件下做全过程模拟实验，根据实验结论进行了不同井型暂堵转向靶向酸压工艺优化，最终形成了不同井型暂堵转向靶向酸压工艺，在塔河油田及其他地区储层改造中具有很好的推广价值。

五、不同靶向目标与酸压工艺耦合模型研究

1. 技术背景

随着塔河油田勘探开发及产能建设的逐步推进，酸压精准性要求越来越高，对靶向酸压沟通缝洞储集体进行有效识别，需按照储层类型及沟通模式进行归类，并进行定量化刻画，亟待分类构建典型靶向酸压沟通缝洞储集体模型。因此，有必要建立靶向目标与酸压工艺耦合模型，并通过物理模拟实验，确定靶向目标与酸压工艺之间模型耦合规律，达到提高靶向目标酸压的针对性和改造效果。

2. 技术成果

成果 1：提出了 ELMAN 网络混合属性井靶三分量刻画方法。

构建了可供矿场快速便捷使用的识别图版与标准，能够分类识别井孔溶洞、裂缝-孔洞、裂缝型储集体类型，与 18 口取芯测井、9 口成像测井对比，解释符合率超过 85％。针对现行投影式距离量取方法笼统化的问题，提出了三分量量取空间距离和方位的技术方法（图 4-1-6）。针对现行手工距离方位量取靶体的方法，研究了根据井段输入参数批量进行距离方位输出的技术方法，提高了量取速度。

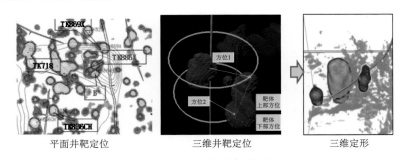

平面井靶定位　　　　三维井靶定位　　　　三维定形

图 4-1-6　三分量刻画方法

成果 2：创建了单元整体校核控制单井建模精度的技术方法。

创建了单元整体校核控制单井建模精度的技术方法，通过邻井综合对比网络，联动完善地震识别属性，不断优化单井孤立刻画信息，统一区域内的井周靶体建模标准。

成果3：创建了塔河靶体特征参数分类谱系，阐明了靶体分类。

协同考虑靶体储层地质特点、工艺类型和参数，创建了塔河油田靶体特征分类谱系。根据酸压工艺类型、酸压工艺参数、酸压增产效果，创建了靶向目标体四级九因素分类划分标准指标体系(图4-1-7)。

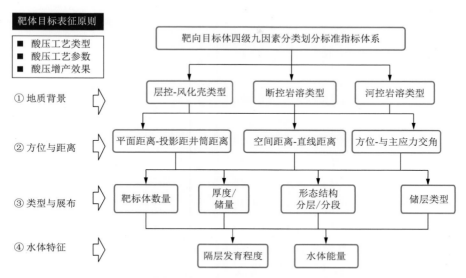

图 4-1-7　靶向目标体四级九因素分类划分标准指标体系

成果4：推出了塔河油田三类酸压工艺耦合井例，并进入了现场应用。

创建了靶向酸压工艺耦合模型与现场应用四级流程体系。第一级，压裂施工前靶标模型刻画；第二级，靶标与酸压工艺耦合模型；第三级，压裂施工后效果评价；第四级，压裂施工工艺优化方法。

3.主要创新点

创新点1：单井靶体参数由孤立性识别、定性对比转变为定量化联动对比识别；形成了单元级别靶体建模技术，可为物性赋值和靶体的储量估算提供依据，可提高靶向研究精准度。

创新点2：创建了靶向酸压工艺耦合模型与现场应用四级流程体系，并在不同类型的酸压井中进行了矿场应用。

4.推广价值

通过对塔河油田50余口井进行生产数据分析软件压前刻画、耦合模型分析和压裂施工参数优化等研究，明确了不同类型靶向目标体的酸压工艺思路及方案，解决了不同类型靶向酸压目标与酸压施工工艺的耦合问题，在塔河油田及其他地区储层改造中有很好的推广价值。

六、超深井酸液化学作用对体积缝的影响实验

1.技术背景

顺北次级断裂区以裂缝型储层为主，天然裂缝较发育，需要通过体积改造工艺尽量开启

天然裂缝,但顺北区块储层埋藏深(8 000 m),水平应力差较大(25～30 MPa),酸压净压力为5～8 MPa,仅靠水力作用天然裂缝的开启程度有限,因此需探索裂缝型储层裂缝扩展模式,并研究不同酸液及其组合对天然裂缝的开启和改造范围的影响,提出改造范围最大化的酸压工艺。

2.技术成果

成果 1:明确了酸液对顺北奥陶系碳酸盐岩力学特性的影响。

顺北地区奥陶系碳酸盐岩类型属于颗粒-灰泥石灰岩类型结晶石灰岩,矿物组分呈现出"高碳酸盐、低石英、少杂质"的特征;静态酸岩反应后微观矿物晶间距明显增大,且矿物中方解石含量由 93% 降至 88%,仍属于高脆性可压裂储层。由不同酸液的静态酸岩反应及其单轴压缩实验可知,最佳反应时间为 30 min(图 4-1-8),各物理参数和力学指标劣化效应显著。胶凝酸处理 30 min 后岩石试件的密度和纵波波速明显减小,其抗拉抗剪强度明显弱

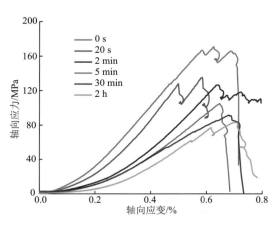

图 4-1-8 不同酸蚀时间的应力-应变曲线

化。胶凝酸作为反应酸液,对碳酸盐岩试件产生宏观结构的酸蚀和微观孔隙裂隙的损伤,其物理参数和力学指标等均产生了劣化效应。

成果 2:确定了开启微裂缝的液体。

胶凝酸和交联酸、交联压裂液因黏度较高,单独注入压裂时均仅形成一条宏观主缝,未能激活更多的天然裂缝;滑溜水压裂时泵压出现多次峰值,更易于形成复杂裂缝网络(图4-1-9、图4-1-10)。酸液与非反应性液体组合注入时,仅胶凝酸+滑溜水注入激活了更多天然裂缝,其他注入方案均形成单一主缝(图4-1-11、图4-1-12)。

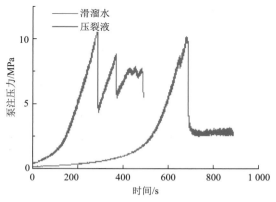

图 4-1-9 滑溜水、交联压裂液对比

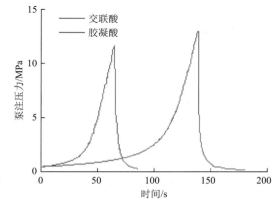

图 4-1-10 胶凝酸、交联酸对比

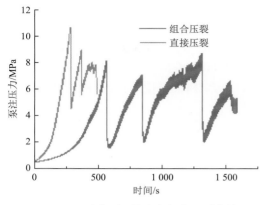

图 4-1-11　胶凝酸+滑溜水组合压裂曲线　　　　图 4-1-12　交联酸+滑溜水组合压裂曲线

成果 3：形成了复杂缝酸压工艺方案。

以提高远井酸压裂缝复杂程度、扩大改造范围为目标，形成了复杂缝酸压工艺（图 4-1-13）方案：首先采用大排量交替注入压裂液与交联酸，形成深穿透高导流主缝；然后大排量注入滑溜水，激活远井天然裂缝，形成复杂裂缝网络；最后采用高排量胶凝酸酸蚀开启的天然裂缝，提升裂缝网络的导流能力。

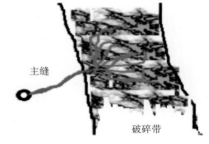

图 4-1-13　复杂缝酸压工艺示意图

3.主要创新点

创新点 1：从宏观和微观角度研究了压裂现场所用胶凝酸对顺北碳酸盐岩力学特性的影响，确定了注酸时间。

创新点 2：通过不同酸液与非反应性液体组合注入的物理模拟实验研究，揭示了不同液体组合注入工艺对天然裂缝开启的影响，推荐了提高酸压裂缝复杂程度的酸压注入工艺方案。

4.推广价值

该技术方法可激活更多天然裂缝，大幅度扩大了顺北油气田裂缝型碳酸盐岩储层远井改造范围，提高了单井产能和单井开发效益，推广价值较高。

七、顺北区块深穿透高导流实验测试及酸压技术

1.技术背景

顺北油气田储层埋藏深（8 000 m）、温度高，闭合应力高，酸岩反应速度快（反应速度是主体区的 10 倍）、有效作用距离短（缩短 1/3），导流能力下降快，常规酸压难以实现深部沟通，需探索深穿透高导流酸压技术，增大酸液作用距离，力争实现沟通目标。

257

2. 技术成果

成果 1: 获得了高温下酸液有效作用距离。

基于不同温度下的酸岩反应速度与酸液滤失速度,计算获得了 170 ℃ 条件不同酸液、不同排量下酸液作用距离。在高温条件下,酸液有效作用距离大幅度缩短,交联酸酸岩反应速度低,滤失少,其作用距离远大于胶凝酸(图 4-1-14)。

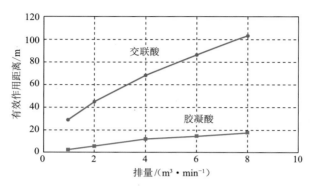

图 4-1-14　170 ℃ 两种酸液有效作用距离对比

成果 2: 明确了不同条件下裂缝导流能力变化规律。

结合实验数据与缝长方向上酸液浓度变化,通过数学方法建立了缝长方向上导流预测模型。酸蚀裂缝长期导流能力下降 40%～50%,胶凝酸酸蚀裂缝导流能力低于交联酸(图4-1-15)。

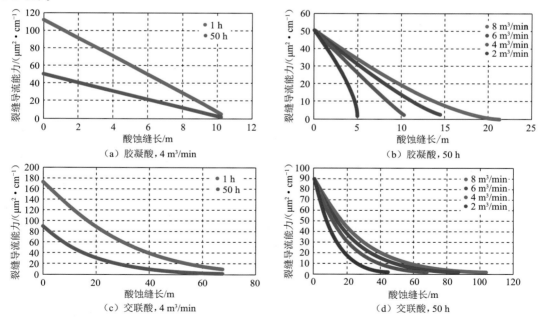

图 4-1-15　170 ℃ 不同条件下酸蚀裂缝导流能力变化

成果 3: 建立了顺北油气田储层水平井井筒、裂缝与压裂液传热模型。

建立了顺北油气田储层水平井井筒、裂缝与压裂液传热模型,分段模拟了压裂液与井壁

的热交换过程,获得了 7 000 m 垂直井底排量 Q、液量 V 与压裂液温度 T 的关系式:

$$T = 114.3Q^{0.318}$$

$$T = 3 194.3V^{0.712}$$

注入液量超过 300 m³ 后温度下降幅度减缓,因此最优注入液量为 300 m³(图 4-1-16);6 m³/min 排量条件下,交联酸酸蚀有效作用距离可达到 99 m(图 4-1-17)。

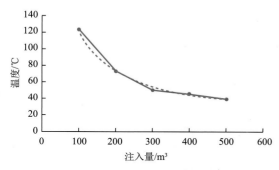

图 4-1-16　垂直井底压裂液温度随注入量的变化　　图 4-1-17　降温前后交联酸酸蚀有效作用距离对比

3. 主要创新点

建立了高温条件下考虑滤失的酸蚀有效作用距离计算模型。

4. 推广价值

该技术成果获得了不同温度、不同施工参数下酸蚀缝长与导流能力变化规律,可为高温、高闭合应力储层工艺优化提供依据,为其他超深、高温储层等同类型油田工艺优化提供借鉴作用。

八、超深缝洞型碳酸盐岩储层酸压关键岩石力学参数实验评价

1. 技术背景

岩石力学参数是指导勘探井酸压的重要指标。前期实践表明,酸压施工求取的岩石力学参数和室内实验获取的参数往往偏差较大。目前的岩石力学实验方法与结果解释所依据的标准、评价岩石力学的关键参数选取都是针对井深较浅的碎屑岩,这套方法对超深碳酸盐岩是否适用需进一步论证。因此,需要建立针对超深碳酸盐岩的岩石力学实验方法与标准,以提高岩石力学参数的可靠性,为酸压施工设计提供依据。

2. 技术成果

成果 1:明确了深层碳酸盐岩和碎屑岩的岩石力学性质差异。

通过实验明确了深层碳酸盐岩与碎屑岩的岩石力学性质差异(表 4-1-4):

(1)碎屑岩矿物成分较为复杂,碳酸盐岩矿物成分较集中。

(2)碳酸盐岩基质致密,缝和洞连通性差,需要在储层改造时增加有效裂缝网络;碎屑岩微观孔隙发育,主要为次生孔隙,且大多互相连通,在储层改造时以增加裂缝延伸长度为主。

（3）碎屑岩弹性模量较低，塑性特征相对不明显，压裂裂缝缝宽较大；碳酸盐岩弹性模量较高，高围压下塑性特征较为明显。

（4）碎屑岩由颗粒之间胶结连接，抗拉强度较低；碳酸盐岩基质致密，抗拉强度较高，延伸距离有限。

表 4-1-4　不同岩性实验参数重要性区别

实验项目	碎屑岩	深层碳酸盐岩	作　用
连续强度测试	次　要	重　要	针对岩芯非均质性和各向异性进行标定，选取实验岩芯
XRD	重　要	依实验目标选做	碎屑岩矿物组成复杂，对岩石力学参数影响较大
SEM 电镜扫描	依实验目标选做	依实验目标选做	测定岩石细微观结构
单轴压缩实验	重　要	次　要	连续强度测试已经能反映单轴压缩试验
三轴压缩实验	重　要	重　要	① 根据地应力设定围压参数； ② 碎屑岩合理选用孔隙压力进行实验，才能得到较精确的数据； ③ 碳酸盐岩会展现一定的塑性特征，是否施加孔隙压力需要根据实验目的来确定
抗拉强度测试、断裂韧性测试	次　要	次　要	可以通过连续强度测试仪测试的抗拉强度（UCS 强度）折算

成果 2：明确了深层碳酸盐岩储层的关键力学参数。

总结岩石力学参数在深层碳酸盐岩储层压裂过程中的作用，明确了关键力学参数为地质参数（地应力、矿物成分、微观理化特征）、强度参数（弹性模量、泊松比、内聚力、内摩擦角）、塑性参数（抗拉强度、断裂韧性）、孔隙弹性参数（Biot 系数）。

成果 3：建立了一套针对深层碳酸盐岩岩石力学性质的实验体系和方法。

在明确关键岩石力学参数的基础上，总结关键岩石力学参数的实验方法，建立了实验与压裂设计所需参数关联图版；建立了一套针对深层碳酸盐岩岩石力学性质的实验体系和方法，添加了连续强度测试以评选岩芯的非均质性，详细给出了通过连续强度测试进行岩芯选取的方法以及其他关键参数实验中参数的设定和实验数量的要求，可根据研究目的得到最准确的参数及最优的效率（图 4-1-18、图 4-1-19）。

3. 主要创新点

建立了一套针对深层碳酸盐岩岩石力学性质的实验体系和方法，明确了深层碳酸盐岩和碎屑岩在实验方法上的区别。

4. 推广价值

该技术成果明确了深层碳酸盐岩与碎屑岩的关键力学参数选取以及实验方法、岩芯选取方法，可为以后的岩石力学实验提供依据，对国内外碎屑岩、碳酸盐岩等不同岩性油藏的岩石力学测试提供有针对性的方法。

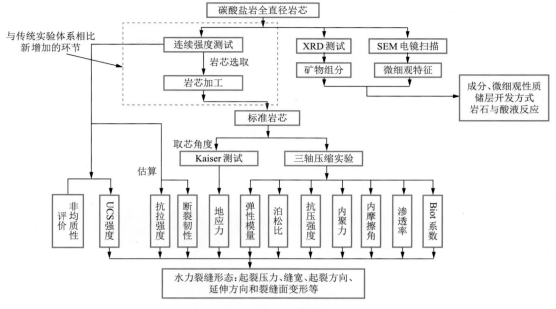

图 4-1-18　岩石力学实验流程

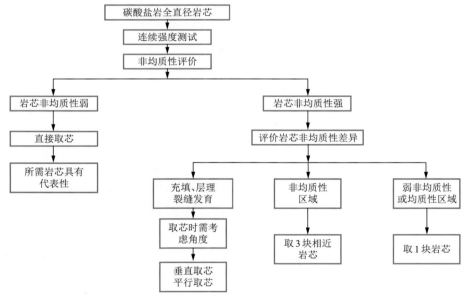

图 4-1-19　岩芯选取流程

九、酸蚀导流能力动态稳定性模拟及壁面失稳评价

1. 技术背景

针对靶向酸压技术酸液刻蚀裂缝作用不明确,裂缝导流能力变化不清楚,以及裂缝导流

能力有效性判定缺乏,导致在靶向酸压时选定酸液存在局限性,无法评价酸液有效性和有效作用条件的难题。通过高温高压储层环境下酸蚀导流能力动态稳定性模拟实验,建立一个评价酸液刻蚀裂缝有效性的综合评价体系,为储层酸压改造过程中酸液的选取提供理论依据,为研究不同酸蚀裂缝导流能力变化的规律提供技术支撑。

2.技术成果

成果 1:建立了酸蚀后裂缝壁面稳定性分析实验新方法。

不同于传统的单点分析方法,新方法通过岩石地质矿物微观形态描述,建立了储层的非均质性连续测试,再结合酸蚀前后微观连续强度测试(图 4-1-20)和裂缝壁面形态重构,得到了裂缝壁面内各位置的强度变化和影响因素(图 4-1-21)。

图 4-1-20　岩板酸蚀前后连续强度测试

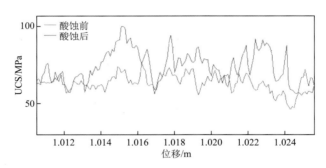

图 4-1-21　岩板酸蚀前后位移变化图

成果 2:首次定量划分了酸液对岩石不同区域的强度参数及不同酸蚀时间对岩石力学参数的影响。

提出了酸蚀后岩石部分区域抗压强度相对酸蚀前抗压强度升高的观点。针对酸蚀裂缝导流能力在短期内快速下降的问题,结合三维扫描、裂缝重构等方法,研究了酸蚀时间与酸蚀岩板裂缝壁面支撑体形状之间的联系,为塔河油田酸压工艺设计提供了必要的基础。分析了不同酸蚀时间裂缝壁面支撑体强度变化百分比,得到了酸蚀强度变化百分比的图版。不同酸液体系、不同排量下最优酸蚀时间如图 4-1-22 所示。

成果 3:建立了井筒稳定性模型,分析了酸蚀前后井筒的稳定性。

针对酸蚀前的直井井筒,考虑裂缝稳定性和井底压力当量密度的影响,根据三轴、单轴、连续强度测量数据,分析了酸蚀后裂缝面岩石力学参数的变化,模拟了少裂缝和多裂缝地层的直井井筒稳定性,明确了酸蚀前后对井壁稳定性的影响(降幅 20 MPa 左右),为酸压井筒稳定性研究提供了理论保障和方法支撑(图 4-1-23)。

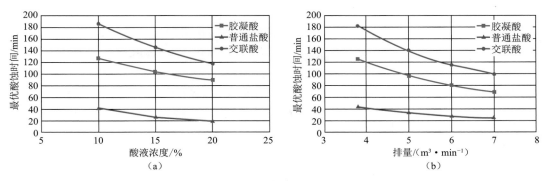

图 4-1-22　最优酸蚀时间图版

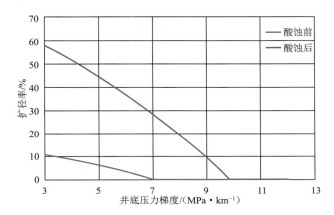

图 4-1-23　酸蚀前后井筒扩径率随井底压力梯度的变化

3. 主要创新点

创新点 1：形成了酸蚀后裂缝壁面稳定性分析实验体系。基于塔河油田非均质性碳酸盐岩储层，建立了不同于传统分析方法的裂缝壁面稳定性分析实验体系。该体系包含岩石地质矿物微观形态描述、酸蚀前后微观连续强度测试和裂缝壁面形态重构，可以分析储层的非均质性，得到裂缝壁面内各位置的强度变化和影响因素，以及强度变化对裂缝导流能力的影响，最终确定最优酸蚀时间。

创新点 2：定量优化了酸蚀时间及其机理。对酸蚀不同时间后的岩板进行强度分析，绘制了酸蚀时间与酸蚀面强度变化图版，为塔河油田酸压时间确定提供了理论上的支撑。裂缝壁面支撑体强度是影响酸蚀裂缝壁面长期稳定性和酸蚀裂缝长期导流能力的重要影响因素。由于岩石非均质性和各向异性，与酸蚀前相比，部分区域的酸蚀缝壁面强度会提高。结合裂缝壁面支撑体矿物分析可知，酸蚀后强度升高部分恰是支撑裂缝不闭合的部分。

4. 推广价值

通过综合酸蚀裂缝失稳机理分析和井筒稳定性数值模拟研究，明确了不同排量下、不同液体体系的单级注入时间，以此为依据进行了酸化压裂酸液规模优化，实现对酸蚀裂缝壁面导流能力最优化设计,提升储层改造有效期;同时根据酸化前后对井筒稳定情况的分析,酸化后井壁稳定极限压力降低 20 MPa 左右,因此酸化后的裸眼井层应优化生产制度,严格控制生产压差,降低井底坍塌风险,延长油井生产时间,提高生产时效,具有很好的推广前景。

十、储层岩石动态冲击能量的传播与衰减测试分析

1. 技术背景

塔河油田主力油藏为碳酸盐岩缝洞型油藏,溶洞为主要储集空间,70%的储量储存在溶洞内,需要采取高排量水力压裂、水力振荡压裂、脉冲波压裂、空化压裂等储层改造措施来沟通孔洞,实现增产。这些增产措施产生的动态冲击能量在不同结构(裂缝、缝洞)碳酸盐岩中的传播与衰减直接影响人工裂缝的造缝距离及造缝体积。因此,有必要研究动态冲击能量在缝洞型碳酸盐岩中的传播与衰减规律,确定能量在岩体内的传播与衰减特性,建立能量与时间、距离的理论关系,为动态破岩裂缝形态的理论研究及脉冲波压裂量化设计提供指导。

2. 技术成果

成果 1:明确了碳酸盐岩动态应力强度高于静态强度,使破坏所需的能量增加。

碳酸盐岩的动态应力强度具有明显的应变率效应,动态应力强度最大提高 1.7 倍(表 4-1-5)。由于应变率效应,碳酸盐岩在动态加载过程中从微裂隙压实阶段、动弹性阶段、弹塑性阶段和软化阶段 4 个阶段变为微裂隙压实阶段、动弹性阶段和软化阶段 3 个阶段,破坏模式由劈裂破坏转变成由局部破坏发展成整体破坏。碳酸盐岩单轴准静态压缩应力-应变曲线如图 4-1-24 所示。

表 4-1-5　分离式霍普金森压杆实验(SHPB)测试数据

试样标号	试样尺寸		击打气压 /MPa	冲击速度 /(m·s^{-1})	应变率最大值 /s	动态应力强度 /MPa
	D/mm	L/mm				
1-2	31.9	60.3	0.2	3.716	241.60	129.40
1-3	31.8	61.2	0.2	3.802	201.23	131.55
1-4	31.8	60.6	0.2	3.811	271.18	117.87
1-5	31.7	60.5	0.2	3.756	270.56	102.75
1-6	31.8	60.6	0.2	3.821	255.72	128.76
2-1	24.4	51.3	0.2	3.832	125.25	94.45
2-5	24.4	50.7	0.2	3.798	180.57	90.09
2-6	24.4	50.8	0.2	3.721	180.91	85.37
2-7	24.3	51.2	0.2	3.811	170.58	83.90
2-8	24.4	50.1	0.2	3.798	183.075	108.32

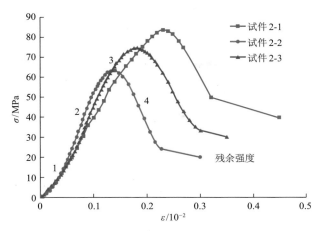

图 4-1-24　单轴准静态压缩应力-应变曲线

1~4 对应应变的 4 种状态

成果 2：明确了地层条件下压缩波不会造成岩石破坏。

碳酸盐岩试样在冲击方向上的应变率、动态应力强度与其相互垂直的两个方向的应变率、动态应力强度高一个数量级，在垂直冲击方向上的应力状态处于压应力且随着应变率的增大而提高，在无限大地层深处利用压缩波作用不会导致岩石破坏（表 4-1-6）。

表 4-1-6　真三轴动态加载实验测试数据

试样标号	试样尺寸/mm			击打气压/MPa	冲击速度/(m·s⁻¹)	围压/MPa			应变率最大值/s		
	长	宽	高			x	y	z	x	y	z
TC-1	49.95	50.02	50.05	1.00	14.585	5.68	5.68	15.04	158.32	12.47	26.92
TC-2	50.08	49.91	49.95	0.97	14.148	5.92	5.4	7.08	130.85	11.27	11.71
TC-3	50.02	49.96	49.98	0.95	14.376	5.48	5.52	7.28	103.86	20.08	6.74
TC-4	50.00	50.01	50.02	0.95	14.233	5.44	5.32	7.31	150.24	17.51	28.23
TC-5	49.98	49.99	50.00	0.99	14.124	5.55	5.32	7.78	175.22	20.01	22.53
TC-6	49.97	50.01	50.02	1.00	14.561	5.65	5.14	7.98	175.88	18.02	22.45
TC-7	49.99	50.03	50.02	0.98	14.557	5.71	5.35	7.14	125.75	17.42	17.56
TC-8	50.00	50.03	50.01	0.95	14.132	5.85	5.32	7.65	101.78	13.98	16.05
TC-9	49.99	50.02	50.03	0.97	14.142	5.21	5.45	7.09	120.69	12.45	18.36

成果 3：建立了碳酸盐岩中应力波衰减无量纲化拟合公式。

碳酸盐岩中的压力 p 与传播距离 r 的变化规律呈指数衰减变化，其公式为 $p=p_0/r^a$（其中 p_0 为加载点的初始压力，a 为压力随距离衰减系数）。无量纲化 $\bar{p}=\bar{r}^{-2.26}$。按照公式推算，塔河油田深部地层缝洞型碳酸盐岩中的应力波传播距离很短（图 4-1-25）；压缩波难以对近似无限大地层中

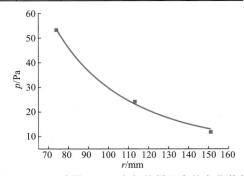

图 4-1-25　试样 C-1 压力与传播距离的变化趋势

的岩石起到破坏作用,建议后续研究从碳酸盐岩的张裂性裂缝扩展入手。

3. 主要创新点

创新点1:碳酸盐岩试样在冲击方向上的应变率及最大应力强度比与其相互垂直的两个方向的应变率及最大应力强度高一个数量级。

创新点2:三向围压下冲击后碳酸盐岩试样在三个方向的端面都出现了微裂缝,确定在无限大地层中利用压缩波作用不会导致岩石发生整体破坏。

创新点3:建立了表征碳酸盐岩中的应力波衰减无量纲化拟合公式和应力波幅值经过裂缝处的衰减无量纲压力公式,能够表征裂缝附近处无量纲化压力峰值随着 β(裂缝缝长与缝宽的比值)的变化规律。

4. 推广价值

通过对塔河油田碳酸盐岩进行一维动态荷载、三维围压动态加载和爆炸力学实验,得出碳酸盐岩的动态力学强度、三维围压下的动态破坏模式及应力波的传播规律,并给出了表征含有缝洞型结构的碳酸盐岩中的应力波的传播公式,可为塔河地区缝洞型油藏爆炸施工作业提供理论计算依据,因此具有很好的推广价值。

十一、岩块静态注液破坏形态及监测测试

1. 技术背景

塔河油田深层裂缝型、缝洞型碳酸盐岩高温高压储层进行大规模酸压存在两个关键问题:一是裂缝型、缝洞型储层裂缝扩展规律不明确,二是对裂缝扩展过程中的微震特征认识不清。由于裂缝型、缝洞型储层裂缝扩展规律不明确,极大地影响了高温高压碳酸盐岩储层的改造,尤其制约了水力压裂有效施工方案的制定,主要包括压裂液的黏度、压裂液的注液速度、地应力的影响分析、微震的有效监测。因此,有必要开展岩块静态注液破坏形态及监测测试,进而明确形成复杂水力裂缝的地质与工程条件,以及微震特征。

2. 技术成果

成果1:确定了形成复杂水力裂缝的地质、工程条件及压裂曲线特征。

低黏度(2 mPa·s)、低排量(0.625 m^3/min)、地应力差低于30 MPa的条件有利于形成复杂裂缝,其中排量受温度影响显著,当温度由20 ℃升高至120 ℃时,由于压裂液存在相态变化,滤失性增强,排量需提升至12.5 m^3/min 才能为裂缝扩展提供足够的缝内净压力;在该地质及工程条件下,形成复杂裂缝的压裂曲线呈"持续、平缓、保持定值波动"的特点,且当温度由20 ℃升高至120 ℃时,曲线波动幅度逐渐提高。

成果2:确定了形成单一水力裂缝的地质、工程条件及压裂曲线特征。

高黏度(40 mPa·s)、高排量(12.5 m^3/min)、地应力差高于30 MPa的条件以形成单一裂缝为主,其中高黏度压裂液受温度影响较小,且黏度对裂缝单一性的控制强于排量;形成

单一裂缝的压裂曲线呈"持续、平缓、波动少"的特征。

成果3：确定了声发射(微震)信号与水力裂缝演化特征的对应关系。

在形成复杂水力裂缝时，由于天然裂缝的依次激活，声发射信号呈突发型、低能量(0～1 000 mV·μs)、低RA值(0～4 μs/dB)、频率突增的显著特点；在形成单一水力裂缝时，主缝面沟通有限条天然裂缝，声发射信号呈持续型、高能量(0～3 000 mV·μs)、高RA值(0～10 μs/dB)、持续低频的显著特点。

成果4：确定了考虑高温条件的体积压裂泵注程序。

泵注程序为：以中排量(3～6 m³/min)注水、注酸，刻蚀并动用井周天然裂缝；之后采用高黏度(40 mPa·s)压裂液在高排量(12.5 m³/min)注入条件下造分支主裂缝；最后高排量(12.5 m³/min)、中排量(6 m³/min)交替注酸，动用远端天然裂缝，进一步形成分支缝。

3. 主要创新点

创新点1：设计并实施了高温条件下刻画缝洞型岩块静态注液破坏形态及微震特征的大型物理模拟实验，模拟了影响储层压裂改造效果的地质与工程因素。

创新点2：确定了不同温度及围压条件下缝洞型岩块静态破坏的形态及演化特征，并提出了相应的机理及力学模型。

创新点3：基于实验测试确定了形成复杂、简单水力裂缝的地质、工程条件及压裂曲线、微震特征，并进一步提出了提升储层改造效果的施工建议。

4. 推广价值

基于不同温度下缝洞型岩块静态注液破坏形态及微震特征，确定了形成单一与复杂水力裂缝的地质与工程条件，在此基础上优化了有利于提升储层改造效果的泵注程序及微震监测方法。优化后的泵注程序主要包括前置液注水与注酸激活、刻蚀井周天然裂缝，之后造分支主裂缝，最后高、低排量交替注酸，动用远端天然裂缝，进一步形成分支缝。提出了采用不同排量与黏度压裂液进行压裂的微震参数优化方法，以提高微震反演的精确度，推广价值高。

十二、复杂地层脉冲波压裂数值模拟与应用分析

1. 技术背景

塔河油田缝洞型油藏经过多期构造岩溶作用，以缝洞体为主要储集空间(储量占比达71.1%)，储层不同尺度的缝、洞空间组合关系复杂，目前采收率仅15%，具有较大的提高采收率空间。目前主要通过酸压实现井筒与储集体之间的连通(70%以上的井通过酸压建产)，但酸压裂缝受水平最大地应力方向控制，无法沟通其余方位缝洞体，需攻关不受地应力控制的动态造缝技术。针对塔河油田缝洞型油藏以上难题，通过开展岩石动载破坏机理研究，建立不同方向多储集体沟通理论，为脉冲波压裂设计的优化提供理论支撑。

2. 技术成果

成果 1：建立了二维脉冲波压裂力学和数值计算模型。

首先发展了岩石基质的本构模型。为了更有效地模拟油藏脉冲波压裂过程,采用离散虚内键(DVIB)力学方法,在 DVIB 中考虑了岩石强度、模量、脆性等力学属性;给出了脉冲裂纹模拟基本方法;考虑岩石基质能耗机制,在 DVIB 中引入了黏性机制,发展了黏弹性 DVIB 本构,通过该方法可以模拟应力波衰减过程。

成果 2：建立了二维天然裂缝、天然洞体的数学和力学模型。

采用单元劈裂法(EPM)来模拟裂纹,避免了网格重划分和单独设置节理单元,为缝洞型油藏大规模节理模拟提供了有效方法;建立了缝洞型油藏洞体的数学模型,认为基本洞体为椭圆形,可由椭圆方程描述,对于不同形状的洞体可以通过改变椭圆半径来实现,对于复杂洞体可以通过若干基本椭圆洞体相交来实现。通过模拟发现,由于洞体周围的压应力集中,洞体对常规水力裂纹起排斥作用,即水力裂纹在接近洞体时,一般情况下绕着洞扩展,不容易与洞体沟通,除非地应力差很大时裂纹才可能趋于洞体,并与洞体汇合。这预示着常规水力压裂方法很难实现水力裂纹与洞体的沟通。

成果 3：明确了小尺度、大尺度脉冲波压裂规律及影响因素。

通过对小尺度岩石脉冲波压裂进行模拟,并与相应的实验结果对比,发现 DVIB 方法能够再现脉冲波压裂的基本特征。对小尺度脉冲波压裂进一步模拟,发现:① 脉冲波压裂可使裂纹分叉,进而提高裂缝网络的复杂性,增大储层的渗透性。② 加压速率影响了井筒上裂纹的起裂数量和分叉程度(图 4-1-26);脉冲峰值压力的大小控制了裂纹分叉的程度,压力水平越高,裂纹分叉越密集;通过控制压力水平,还可以调整脉冲裂纹网络生成位置。③ 脉冲裂纹分布趋势受地应力差控制,地应力差越大,最大地应力方向上的裂纹分叉越密集;杨氏模量越大,岩石脆性越强,裂缝越长(图 4-1-27)。④ 在脉冲裂纹扩展过程中,有很大一部分裂纹向最小主应力方向扩展,这是常规水力压裂技术不具备的功能,因此脉冲波压裂有助于水力裂纹与最小主应力方向上的储集体沟通。⑤ 在脉冲波压裂过程中,缝网的复杂程度及压裂区域大小不仅与加压速率大小有关(图 4-1-28),更与卸压速率有关。卸压速率越小,缝网结构越复杂,压裂区域就越大,压裂效果就越好(图 4-1-29)。因此,在评估或设计脉冲波压裂时,除了要考虑加压速率外,还要考虑卸压速率,这样才能更准确地评估压裂效果。

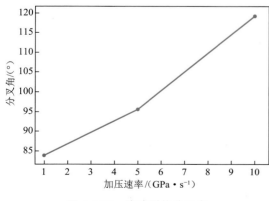

图 4-1-26　脉冲裂纹分叉角

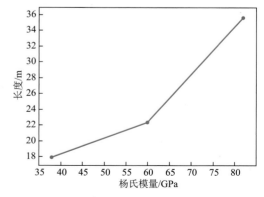

图 4-1-27　脉冲裂纹扩展长度与杨氏模量之间的关系

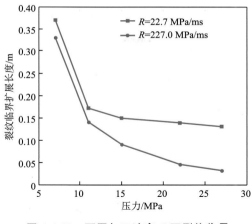

图 4-1-28　不同加压速率 R 下裂纹临界
扩展长度与压力关系曲线

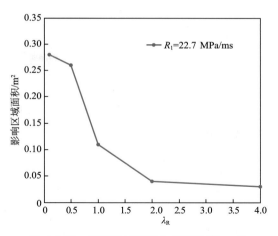

图 4-1-29　压裂区域面积与卸压速率 λ_R 的
关系曲线

　　通过对不同加压速率条件下的脉冲波压裂进行研究,发现随着脉冲压力加压速率的增加,裂缝生成速度明显加快,且在井口侧生成的分叉裂缝分叉数量(复杂程度)及扩展角度(覆盖范围)显著提高。

　　针对大尺度储层脉冲波压裂,分别采用规则三角形脉冲和实测脉冲作为脉冲输入,进行工程尺度脉冲波压裂数值模拟。在高地应力条件下,两条裂纹在井周对称地沿最大主应力方向扩展。当裂纹扩展至一定距离时,两条主裂纹突然分叉,分叉的裂纹呈放射状向外扩展,形成一个复杂裂纹网络。裂纹网络在多大程度上能向最小主应力方向扩展取决于峰值压力大小和持续时间。峰值越高、持续时间越长,则脉冲裂纹向最小主应力方向扩展的距离就越大。这是储层改造所希望得到的结果,是常规水力压裂无法达到的效果。

　　成果 4:建立了脉冲波压裂地层导流能力评估方法。

　　提出了脉冲波压裂后的储层导流能力评估方法,并以均质地层为基本算例,展示了该评估方法的实现过程及脉冲波压裂后储层导流能力的提高程度(图 4-1-30)。

3. 主要创新点

　　建立了缝洞型油藏洞体的数学模型,明确了小尺度、大尺度脉冲波压裂规律及影响因素。当储层中含有洞体时,与常规水力压裂相比,脉冲裂纹能突破洞体周围的应力集中区,并与洞体相交贯通,表明脉冲裂纹有助于沟通天然洞体,可达到脉冲波压裂的效果。

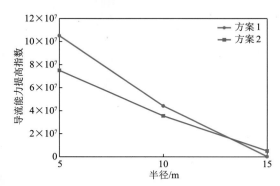

图 4-1-30　基质与脉冲波压裂扩展
裂缝导流能力实验($t=30.0$ ms)
方案 1:最大/最小地应力为 130/120 MPa;
方案 2:最大/最小地应力为 140/120 MPa

4. 推广价值

该技术成果为缝洞型油藏脉冲波压裂提供了必要的理论与技术储备。

十三、缝洞型储层脉冲波压裂造缝三维数模优化

1. 技术背景

塔河油田缝洞型油藏经过多期构造岩溶作用,以缝洞体为主要储集空间(储量占比达71.1%),储层不同尺度的缝、洞空间组合关系复杂,目前采收率仅为15%,具有较大的提高采收率空间。目前主要通过酸压实现井筒与储集体之间的连通(70%以上的井通过酸压建产),但酸压裂缝受到最大水平主地应力方向延伸控制,无法沟通其余方位的缝洞体,需开展非压裂性沟通技术攻关。通过前期研究,基本解决了均质油藏条件脉冲波压裂二维造缝的数值模拟,但缝洞型油藏储层天然缝、洞条件复杂,需要进一步加强缝洞条件下三维数值模拟研究,明确三维复杂储层下脉冲波压裂造缝及沟通机理。

2. 技术成果

成果1:明确了延时杨氏模量越高,裂缝扩展速度越快。

通过对不同杨氏模量的岩石脉冲波压裂进行模拟,发现不同杨氏模量下的裂纹扩展形态基本一致,随着杨氏模量的提高,相同时间内裂缝延伸范围增大,即裂缝起裂后的扩展速度加快(图 4-1-31)。

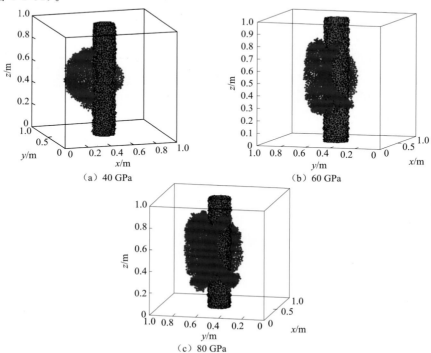

图 4-1-31　相同时间内不同杨氏模量(40 GPa,60 GPa 和 80 GPa)条件下的裂缝形态

成果 2：明确了多个脉冲条件下有利于形成多条裂缝。

脉冲波压裂模拟结果表明，脉冲压力下有利于形成多条裂缝，有利于提高地层渗流能力。水平地应力差对脉冲波压裂的起裂压力影响很大，水平地应力差越大，起裂压力越低。天然溶洞对裂纹扩展具有一定的排斥作用，但是脉冲波裂缝最终能够突破裂纹的排斥作用与洞体相交（图 4-1-32）。

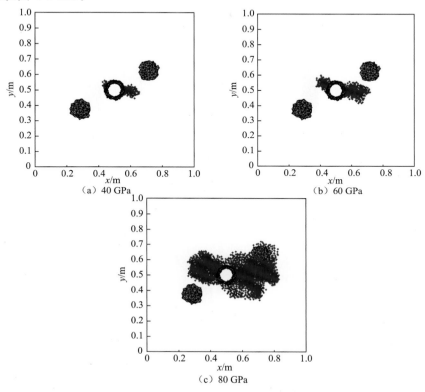

图 4-1-32　脉冲波裂缝沟通溶洞

成果 3：天然裂缝对于脉冲裂纹的起裂、扩展有显著的影响。

天然裂缝可以诱导脉冲波裂缝延伸方向。脉冲波压裂作用于天然裂缝，可促使天然裂缝开启延伸，有利于提高储层裂缝网络的复杂性，促进缝洞沟通（图 4-1-33）。

成果 4：岩石强度与脉冲波压裂施工参数对井壁稳定性有影响。

脉冲波压裂后的井壁是否稳定不仅与原岩的强度参数有关，还与脉冲形态有关。加压速率大小、持续时间及脉冲波压力峰值等都会对井周围岩损伤产生不同的影响（图 4-1-34）。

3. 主要创新点

建立了虚内键（VMIB，DVIB）三维力学本构模型、裂缝三维扩展数学模型和数值计算方法，编制了计算程序，实现了复杂储层的脉冲波压裂效果模拟，为脉冲波压裂设计优化提供了依据。

4. 推广价值

脉冲波压裂数模结果可用于脉冲波压裂方案设计与改造后裂缝形态模拟，优化施工方案。同时,结合施工后监测手段可进一步完善模型,提高模型准确性,最终达到优化施工工艺、指导施工方案的目的。

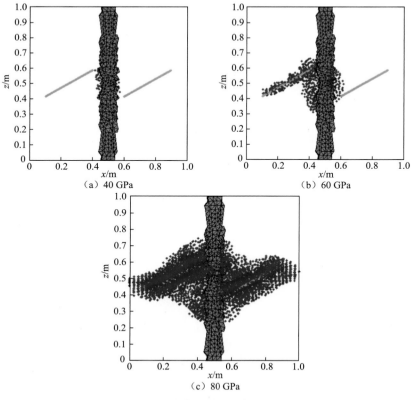

图 4-1-33　脉冲波裂缝开启天然裂缝

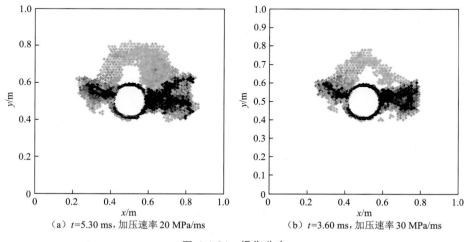

图 4-1-34　损伤分布

第二节 储层改造液体材料体系研发

一、顺北耐高温低腐蚀酸液体系研究及现场应用评价

1. 技术背景

目前,顺北区块井下工况温度高达 $160\sim180$ ℃。当温度达到 150 ℃时,常规缓蚀剂性能不稳定,与添加剂配伍性较差,难以在酸液体系中发挥稳定有效的防腐蚀作用。在深入调研国内外耐温酸化缓蚀剂研究及应用现状的基础上,通过实验室缓蚀剂分子设计合成、酸液体系性能评价及放大中试研究,形成可现场应用、具有独立知识产权的耐温 150 ℃酸化用缓蚀剂工业化产品。

2. 技术成果

成果 1:实验室合成了 4 种耐温酸化缓蚀剂。

根据实验室现有条件和有效耐温酸化缓蚀剂研究情况,分别合成了咪唑啉、喹啉季铵盐、曼尼希碱复配咪唑啉、曼尼希碱季铵盐耐温酸化缓蚀剂(图 4-2-1)。

图 4-2-1 4 种耐温酸化缓蚀剂外观

成果 2:实验室优选出了曼尼希碱季铵盐耐温酸化缓蚀剂,其与现有酸液体系配伍性良好。

加入曼尼稀碱季铵盐耐温酸化缓蚀剂后,酸液体系腐蚀速率为 35.1 $g/(m^2 \cdot h)$,腐蚀速率小于 60.0 $g/(m^2 \cdot h)$(图 4-2-2)。曼尼希碱季铵盐耐温缓蚀剂与现用酸液体系具有良好的配伍性,在 160 ℃,170 s^{-1}条件下剪切 30 min 后黏度大于或等于 40 mPa·s(图 4-2-3)。

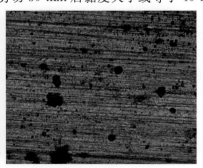

图 4-2-2 挂片腐蚀形貌

图 4-2-3　地面交联酸基液及交联性能

成果 3：形成了一套曼尼希碱季铵盐耐温酸化缓蚀剂的工业生产工艺。

形成了工业化生产工艺（图 4-2-4），其中曼尼希反应温度范围为 80～100 ℃，季铵化反应温度范围为 60～90 ℃；曼尼希反应时间范围为 8～16 h，季铵化反应时间范围为 3～7 h。使用工业合成缓蚀剂后挂片腐蚀形貌如图 4-2-5 所示。

图 4-2-4　缓蚀剂生产设备

（a）　　　　　　　　（b）

图 4-2-5　使用工业合成缓蚀剂后挂片腐蚀形貌

3. 主要创新点

自主创新研发合成了新型曼尼希碱季铵盐耐温酸化缓蚀剂。与顺北现用耐温酸化缓蚀剂相比，新型曼尼希碱季铵盐耐温酸化缓蚀剂与酸液体系具有良好的配伍性，且工业合成品在 150 ℃，20%盐酸酸液体系中的腐蚀速率为 43.5 g/（ m² · h ），与原腐蚀速率 101.9 g/（ m² · h ）相比下降了 57%，大大提升了高温稳定性，达到了 SY/T 5405—1996《酸化用缓蚀剂性能试验方法及评价指标》的一级标准［小于 60 g/（ m² · h ）］。

4. 推广价值

研发的新型耐温酸化缓蚀剂与顺北现用酸液体系配伍性良好，且缓蚀效果好，可全部替代顺北现用酸化缓蚀剂，在顺北碳酸盐岩区块年推广应用 10 井次。

二、耐高温低成本胶凝酸体系研发及应用

1. 技术背景

在国际油价大幅下跌的严峻形势下，降本已成为油田企业度过"寒冬期"重要的保效措施，为降低酸化成本，开展了耐高温低成本胶凝酸体系研发。稠化剂是酸化工作液体系中最

重要的添加剂，开展酸液用稠化剂配方合成研究，研发低成本稠化剂，优选高性能缓蚀剂、铁离子稳定剂、破乳剂，最终形成适用于塔河油田的耐高温低成本胶凝酸体系。

2. 技术成果

成果 1：研发了阳离子型和阴离子型酸液稠化剂（图 4-2-6），系统研究了影响共聚反应的因素，确定了阳离子聚合物合成的最佳条件。

氧化还原引发体系引发效率高于偶氮引发体系，阳离子型酸液稠化剂性能优于阴离子型酸液稠化剂。确定了阳离子聚合物最佳合成条件为：反应初始温度 25～30 ℃（2 h），后期恒温温度 45 ℃（4 h），引发剂用量 0.04%（图 4-2-7），单体摩尔比 AM:DMDAAC 为 7:3，单体总浓度 20%（质量分数）。

图 4-2-6　稠化剂胶块

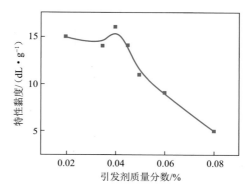

图 4-2-7　引发剂质量分数优选

成果 2：形成了一套耐温达 120 ℃的胶凝酸体系。

基于阳离子型酸液稠化剂，形成了一套耐温达 120 ℃的胶凝酸体系。体系溶解性能良好，在 170 s^{-1}，120 ℃下剪切 1 h，黏度在 30 mPa·s 以上（图 4-2-8、图 4-2-9），黏度提升 50%，大幅度提高了液体的造缝能力。

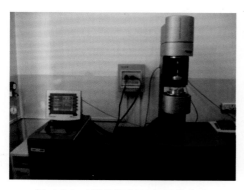

图 4-2-8　HAAKE MARS Ⅲ流变仪

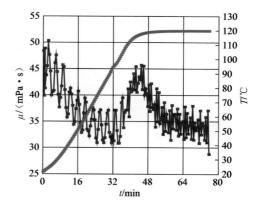

图 4-2-9　胶凝酸 120 ℃流变曲线

3. 主要创新点

创新点 1：创新合成了一种低成本阳离子型酸液稠化剂。

通过自主设计单体，研究影响因素，优化工艺条件，合成了一种阳离子型酸液稠化剂，与现用胶凝剂相比,可降低原料成本 25％。

创新点 2:研发了一套高黏度、适用于超深储层改造的胶凝酸体系。

4. 推广价值

研发的耐高温低成本胶凝酸体系可满足塔河油田埋藏深、温度高储层的酸压/酸化改造需求,应用范围较广。与现用胶凝酸稠化剂相比,研发的酸液稠化剂成本可降低 25％,在塔河油田及国内外类似碳酸盐岩储层中具有较高的推广价值。

三、溶胀性可降解颗粒暂堵剂研发及应用评价

1. 技术背景

塔河油田、顺北油气田区块碳酸盐岩储层部分油井存在钻遇放空、漏失量大,常规酸压方式难以形成有效的注入压力,无法有效压开地层,现有成熟暂堵剂无法满足裂缝宽度大、漏失量大的酸压井暂堵需求等问题。为此开展颗粒尺寸可控、强度满足暂堵酸压要求、作业后可降解的暂堵材料研究,研发一种既能有效封堵大裂缝及漏失井,又不影响酸压后形成的流动通道的高效暂堵剂,最终形成溶胀性可降解颗粒暂堵剂单体及材料、合成工艺、施工工艺,为暂堵酸压工艺提供理论支持和暂堵材料保障。

2. 技术成果

成果 1:研发了溶胀性可降解颗粒暂堵剂。

通过有机锆交联剂与淀粉接枝聚丙烯酰胺交联合成了溶胀性可降解颗粒暂堵剂(图4-2-10),暂堵剂在常温水、酸液、胍胶携带液中均可膨胀 3～4 倍,最高暂堵压力达 15.5 MPa(图 4-2-11),140 ℃条件下 2 h 溶解率小于 30％,最终残渣率低于 5％。该暂堵剂可有效暂堵酸压裂缝和天然裂缝,降低酸液滤失,施工结束后可有效降解,不影响压后产能。

图 4-2-10　合成暂堵剂实验装置

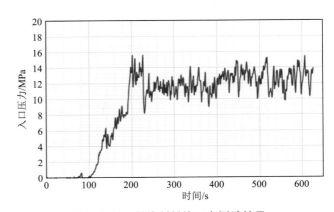

图 4-2-11　暂堵剂暂堵压力测试结果

成果 2:完成了溶胀性暂堵剂的中试合成工艺设计。

完成了暂堵剂中试合成工艺设计,工艺流程分为配料、聚合、造粒、干燥 4 个工艺过程,

并对完成了生产设备的确定和选型(图 4-2-12、图 4-2-13)。分别设计了 4 个过程的中试生产方案,按照工艺流程可制得与实验结果相一致的暂堵剂,生产工艺简单,批量生产无技术难题。

图 4-2-12　聚合反应器

图 4-2-13　造粒设备

成果 3:完成了暂堵剂性能评价和携带液优选。

评价了不同温度、不同浓度、不同携带液体系下暂堵剂的相关性能,优化了相关参数,并优选出胍胶作为携带液(图 4-2-14)。天然岩芯压裂封堵实验中,暂堵剂粒径选用 2 mm,质量分数 5% 时形成了有效暂堵,缝内分布较为密集(图 4-2-15),封堵压力最高为 15.5 MPa。增大暂堵剂粒径和用量可以提高暂堵压力,140 ℃条件下 5 g 2 mm 暂堵剂的暂堵压力最高可达 19.33 MPa。

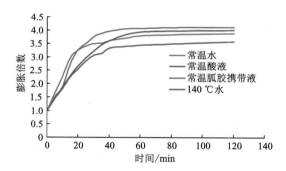

图 4-2-14　不同携带液体系下暂堵剂膨胀性能

图 4-2-15　裂缝内暂堵剂的分布

3. 主要创新点

创新点 1:通过有机锆交联剂与淀粉接枝聚丙烯酰胺交联合成了溶胀性可降解颗粒暂堵剂。

创新点 2:设计了溶胀性暂堵剂的中试合成工艺和设备选型。

4. 推广价值

研发的溶胀性可降解颗粒暂堵剂可满足塔河、顺北区块裂缝宽度大、漏失量大的酸压井暂堵需求。该暂堵剂成本为 10 万元/t,较同类颗粒型暂堵剂定额成本(38 万元/t)降低 74%,比线性纤维类定额成本(12 万元/t)低 17%,具有较高的推广价值。

四、超深井耐盐型低成本减阻液研发及评价

1. 技术背景

塔河超深区块油井深度大,造成在酸化压裂过程中井筒摩阻大、无效压力比例高(60%),导致压裂施工泵压超高,施工效果受限;酸化压裂措施成本高,在液体等方面仍有优化空间;塔河区块地层水矿化度高,平均矿化度为 17×10^4 mg/L,而且水质中钙、镁离子含量高,这对有效利用返排水配液、节约淡水资源、减少液体成本形成了巨大挑战。本技术拟研发新型高性能减阻压裂液技术,以解决塔河油田利用高矿化度水配制高性能减阻液的技术难题。

2. 技术成果

成果 1:明确了滑溜水减阻机理、盐破坏机理及耐盐机理。

通过湍流抑制作用的黏性机理以及流体湍流能量转化的弹性机理解释了有效减阻的必要分子结构,即高相对分子质量和高弹性。通过静电屏蔽、压缩双电层、压缩水化膜厚度和羧酸根与钙、镁离子的络合作用解释了无机盐对减阻剂的影响机理,即使分子链卷曲而降低减阻性能,从而明确了只有使分子链维持舒展才能有效地在高矿化度盐水中达到高效减阻的效果(图 4-2-16)。

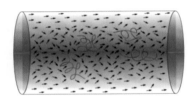 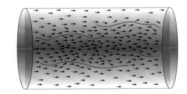

(a)卷曲聚合物分子链不会显著抑制湍流　　　（b）拉伸的聚合物分子链抑制湍流并产生有效的减阻

图 4-2-16　卷曲和拉伸的聚合物链对湍流的抑制效果

成果 2:筛选了高矿化度下高性能减阻滑溜水体系。

在高矿化度(20×10^4 mg/L)条件下,筛选出 3 种减阻效果优良的减阻剂,2 种减阻效果显著的减阻剂,减阻率达到或接近 70%。同时影响减阻液效果突出的是钙、镁离子含量。对于聚合物类型的减阻体系,不建议直接采用钙离子含量超过 3×10^4 mg/L、镁离子含量超过 3 000 mg/L 的水配液。

成果 3:自主研制了具有新型结构的减阻剂。

根据耐盐减阻剂特点设计了 4 种减阻剂结构(图 4-2-17),通过对比确定了一套性能优于筛选产品的减阻剂(包括乳剂产品 JZ-800Y 和粉剂产品 JZ-800G),用高矿化度水配液后最高减阻效果达 71.83%,而且其配伍性好(图 4-2-18、图 4-2-19)。

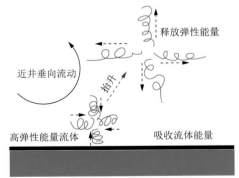

图 4-2-17　弹性减阻结构示意图

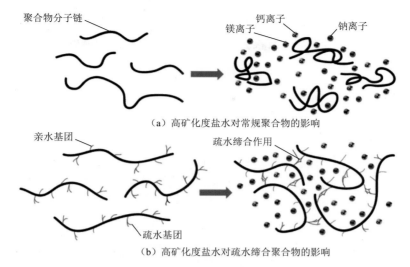

（a）高矿化度盐水对常规聚合物的影响

（b）高矿化度盐水对疏水缔合聚合物的影响

图 4-2-18　耐盐减阻剂官能基团作用原理

3. 主要创新点

创新点 1：充分阐明了无机盐对减阻剂的影响作用机理。

高矿化度水中无机盐对减阻剂的影响作用包括静电屏蔽、压缩双电层、压缩水化膜厚度和羧酸根与钙、镁离子的络合作用。其中高价的镁离子影响作用更强。

创新点 2：设计了一种耐盐新型四元聚合减阻剂结构。

通过反相乳液聚合以及水溶液自由基聚合的方法将丙烯酰胺/丙烯酸/2-丙烯酰胺-2-甲基丙磺酸/双尾非离子单体 N，N-十二烷基甲基丙烯酰胺分别合成乳剂 JZ-800Y 以及粉剂 JZ-800G（图 4-2-19）。

图 4-2-19　提纯后的耐盐减阻剂

4. 推广价值

合成的新型耐盐减阻剂可以利用高矿化度水直接配液得到高性能减阻液，能充分利用塔河油田的高矿化度地层水和返排水，且具有成本优势。合成的新型耐盐减阻剂足以达到塔河油田超深高温储层酸化压裂改造的需求，同时对其他油田大排量大液量储层改造工艺有很大的成本优势和应用推广价值。

五、提高复杂缝导流能力的酸性压裂液实验评价

1. 技术背景

塔河油田缝洞型碳酸盐岩储层埋藏深、非均质性强，80％以上的油井需要通过酸压建产或者提高产能。塔河油田碳酸盐岩储层温度高（140 ℃），酸岩反应速度快，有效作用距离短

（缩短1/3），常规酸压难以实现深部沟通。因此，拟在调研目前深穿透改造常用的酸性压裂液研发现状基础上，结合塔河油田的实际地质特点，研发一套适用于塔河油田深度酸压改造工艺的酸性压裂液体系，为实现储集体深部沟通提供技术支撑。

2. 技术成果

成果1：筛选了3套不同类型的酸性压裂液体系配方。

在对国内外酸性压裂液体系调研基础上，完成了自生酸原材料评价和增稠聚合物合成评价，根据酸性压裂液体系配方筛选实验结果，初步筛选了3套酸性压裂液体系配方。配方1：12％主剂A（多聚甲醛）＋12％助剂B（三甲基氯化铵）＋1％稠化剂＋2％交联剂。配方2：30％主剂A（三乙酸甘油酯）＋20％助剂B（乙醇）＋1％稠化剂＋1.5％交联剂。配方3：30％主剂A（乳酸乙酯）＋1％稠化剂＋1.5％交联剂。3套酸性压裂液配方体系交联程度高、黏度大（图4-2-20～图4-2-22），可作为后续研究攻关方向。

图4-2-20 酸性压裂液 配方1挑挂图 　　图4-2-21 酸性压裂液 配方2挑挂图 　　图4-2-22 酸性压裂液 配方3挑挂图

成果2：研发了一套适用于塔河油田深度酸压改造工艺的酸性压裂液体系。

结合塔河油田的实际地质特点，通过配方筛选和优化，最终研发了一套适用于塔河油田深度酸压改造工艺的酸性压裂液体系（3％多聚甲醛＋3％氯化铵＋20％乳酸乙酯＋20％乙酸乙酯＋10％甲醇＋0.7％稠化剂＋0.7％交联剂）。该配方在140℃条件下持续剪切2h后黏度仍保持在100 mPa·s左右；其黏温性能好（图4-2-23），达到塔河高温深层对压裂液流变性要求；在常温下pH保持中性（图4-2-24），基本不生酸，90℃时滴定酸浓度可达15.49％（质量分数），生酸浓度高，可应用于酸压改造（图4-2-25）。

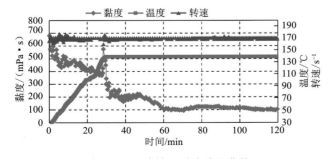

图4-2-23 酸性压裂液黏温曲线

实验条件：剪切速率170 s^{-1}，剪切时间2 h，温度140℃；仪器 RS6000

图4-2-24 酸性压裂液的pH

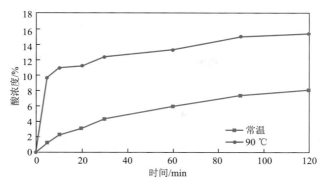

图 4-2-25　不同温度下酸性压裂液生酸浓度

成果 3：测试了酸性压裂液体系的基础性能。

酸性压裂液由于生酸速率慢，缓蚀速率较好，常温下酸性压裂液的静态岩石溶蚀速率为 0.000 091 25 g/min，140 ℃下静态岩石溶蚀速率为 0.009 575 g/min，有利于在地层条件下延缓酸岩反应速率，提高有效作用距离（图 4-2-26、图 4-2-27）。破胶实验（图 4-2-28）表明，加入 0.1% 溴酸钠破胶剂后，酸性压裂液可完全破胶，破胶效果好；通过酸岩反应速率测试（图 4-2-29）获得酸性压裂液体系酸岩反应动力学方程，根据酸岩反应速率判断，酸性压裂液有效作用距离可达到稠化酸的 5 倍、交联酸的 3 倍。

（a）　　　　　　（b）　　　　　　　　　（a）　　　　（b）

图 4-2-26　140 ℃下溶蚀实验（反应前后岩样）　　　图 4-2-27　140 ℃下试片反应前后对比

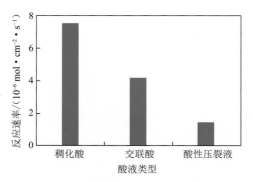

图 4-2-28　酸性压裂液 0.1% 溴酸钠破胶效果　　图 4-2-29　酸性压裂液与其他体系酸岩反应速率对比

3. 主要创新点

研发了一套适用于塔河油田深度酸压改造工艺的酸性压裂液体系，该配方在 140 ℃条件下持续剪切 2 h 后黏度仍保持在 100 mPa·s 左右,在常温下 pH 保持中性,基本不生酸,90 ℃时滴定酸浓度可达 15.49%,生酸浓度高,140 ℃下静态岩石溶蚀速率为 0.009 575 g/min,有效作用距离可达到稠化酸的 5 倍、交联酸的 3 倍,可作为深度酸压改造工艺的前置液。

4. 推广价值

酸性压裂液体系满足塔河油田深度酸压改造工艺的具体工艺要求,可以作为塔河油田深度酸压改造工艺的前置液,同时可在国内类似碳酸盐岩油气藏进行技术推广。

六、基于纳米交联剂的耐温型低成本压裂液研发及评价

1. 技术背景

当前国际油价形势严峻,压裂液作为油气藏储层改造最重要的一环,针对压裂液的调整显得极为重要。压裂液体系成本较高,会严重制约酸压改造效益,因此有必要研发新型低成本压裂液体系,提高酸压改造效果和经济效益。针对压裂液体系中最重要的添加剂——交联剂,开展压裂液用交联剂配方的合成研究,研发耐温抗剪切的纳米交联剂,优选多羟基化合物、多胺化合物、纳米颗粒、偶联剂和溶剂类型,最终形成适用于塔河油田超深高温储层的耐温型低成本压裂液体系。

2. 技术成果

成果 1:研发了胍胶压裂液用纳米交联剂,系统研究了影响交联冻胶体系性能的因素,确定了纳米交联剂合成的最佳条件。

在纳米交联剂(图 4-2-30)的多种合成方法中,有机溶剂法制备的交联剂的性能优于水溶剂法制备的交联剂(图 4-2-31),无溶剂法优于有机溶剂法。确定了纳米交联剂的最佳合成条件:乙二醇质量分数为 69%,硼酸为 23%,多乙烯多胺为 7%,改性纳米颗粒为 1%(APTES 与纳米 SiO_2 表面的羟基摩尔比为 3∶1),脱水反应温度为 140 ℃(2 h),氨基化反应温度为 170 ℃(3 h)。

图 4-2-30　纳米交联剂

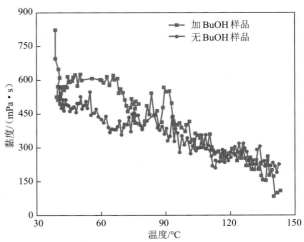

图 4-2-31　基于不同溶剂的交联剂性能比较

成果 2：形成了一套耐温达 140 ℃的压裂液体系。

基于纳米交联剂，形成了一套耐温达 140 ℃的压裂液体系。该体系抗温耐剪切性能良好，在 170 s^{-1}，140 ℃下剪切 2 h，黏度在 140 mPa·s 以上（图 4-2-32、图 4-2-33），黏度比常规压裂液提升了 70%，大幅提高了压裂液体系耐温能力。

图 4-2-32　HAAKE MARS Ⅲ 流变仪

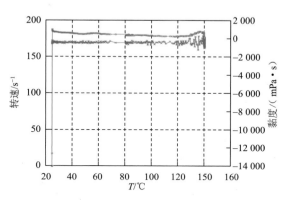

图 4-2-33　压裂液 140 ℃流变曲线

3.主要创新点

创新点 1：创新合成了一种低成本胍胶压裂液用纳米交联剂。

通过在交联剂结构中引入氨基和纳米颗粒，改进了目前市售交联剂耐温性能较差的缺陷，使得压裂液体系达到了适合高温深井（140 ℃）的高水平，综合降低原料成本 30%。

创新点 2：研发了一套适用于超深高温储层改造的压裂液体系。

4.推广价值

本项目合成了一种新的纳米交联剂，实现了压裂液成本有效控制。此外，通过在交联剂结构中引入纳米颗粒，进一步验证了纳米尺度微小颗粒在压裂液体系中应用的可行性，为压裂助剂开发提供了一种方法。研发的可耐高温抗剪切的低成本压裂液体系足以达到塔河油田超深高温储层的酸化压裂改造需求，应用范围较广。与现用的胍胶压裂液用交联剂相比，研发的纳米交联剂可降低压裂液体系成本 30%，黏度维持能力有较大提升，有一定的推广前景。

第三节　酸压工艺技术

一、不同裂缝形态暂堵分段材料方案及施工参数实验评价

1.技术背景

本技术拟通过对不同裂缝形态和施工参数（排量、规模、暂堵剂浓度、暂堵强度等）开展

室内实验研究,指导不同缝宽(1 mm,2 mm,4 mm,6 mm,8 mm 等)和裂缝形态的暂堵分段酸压设计,提高不同储层特征和裂缝形态地层的暂堵工艺针对性,增加暂堵工艺增油能力,提高原油采收率。

2. 技术成果

成果 1:形成了考虑裂缝表面形貌特征的裂缝暂堵模拟技术,研发了炮眼暂堵模拟装置。

结合三维激光扫描技术和 3D 打印技术(图 4-3-1),制作了还原粗糙裂缝表面形貌的模拟裂缝实验装置(图 4-3-2)。裂缝表面还原了实际水力压裂裂缝壁面的粗糙度,实验条件更贴近储层真实情况,实验结果更加可靠。

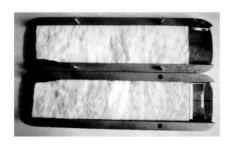 

图 4-3-1 3D 打印模拟裂缝实验装置　　　图 4-3-2 模拟炮眼实验装置

成果 2:明晰了炮眼的暂堵规律,优化了 10 mm 和 12 mm 炮眼暂堵配方。

通过炮眼暂堵实验(图 4-3-3)发现,暂堵球坐封炮眼,小颗粒(1 mm)有助于架桥,纤维聚集形成承压封堵;排量越大,越有利于封堵。针对 10 mm 和 12 mm 炮眼的优化暂堵配方分别为:10 mm 暂堵球+0.3%1 mm 颗粒+0.5%纤维(图 4-3-4);12 mm 暂堵球+0.1%1 mm 颗粒+0.3%纤维。

 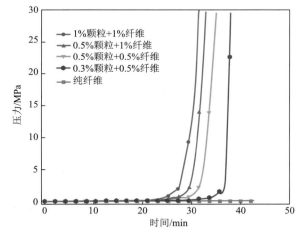

图 4-3-3 炮眼暂堵实验装置　　　图 4-3-4 不同配比下封堵压力曲线

成果 3:明确了裂缝表面形貌特征影响下的不同缝宽暂堵规律,形成了暂堵优化配方。

缝宽较小时,随着缝宽的增大,纤维含量应适当增加;当缝宽较大时,主架桥颗粒尺寸应当增大,且主架桥颗粒与缝宽之差不超过 1 mm,主架桥颗粒含量随缝宽增加总体呈下降趋势;随着缝宽的增大,辅助架桥颗粒的尺寸也应当适当增大(图 4-3-5)。

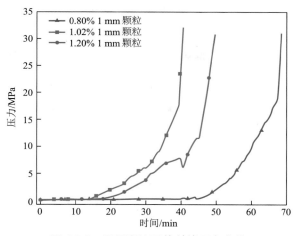

图 4-3-5　不同配比下的封堵压力曲线

3.主要创新点

创新点 1:形成了考虑裂缝表面形貌特征的裂缝暂堵模拟技术。

采用水力致裂的方式获得了不同岩性岩样的人造裂缝,通过三维激光扫描技术获得了裂缝表面形貌并建模,采用 3D 打印技术还原了裂缝形貌,制成了高强度耐摩擦的模拟裂缝装置,并形成了一套裂缝暂堵模拟技术。

创新点 2:系统研究了 1~8 mm 缝宽条件下的暂堵剂优化配比。

4.推广价值

研发的裂缝暂堵模拟技术能够模拟粗糙裂缝中的暂堵过程,根据研究得到的暂堵材料优化配方通过相似性推导得到现场施工所用暂堵剂加量,为现场暂堵施工设计提供了依据,对施工排量和暂堵剂段塞组合注液方式也给出了相应的指导思路。该技术可为塔河油田及国内外具有相同地质特征油藏的水平井暂堵分段改造提供强有力的技术支撑,实现碳酸盐岩储层的高效开发,具有较高的推广价值。

二、顺北区块储层伤害评价实验及高效酸化工艺研究

1.技术背景

顺北井区储层埋藏深、裂缝发育,采用的高相对密度的钻井液可能对储层造成一定的伤害,尤其是酸无法溶解重晶石加重剂。因此,拟通过储层伤害评价明确顺北井区储层伤害类型及伤害程度,研究酸蚀蚓孔发育和扩展规律,评价不同酸液及处理剂对解除钻井液污染、重晶石伤害的酸化效果,优选出适合不同类型伤害的最佳酸化工艺及酸液体系。

2.技术成果

成果 1:形成了顺北区块钻井液伤害模式及解堵思路。

创新提出了顺北区块缝洞型油藏钻井液对储层伤害的新模式及酸化解堵新思路,将储

层伤害区由近井向远井划分成中度污染区(近井裂缝)、重度污染区(同一裂缝流动方向相邻裂缝间的弱连通或未连通区域)、轻度或未污染区(远井裂缝,即钻井液滤液饱和区)3个区域(图4-3-6),酸化解堵的关键在于重度污染区的改造,恢复或改善重度污染区的油气渗流状况。

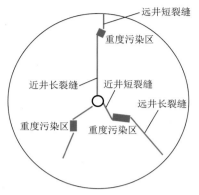

图 4-3-6 钻井液侵入后近井地带储层伤害示意图

成果2:发现了平行裂缝、垂直裂缝对酸液流动的影响规律。

首次发现平行裂缝(平行于酸液流动方向的裂缝)具有集中酸液、加快酸蚀蚓孔突破的作用,垂直裂缝(垂直于酸液流动方向的裂缝)对酸液具有发散作用,可延缓酸蚀蚓孔突破,这两种作用均随裂缝长度的增加而加强(图4-3-7)。

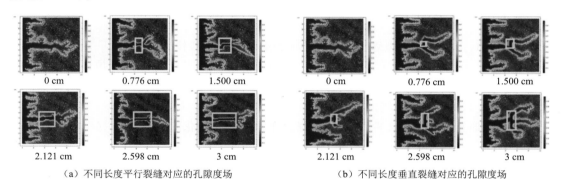

（a）不同长度平行裂缝对应的孔隙度场　　　　　　（b）不同长度垂直裂缝对应的孔隙度场

图 4-3-7 天然裂缝对酸蚀蚓孔扩展的影响示意图

成果3:将酸化解堵数值模拟扩大到"米级"。

将酸化解堵数值模拟计算域扩大到了"米级"(3 m,图4-3-8),远超目前国内外厘米级计算域的尺度限制,解决了大计算域下解不收敛的数学难题,可以更有效地模拟无限大地层酸化的过程。

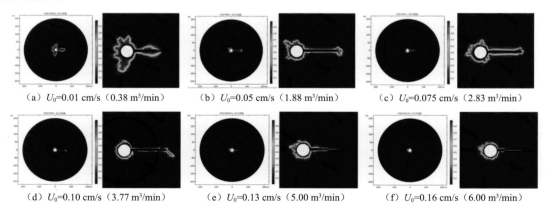

（a）$U_0=0.01$ cm/s（0.38 m³/min）　（b）$U_0=0.05$ cm/s（1.88 m³/min）　（c）$U_0=0.075$ cm/s（2.83 m³/min）

（d）$U_0=0.10$ cm/s（3.77 m³/min）　（e）$U_0=0.13$ cm/s（5.00 m³/min）　（f）$U_0=0.16$ cm/s（6.00 m³/min）

图 4-3-8 米级计算域酸化解堵数值模拟研究(注酸排量优选)

成果 4:编制了裂缝型碳酸盐岩油藏酸化模拟软件(图 4-3-9),最多可模拟 6 条裂缝(可扩充)的储层酸化过程,初步实现了顺北区块的定量酸化设计目的。

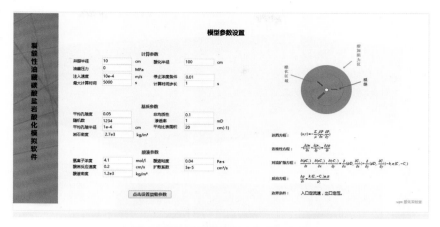

图 4-3-9　裂缝型碳酸盐岩油藏酸化模拟软件

3. 主要创新点

创新点 1:创新性地提出了顺北区块缝洞型油藏钻井液对储层伤害的新模式及酸化解堵新思路。

创新点 2:研究明确了重度污染区的酸化解堵数模研究与优化设计应以蚓孔溶蚀模式为基础。

4. 推广价值

该技术解决了大尺度计算域酸化数值模拟及缝洞型油藏酸化设计定量难的问题,在顺北及其他类似地区储层改造中具有很好的推广价值。

三、裂缝型储层暂堵转向酸压施工参数优化实验评价

1. 技术背景

随着塔河油田勘探开发及产能建设的逐步推进,裂缝型油藏储量动用程度较低,前期缺乏相关基础实验测试,诸如导流能力变化情况、酸液优选和复杂缝酸压工艺设计等研究较少。通过研究不同条件下导流能力变化情况、优选深穿透缓速酸和复杂缝酸压工艺研究等措施,明确裂缝型油藏储层改造方向,形成高导流复杂缝酸压工艺,为裂缝型油藏增产提供技术支持。

2. 技术成果

成果 1:建立了含天然裂缝的双孔/双渗白云岩储层压裂模型,并对裂缝参数和生产制度进行了优化。

根据现场提供的数据,利用 CMG 建立了含天然裂缝的双孔/双渗白云岩储层压裂模型

（图 4-3-10）。研究了不同裂缝参数（裂缝长度、裂缝导流能力、天然裂缝与人工裂缝形成的缝网密度）和不同生产制度（定井底压力、定井底流量）对气井产能的影响，并以此为依据对裂缝参数和生产制度进行了优化，为现场实际施工和生产提供了指导。

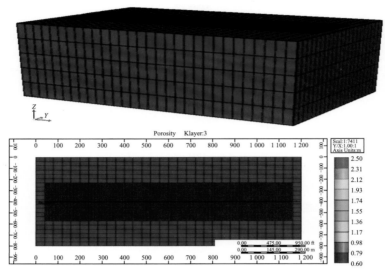

图 4-3-10　CMG 模型示意图

成果 2：开展了白云岩储层压裂支撑剂参数优化研究。

优选参数为：铺砂浓度 5 kg/m²，40～70 目支撑剂，可满足目标储层裂缝参数优化中裂缝导流能力在 10～15 μm² · cm 之间的需求（图 4-3-11）。

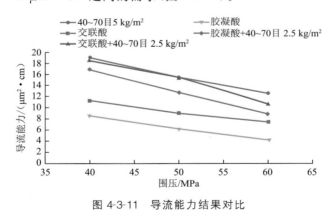

图 4-3-11　导流能力结果对比

成果 3：对白云岩储层酸压压裂液及酸液配方进行了优化。

（1）滑溜水压裂液配方：0.1％XT-65B（减阻剂）＋1％KCl（防膨剂）＋0.005％ XT-97（阻垢剂）＋0.06％戊二醛/ADBAC（85％戊二醛＋15％ADBAC）杀菌剂＋0.3％SF-2（助排剂）。

（2）胍胶压裂液配方：0.4％羟丙基胍胶（稠化剂）＋2％KCl（黏土稳定剂）＋0.2％Na_2CO_3（pH 调节剂）＋0.1％助排剂（含氟类表面活性剂）＋0.8％交联液。交联比为 100∶5（硼砂）和 100∶0.2（有机硼）。

（3）胶凝酸（图 4-3-12）配方：25％HCl＋0.6％TP8098（胶凝剂）＋0.5％TW8098（铁稳定剂）＋1.5％ HS8098（缓蚀剂）＋0.5％ZP8098（助排剂）＋0.5％PR8098（破乳剂）＋0.2％TL8098（调理剂）。

（4）交联酸（图 4-3-13）配方：基液 25％HCl＋0.6％TP369（交联酸稠化剂）＋0.5％TW369（铁稳定剂）＋1.5％ HS369（缓蚀剂）＋0.5％ZP369（助排剂）＋0.5％PR369（破乳剂）＋0.2％TL369（调理剂）。调理剂：交联剂为 1∶1，交联比为 100∶0.8（JL369，交联剂）。

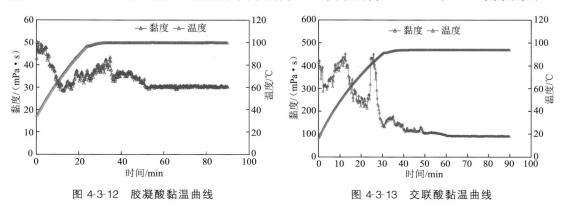

图 4-3-12　胶凝酸黏温曲线　　　　图 4-3-13　交联酸黏温曲线

成果 4：酸压用酸强度优化研究表明，交联酸效果优于胶凝酸，注入孔隙体积倍数越大，效果越好，单纯酸蚀导流能力难以达到 $10\sim15$ μm^2·cm 的最佳导流能力。酸液中加入 $40\sim70$ 目支撑剂＋2.5 kg/m² 铺砂浓度的组合导流能力测试结果显示，可以达到最佳导流能力（图 4-3-14）。

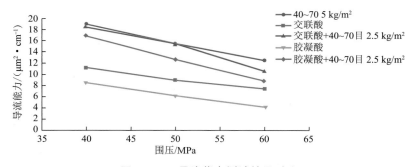

图 4-3-14　导流能力测试结果对比

3. 主要创新点

创新点 1：利用 CMG 产能数值模拟验手段，建立了含天然裂缝的双孔/双渗白云岩储层压裂模型，优化了裂缝参数和生产制度。

创新点 2：优化了白云岩储层酸压支撑剂、压裂液以及酸液体系，明确了加砂压裂裂缝、酸压裂缝和酸蚀加砂裂缝导流能力，优化了用酸强度。

创新点 3：形成了白云岩储层的交联酸携砂压裂的改造思路，滑溜水前置液造缝＋交联酸携砂压裂，在有效沟通天然裂缝的基础上，保证了水平井各段的酸蚀裂缝长度，同时保证了裂缝导流能力。

4. 推广价值

根据塔河油田 5 口井的压裂生产方案,进行了 CMG 产能模拟,对白云岩储层酸压支撑剂、压裂液、酸液以及用酸强度进行了系统优化,并调整压裂改造思路,采用交联酸携砂压裂的改造思路,滑溜水前置液造缝＋交联酸携砂压裂,在有效沟通天然裂缝的基础上,保证了水平井各段的酸蚀裂缝长度,同时保证了裂缝导流能力,且进一步开展了排量、规模、泵注程序优化研究,提供了目标储层水力压裂工艺设计参数,在塔河油田储层改造中具有很好的推广价值。

四、井周预制缝转向沟通能力测试

1. 技术背景

压裂作为一项十分有效的增产措施,在油田上被广泛使用,产生了巨大的经济效益。靶向酸压作为前沿技术有着广泛的使用前景与发展空间,但目前裂缝的扩展转向控制仍存在较多问题。预处理技术的转向机理是研究并实现靶向酸压的重要指标,前期实践表明,转向机理不明确、裂缝转向延伸方位及大小与预制缝模型参数之间关系不明确极大地影响了靶向酸压的成功实施。因此,需要明确预处理技术的转向机理,提高裂缝延伸的可控性,为靶向酸压施工设计提供依据。本技术旨在完成井周溶洞体及预制缝的模型制作、沟通能力的测试,形成方向可控的预制缝,并通过预制缝引导、控制裂缝延伸与转向,实现靶向酸压的目的。

2. 技术成果

成果 1:建立了缝洞型油藏碳酸盐岩实验分析体系。

该体系可对不同方位储集体沟通情况、预制裂缝起裂扩展情况、天然裂缝沟通情况进行物理模拟实验研究。

成果 2:通过实验明确了预制缝扩展转向机理。

预制缝扩展转向机理包括:① 预制缝可避免水力裂缝在近井地带受应力集中影响而发生不规则转向的问题;② 裂缝在穿过近井应力集中区后呈张型开裂,裂缝在远井区扩展转向规律性更强;③ 施工排量与裂缝转向距离呈正相关关系,且高排量为裂缝穿透孔洞的决定性因素;④ 裂缝转向形态受地应力差影响,地应力差越高,人工裂缝受地应力差的约束越大,转向距离越小(图 4-3-15)。

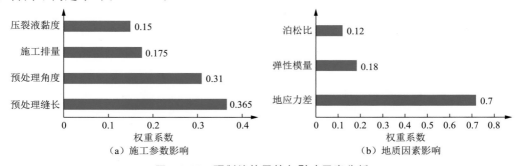

图 4-3-15　预制缝扩展转向影响因素分析

成果3：基于塔河油田碳酸盐岩油藏的施工情况构建了靶向压裂预制缝转向模拟软件（图 4-3-16）。

通过建立解析模型，能够做到快速准确地模拟施工效果，从而对施工进行指导，优化施工参数达到最佳靶向压裂效果。该软件解析模型主要分为三部分，即井筒段压力损耗解析模型、裂缝段压力分布解析模型以及裂缝尖端转向解析模型。

图 4-3-16　塔河油田靶向压裂预制缝转向模拟软件界面

成果4：使用塔河油田靶向压裂预制缝转向模拟软件，研究了各因素对预制缝压裂裂缝扩展转向的影响。

压裂液黏度降低，人工裂缝的转向距离将增大，使用黏度 $\mu=5$ mPa·s 的压裂液时转向距离可达到 14 m，相较于使用黏度为 40 mPa·s 的压裂液转向距离增大了近 5 m（图 4-3-17）；井底压力增大，人工裂缝转向范围明显提升，井底压力 p_{frac} 从 130 MPa 提高到 170 MPa 时，转向半径可从 14 m 增大到 23 m（图 4-3-18）；施工排量提高，人工裂缝转向范围明显增大，由于摩阻的存在，排量需要经过多次模拟比对进行优选，才能针对不同工况得到其最优排量（图 4-3-19）；起裂角度减小，人工裂缝转向距离明显增大；低地应力差、低弹性模量以及高泊松比时裂缝转向距离更大，但对于精准靶向沟通，需要地应力差在一定程度上限制裂缝的扩展轨迹，并使其保持一定的延伸长度，以避免压裂裂缝仅在近井筒区域转向而无法沟通远端储集体的情况。

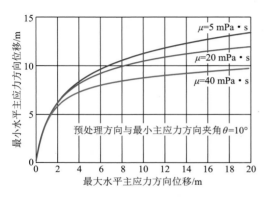

图 4-3-17　不同压裂液黏度下裂缝转向的扩展轨迹

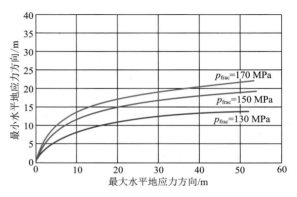

图 4-3-18　不同井底压力下裂缝转向的扩展轨迹

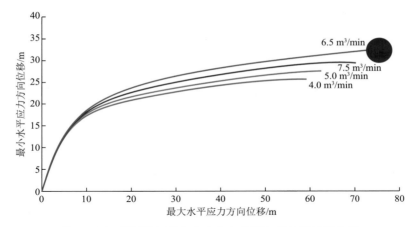

图 4-3-19　塔河油田非主应力方向位移与排量的关系曲线

成果 5：综合实验与软件模拟结果，总结建立了一套预制缝靶向压裂裂缝扩展图版（图4-3-20）。

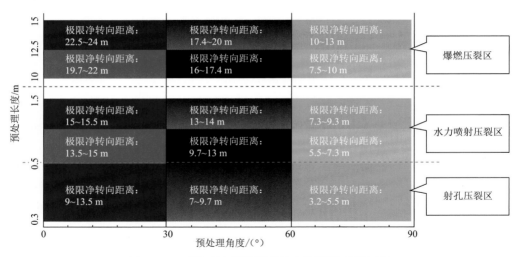

图 4-3-20　塔河油田预制缝靶向压裂裂缝扩展图版

成果 6：针对实际地层情况，使用靶向压裂预制缝转向模拟软件计算了施工条件，建立了靶向酸压沟通非主应力方位孔洞储集体的压裂设计书（图 4-3-21）。

3. 主要创新点

创新点 1：完成了井筒预处理技术转向机理研究及模型流固耦合一体化构建。通过流固耦合组成了可对塔河油田进行靶向压裂施工整体模拟的流固耦合解析模型。对塔河油田使用的射孔、水力喷射、爆燃压裂等进行模拟对比及参数优选，得到了射孔、水力喷射、爆燃压裂等方法的转向距离区间，以及不同预处理角度可达到的极限转向距离，对于位置已知的储集体，可通过预制缝靶向压裂裂缝扩展图版选择靶向压裂预处理方式及预处理角度。

创新点 2：编制完成了塔河油田靶向压裂预制缝转向模拟软件。基于完成的靶向压裂预处理一体化解析模型，通过软件化处理，形成了可独立运行于 Windows 系统中的塔河油田

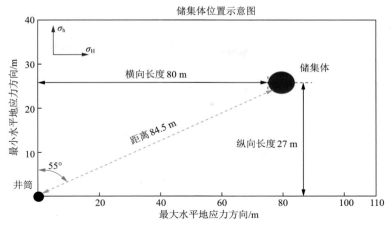

图 4-3-21　塔河油田靶向压裂模拟图

靶向压裂预制缝转向模拟软件。该软件操作简单,运算快捷,可用于靶向压裂预制缝设计。利用该模拟软件,总结出施工参数等条件对靶向压裂裂缝转向距离的影响趋势,可指导施工参数选择。

　　创新点 3:基于物理模拟实验,总结了溶洞体方位、预制缝、施工参数、地应力等条件对靶向压裂裂缝转向的影响情况;通过大型真三轴物理模拟实验,成功地对影响缝洞型碳酸盐岩靶向沟通的各因素进行了分析,总结形成了溶洞形态方位、预制缝角度、地应力及施工参数对人工裂缝沟通储集体的影响规律及趋势。

4. 推广价值

　　使用软件模拟对塔河油田碳酸盐岩储层 6 500 m 裸眼井段进行了压裂施工,在地层中建立了人工压裂裂缝,沟通了地层中距井底 50 m 且与最小水平地应力方向夹角为 35°的储集体,达到了靶向压裂的目的。模拟结果表明,预制缝靶向压裂方法在塔河油田及其他地区储层改造中具有很好的推广价值。

五、裂缝远端暂堵转向工艺参数设计实验测试

1. 技术背景

　　通过现场暂堵井施工分析,目前形成的纤维暂堵工艺及参数主要面临以下难题:目前的暂堵工艺及参数主要针对的是缝口暂堵分段/分层井酸压,暂堵材料难以进入裂缝深部暂堵;单纯降低材料尺寸虽然能增大进入缝端的暂堵剂量,但缝内暂堵转向对暂堵剂的暂堵能力要求高。本技术拟通过室内实验优选能够进入缝端的暂堵剂组合,优化暂堵工艺及参数,并提高缝内暂堵强度,实现裂缝远端的转向延伸。

2. 技术成果

成果 1:明确了高水平应力差条件下缝内暂堵转向所需的暂堵压力。
(1) 由于塔河油田水平应力差大,天然裂缝剪切激活所需暂堵压力接近 0 MPa,即无需

暂堵即可实现天然裂缝的剪切激活。

（2）天然裂缝膨胀激活所需暂堵压力受主裂缝与天然裂缝逼近角影响：逼近角为0°～40°，所需缝内暂堵净压力提高至10 MPa；逼近角为40°～60°，所需缝内暂堵净压力提高至20 MPa，即塔河油田所需最大暂堵压力为20 MPa。

（3）塔河油田高水平应力差是控制转向半径/转向范围的主要因素，塔河油田缝内暂堵转向后，裂缝很快转向至最大水平主应力方向，仅靠暂堵难以形成正交复杂裂缝网络。

（4）塔河油田为缝洞型碳酸盐岩储层，天然裂缝发育，其发育程度及与水力裂缝的夹角/逼近角是影响缝网复杂程度的主要因素。

（5）排量影响缝宽，施工规模影响裂缝体积，但裂缝形态基本保持一致。

缝宽沿缝长方向近似呈椭圆形分布，远离缝尖，缝宽变化较小，靠近缝尖，缝宽急剧下降；施工规模显著影响裂缝体积；排量显著影响裂缝宽度分布，相同施工规模下，排量越低，缝宽越小，缝长相应越长。变排量模拟表明，高排量下缝宽较大，一次压裂过程中，逐步降低排量，缝宽逐步减小；变排量过程中，裂缝形态基本保持一致（图4-3-22）。

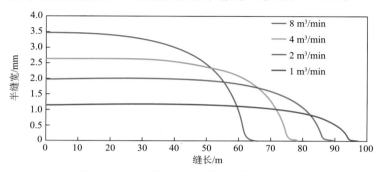

图4-3-22　变排量下缝宽沿缝长的分布关系

成果2：明确了不同暂堵材料的承压能力和降解性能，确定了不同类型暂堵材料的进入深度。

（1）纤维和粉末能够进入狭窄的裂缝远端部位。

粉末质量分数小于2%时，能够进入裂缝远端，进入缝宽小于1 mm；

纤维质量分数小于1.4%时，能够进入裂缝远端，进入缝宽小于1 mm。

（2）颗粒的进入深度与其质量分数相关：总体上，颗粒质量分数越高，进入裂缝远端能力越差。

1 mm颗粒质量分数小于1.2%时，能够封堵1 mm裂缝远端；

2 mm颗粒质量分数小于0.5%时，能够封堵2 mm裂缝远端；

2 mm颗粒质量分数大于1.2%时，不能进入2 mm裂缝远端。

成果3：优化了缝端（1 mm及2 mm裂缝）暂堵材料组合和暂堵工艺参数。

（1）裂缝远端暂堵，纤维和颗粒组合既可满足强度要求，又可降低暂堵材料用量。对于1 mm裂缝，推荐采用0.7%纤维＋0.7%1 mm颗粒进行远端暂堵；对于2 mm裂缝，推荐采用0.7%纤维＋0.7%2 mm颗粒进行远端暂堵。

（2）高排量比低排量形成暂堵时间更短，用量更少。

3.主要创新点

明确了高应力差条件下缝内暂堵转向所需的暂堵压力,优化形成了缝端暂堵材料组合和暂堵工艺施工参数。

4.推广价值

该技术成果可提升酸压改造裂缝的复杂程度,增大改造体积,提高储集体沟通概率,应用于碳酸盐岩储层中可以提高单井产能和开发效益,为塔河油田的发展壮大提供重要的技术保障,对塔里木盆地缝洞型油藏的可持续发展提供技术支撑,为类似油藏的高效开发提供现场实践借鉴。

六、裂缝型储层远井剩余油酸化挖潜技术

1.技术背景

本项目拟通过创建裂缝型油藏产能模拟方法,量化不同增产预期下不同深穿透酸液体系的规模、参数需求,实现经济性深穿透酸化工艺,同时配套新型高性能可控释放酸体系试验及性能评价,建立裂缝型储层远井剩余油酸化挖潜技术措施评价方法,最终形成裂缝型储层远井剩余油酸化挖潜技术体系,进一步提升改造效果,扩大井周剩余油潜力释放。

2.技术成果

成果 1:构建了一套快速识别储层改造效果的停泵压力-停泵压降图版。

系统剖析了控制酸化效果的地质工程因素,以压后效果为依据,搭建了快速识别储层改造效果好坏的停泵压力-停泵压降图版,评估了酸化缝长,明确了现有酸压工艺改造水平,为酸化方案优化设计提供了有力指导。

研究结果表明,酸压井改造效果整体要好于酸化井,但储层类型对酸化、酸压效果的影响规律相同(图 4-3-23):Ⅱ+Ⅲ类储层改造效果最好;Ⅱ+Ⅲ类储层改造效果(39.87 t/d)>Ⅲ类储层改造效果(38.4 t/d)>Ⅱ类储层改造效果(36 t/d);Ⅱ+Ⅲ类储层失效率(43%)>Ⅱ类储层失效率(0)=Ⅲ类储层失效率(0)。

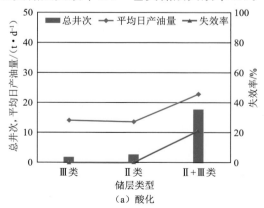 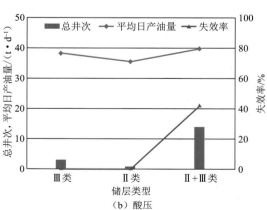

图 4-3-23　不同类型储层在不同改造模式下的平均日产油量和失效率

从改造后生产情况来看,施工跨度越大,改造效果越差,施工跨度小于 100 m 时改造效果更好(图 4-3-24);酸化排量小于 3 m³/min 时解堵效果更好;酸压排量为 5~6 m/min 时改造效果更好。

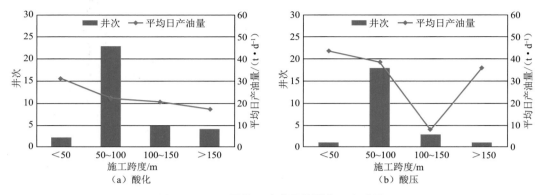

图 4-3-24 不同施工跨度下的平均日产油量

由图 4-3-25 可以看出,不同酸液体系储层改造效果差距较大,酸化井除自生酸+胶凝酸体系外,其余酸液体系改造效果相差不大,以胶凝酸效果最好;酸压井以变黏酸效果最好,多酸酸液体系效果要好于单酸,而且酸压井整体平均日产油量要高于酸化井。

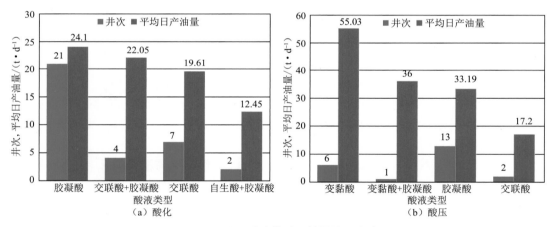

图 4-3-25 不同酸液体系下的平均日产油量

从统计结果(图 4-3-26)来看,缝洞型储层停泵压降小于 3.5 MPa,停泵压力小于 30 MPa,改造效果较好,平均日产油量达到 27.95 t/d;孔洞型储层停泵压降小于 3.5 MPa,停泵压力大于 30 MPa,平均日产油量为 8.5 t/d;裂缝-孔洞型储层停泵压降大于 3.5 MPa。

成果 2:建立了全张量渗透率油水两相流动数值模型,模拟了不同地质工程条件下油井产能变化特征。

基于离散裂缝网络模型 DFN,建立了全张量渗透率等效连续介质几何模型,在此基础上建立了全张量渗透率油水两相流动数值模型,模拟了不同地质工程条件下油井产能变化特征,进而优选出剩余油酸化挖潜模式(图 4-3-27)。

从数值模拟结果(图 4-3-28)来看,相同酸化模式下,含水饱和度 S_w 对挖潜效果影响较小;相同含水饱和度下,酸化缝长增加,累积产油量增大,长缝利于酸化挖潜;相同含水饱和

296

度下,缝网酸化效果显著,但超过一定增长区域后,缝网酸化提高产量幅度减小;缝长及缝网体积越高,效果越好,且缝网酸化效果远好于深度酸化。类似储层剩余油酸化挖潜首推缝网酸化挖潜模式,但缝网区域不宜过大,一般 50 m×50 m 范围即可;次推造深度酸化工艺,酸化半缝长 50~100 m 较为合理。

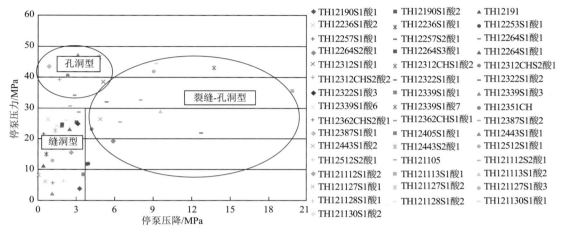

图 4-3-26　停泵压力-停泵压降图版

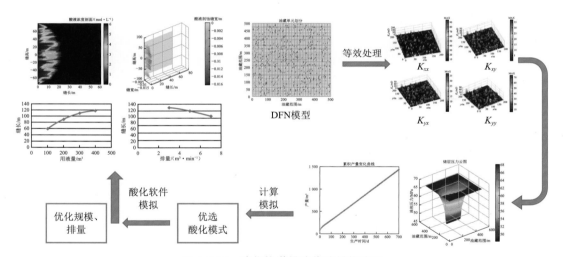

图 4-3-27　酸化挖潜模式优选模拟流程

成果 3:建立了描述裂缝内酸液动态刻蚀的总控制方程。

基于结合液相反应平衡原理和局部反应平衡原理,建立了描述裂缝内酸液动态刻蚀的总控制方程(图 4-3-29)。利用该模型可实现对储层非均匀刻蚀的更准确刻画(图 4-3-30),进而优化施工参数。

成果 4:研制了受 H^+ 浓度及温度双重控制的包裹酸体系。

研制了受 H^+ 浓度及温度双重控制的包裹材料(图 4-3-31、图 4-3-32);提出了适合可控释放酸的相分离和喷雾干燥二级组合包裹方法;开发合成了一种耐高温、耐盐、释放能力可控的盐酸类自控固体酸 SRA-1,为深度酸化提供了新的思路和关键材料保障。

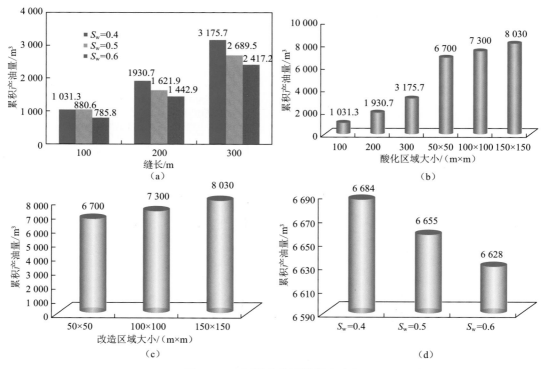

图 4-3-28 不同参数下累积产油量

S_w—含水饱和度

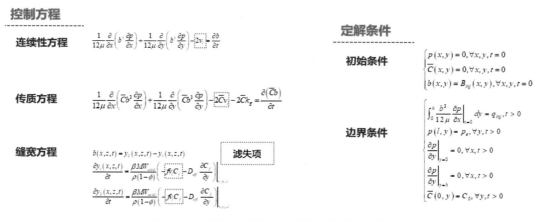

图 4-3-29 裂缝内酸液动态刻蚀的总控制方程

3. 主要创新点

创新点 1:搭建了快速识别储层改造效果的停泵压力-停泵压降图版。

创新点 2:建立了一套全张量渗透率油水两相流动产能计算数值模型,模拟了不同地质工程条件下油井产能变化特征,进而优选出剩余油酸化挖潜模式。

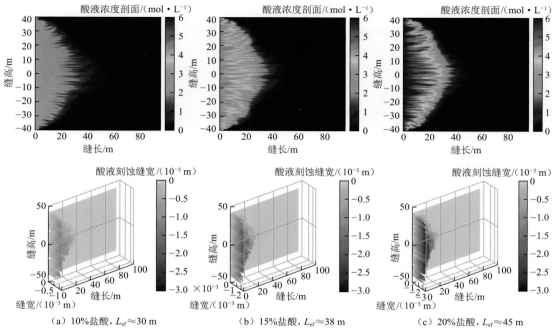

（a）10%盐酸，$L_{ef}\approx30$ m   （b）15%盐酸，$L_{ef}\approx38$ m   （c）20%盐酸，$L_{ef}\approx45$ m

图 4-3-30　不同施工条件下裂缝面刻蚀形态

图 4-3-31　受 H^+ 浓度及温度双重控制包裹酸

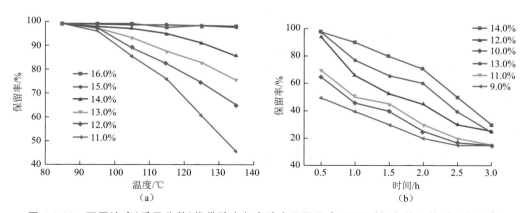

图 4-3-32　不同浓度（质量分数）携带酸中包裹酸在不同温度、不同时间条件下的质量保留率

创新点 3:建立了描述裂缝内酸液动态刻蚀的总控制方程,可实现对储层非均匀刻蚀更准确的刻画,进而优化施工参数。

创新点 4:研制了受 H^+ 浓度及温度双重控制的包裹材料,开发合成了 1 种耐高温、耐盐、释放能力可控的盐酸类自控固体酸 SRA-1,包裹酸腐蚀能力与 20% 胶凝酸腐蚀能力差别不大,在 2 h 时释放率约为 50%,包裹酸酸蚀导流能力较强,有效闭合压力 50 MPa,30 min 时导流能力可达 40 D·cm。

4. 推广价值

本项目建立的停泵压力-停泵压降分析方法、产能计算理论模型、酸压裂缝延伸模型以及研发的包裹酸体系适用于缝洞型油藏压后评估、改造方案优化和酸压改造施工,对缝洞型碳酸盐岩储层高效开发具有重要意义,可以在其他缝洞型碳酸盐岩油藏中推广应用。

第四节 储层改造新工艺探索

一、可降解脉冲波压裂枪体材料研究

1. 技术背景

针对缝洞型碳酸盐岩储层常规酸压形成人工裂缝沿最大主应力方向延伸难、井周非主应力方向上储集体无法有效沟通的技术难题,经前期技术调研发现,脉冲波压裂技术利用含能材料可控燃烧形成高加载冲击波,可形成随机放射状多簇裂缝体系,实现非主应力方位储集体沟通。本技术拟通过开展高承压耐温可溶性枪体金属材料配方及特殊材料枪体间连接、密封方式研究,配合综合型模拟测试实验优化,形成可溶性、高可靠性脉冲波压裂枪体结构,降低枪式脉冲波压裂发生断枪后形成落鱼的处理难度。

2. 技术成果

成果 1:优选出一种适合塔河油田条件的可降解金属材料。

通过不同液体环境下高温降解性能评价及抗拉、抗压综合力学性能测试等实验,优选出一种适合塔河油田条件的可降解镁铝合金材料。该材料在 160 ℃,(10~20)×10⁴ mg/L 油田水中 3 d 内的溶解率小于 2%,16~21 d 内完全溶解,抗拉强度为 320 MPa(图 4-4-1)。

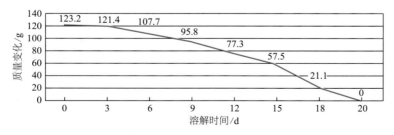

图 4-4-1 可降解材料在 160 ℃,10×10⁴ mg/L 油田水中的溶解曲线

成果2：设计出一种可降解脉冲波压裂枪，其整体性能可满足塔河油田超深井施工的需求。

通过对可降解脉冲波压裂枪（图4-4-2）连接、密封方式的设计优化，枪体抗内压强度可达80 MPa，同时实现了枪身、隔板点火器、接头全部可降解。

3.主要创新点

通过开展耐高温、耐高压可溶金属材料研究，形成了耐温160 ℃、抗拉强度320 MPa的可降解脉冲波压裂枪。

4.推广价值

针对枪式脉冲波压裂工艺施工过程中可能发生枪体断裂而形成落鱼的问题，研究形成了可降解脉冲波压裂枪，降低了落鱼处理难度，提高了枪式脉冲波压裂工艺适用性。

图4-4-2　可降解脉冲波压裂枪

二、超深井脉冲波压裂枪优化

1.技术背景

塔河油田酸压技术经过前期多年立项攻关，取得了包括大型深穿透酸压、加砂复合酸压、控缝高酸压等一系列先进技术成果，有力地支撑了塔河油田的快速发展。目前国际油价持续走低，塔河油田的经营管理面临新的形势和挑战，在油田整体由持续上产向提升效益、提高采收率的战略转型的过程中，在储层发育条件日益变差的开发对象面前，前期以形成传统双翼酸蚀裂缝为主、沟通范围有限的酸压工艺技术体系亟须做出技术转变，通过单井改造沟通更多的储集体。

脉冲波压裂有望实现塔河油田现有井周连通关系的再造，是提高采收率的重要方向之一。拟通过机理、模型研究成果，结合实验研究形成高性能脉冲波压裂枪，提升多冲击波压裂枪穿透距离，有效解决底水油藏控缝高压裂、非主应力方位缝洞体沟通等难题，进一步提高缝洞型油藏采收率。

2.技术成果

成果1：形成了满足塔河油田超深井需求的推进剂配方。

形成了耐温165 ℃、耐压80 MPa、峰值压力180 MPa的高温推进剂配方，基本满足塔河超深井作业要求。

成果2：设计出超深井耐高温压裂枪。

研发形成了适用于7 000 m以内的堵片式脉冲波压裂枪（表4-4-1），输出压力峰值170 MPa，承压80 MPa，径向造缝能力35～45 m。

表 4-4-1　脉冲波压裂枪性能

扣　型	最大内径/mm	断裂拉力/(10⁶ N)	断裂拉力/t	静态抗内压/MPa	动态抗内压/MPa	4 500 m 工作内压/MPa	安全系数(240 MPa)
M76×3-6H	77	1.132	115	252	504	240	2.10

成果 3：设计出满足任意井型施工要求的开孔起爆器。

设计出满足任意井型施工要求的开孔起爆器，并配套形成了满足不同井型压裂作业的点火-延时系统，延时可达到 10～15 min，满足脉冲波压裂点火后井口安全操作要求，同时满足后期生产需求（图 4-4-3）。

图 4-4-3　开孔起爆器、延时系统

3. 主要创新点

通过开展推进剂配方优化、压裂枪结构优化，形成了适用于超深井的脉冲波压裂工艺。

4. 推广价值

枪式脉冲波压裂工艺可用于非主应力方向缝洞体动用、底水油藏控缝高改造等，实现缝洞型油藏采收率的进一步提高。

三、超深碳酸盐岩储层无枪体脉冲波压裂技术

1. 技术背景

枪式脉冲波压裂技术可满足井筒 30 m 范围内的储层改造，本技术重点开展推进剂加注技术、点火技术及铺置技术攻关，形成无枪体脉冲波压裂技术体系，连通井周 80 m 范围内所有缝洞体，实现塔河缝洞型油藏连通关系再造，进一步提高采收率，确保塔河油田老区稳产、增产。

2. 技术成果

成果 1：初步形成了 3 套无枪体脉冲波压裂药剂。

形成了 PYT-2，PYT-X 和 AN 双元液体推进剂配方（表 4-4-2），从井下环境适应性、工艺可行性、用药量、作业安全性、改造范围、成本效益等方面综合考虑，采用 AN 双元液体推

进剂压裂方案的可行性最高。

表 4-4-2　3 种方案对比

比较项目	PYT-2	PYT-X	AN
推进剂物态	膏体药浆	固体药粒	液 体
井下耐温/℃	140	170	300
能量水平/%	100	77	79
输送方式	油管下入	井口倾倒	泵 送
下入药量/m³	1	10	100
点火方式	井筒,点火枪	井筒,点火枪	缝内,引发
作用方式	燃 烧	燃 烧	爆 轰
井口控制	敞 井	敞 井	关 井
改造范围/m	0~30	0~30	20~100
单位药剂成本	高	高	低

成果 2:设计形成了定时点火枪。

设计出一种定时点火枪,枪身外径 53 mm,定时供电模块可实现精确定时、双点火头激发的设计功能,装药组合可满足增面燃烧点火工艺设计要求。

3.主要创新点

无枪体脉冲波压裂技术将含能材料注入近井人工裂缝内及裸眼井段,实现井筒＋缝内同步作业,提高了脉冲波压裂改造范围,避免了井眼坍塌埋枪风险。

4.推广价值

无枪体脉冲波压裂技术大幅度提高了脉冲波压裂工艺作用范围,实现了井周不同方向储集体最大限度动用,是提高缝洞型油藏采收率的重要工艺。

四、非常规耐高温缓速酸液可行性论证

1.技术背景

塔河油田外围新区储层超高温,酸岩反应速度大幅度上升。无论是交联酸还是胶凝酸,两种塔河常用酸液都无法实现大幅度深穿透的改造目的。通过调研国内外低反应速度液体现状,明确其在塔河油田的适应性,并开展溶解能力、反应速度和溶蚀形态分析,形成适合塔河油田使用的低反应速度改造工作液。

2.技术成果

成果 1:优选出适合 150 ℃以上储层的低反应速度酸液体系,评价了其在顺北储层的适用性。复合酸以及螯合酸体系因黏度低、高滤失性难以控制,不利于动态缝宽的提高,主要用

于砂岩酸化;乳化酸体系配制工艺要求较为烦琐精细,安全性也存在一定的风险。因此,综合认为针对顺北区块特点,可在前置液阶段考虑采用低黏高滤失的复合酸以及螯合酸,提高近井酸蚀效果,后期采用高黏的交联酸或乳化酸体系,增加主裂缝的穿透深度(图 4-4-4)。

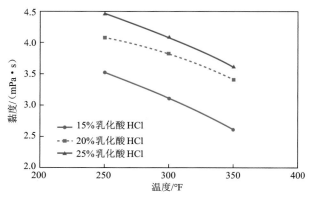

图 4-4-4 乳化酸黏度变化曲线

成果 2:完成了多重乳化酸酸蚀形态分析实验。

室内酸液性能测试结果表明,在 140 ℃下,多重乳化酸酸岩反应速率均在 $10^{-6} \sim 10^{-7}$ 的数量级,反应速率较低,表现出良好的缓速性。过酸后岩块表面形成大尺寸溶蚀凹槽,具有较强的导流能力(图 4-4-5)。

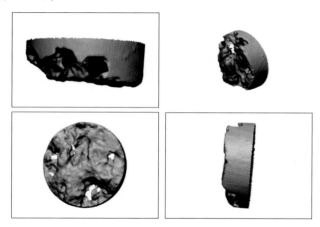

图 4-4-5 岩块三维外观

3. 主要创新点

提出了采用低黏高滤失酸液+高黏乳化酸组合的技术思路,即前置液阶段采用低黏高滤失酸液提高近井导流能力,后期采用高黏乳化酸增加穿透深度。

4. 推广价值

该技术成果明确了乳化酸、复合酸、螯合酸和交联酸体系的适用性,可为塔河、顺北等油藏特征不同的区块的酸液体系选择提供依据。

五、靶向酸压软件平台框架构建与测试

1. 技术背景

针对前期靶向酸压理论性研究项目重结果,理论过程难理解,难转换,以及个别理论项目形成一些小软件,但无法集成和修改,应用性差等问题,通过建立靶向酸压软件平台框架,解决各外协理论研究项目提供程序源代码、接入平台内,同时可随着认识的提高进行修改、组装,提升外协项目的成果转化程度,提升专业实力及对内、对外的理论服务能力。

2. 技术成果

成果 1:完成了软件界面设计与开发。

界面模块的布局已经完成,包括主界面、数据库查询界面、外部模块界面、脚本开发界面等,通过界面提供的功能入口可以执行其他模块对应的功能。

成果 2:完成了建模模块设计与开发。

为用户提供了 Python 脚本编辑环境,以完成 Python 脚本的编写。通过在后台调用 ABAQUS 脚本接口,可以实现不启动 ABAQUS CAE 而完成建模、分网格化、边界条件、分析等一系列任务。

成果 3:完成了数据库模块设计与开发。

数据库模块实现了查询功能和数据表管理功能,其中查询功能提供了可支持 4 个条件的多条件查询,方便用户快速筛选数据。数据表管理功能提供了用户对后台数据库维护的接口,可以实现表格的新增、删除和修改等操作,理论上可支持硬盘空间大小的数据储备,增加了数据管理的灵活性。

成果 4:完成了外部模块接口设计与开发。

外部模块接口(即二次开发平台)实现了对源代码(VB,C,MATLAB 和 FORTRAN)的编辑、修改、编译、执行功能。通过该模块可将复合要求的程序源代码接入平台内,同时根据后期需要进行二次修改和利用。

成果 5:完成了二、三维可视化设计与开发。

目前通过解析用户提供的 inp 文件获得了图形的坐标数据,使用 VTK 实现了基本的可视化功能和交互操作。后期云图、剖面图、矢量图展示等相关功能将进一步完善。

3. 主要创新点

针对通用软件的不足,通过 ABAQUS 提供了若干用户子程序接口,允许绕过图形化界面进行二次开发,以帮助用户减少重复性编程工作、避免数据点进行导入导出操作容易造成数据丢失、提高开发起点、缩短研发周期,并能简化后期维护工作。

4. 推广价值

针对前期科研理论成果难以有效积累和应用的问题,通过构建靶向酸压软件平台框架,集成了不同科研项目的理论成果,将科研成果直接转化为现场应用技术,为压裂工程设计提

供了理论支撑。

参 考 文 献

［1］ 高建村,冯丽.新型耐高温油气田酸化缓蚀剂的合成与评价[J].新疆石油天然气,2007,3(2):47-52.

［2］ 张太亮,张报,等.新型复合酸化缓蚀剂的研究[J].中外能源,2007,12(2):60-63.

［3］ 郑家燊.油井酸化缓蚀剂的研究现状及其应用[J].腐蚀与防护,1997,18(3):36-40.

［4］ 王涛,房好青.塔河油田重复酸压前应力场数值模拟分析[J].大庆石油地质与开发,2020,1(13):21-26.

［5］ 卢新培,潘垣,张寒虹.水中脉冲放电的电特性与声辐射特性研究[J].物理学报,2002,51(8):1768-1771.

［6］ 卢新培,张寒虹,潘垣,等.水中脉冲放电的压力特性研究[J].爆炸与冲击,2001,21(4):282-286.

［7］ 李业勋.金属丝电爆炸机理及特性研究[D].北京:中国工程物理研究院,2002.

［8］ 张晓明,刘斌,沈田丹,等.电爆震解堵技术在低渗透油田的应用评价[J].钻采工艺,2010,33(6):68-70.

［9］ 杨建委,郑波.纤维暂堵转向酸压技术研究及其现场试验[J].石油化工应用,2013,32(12):34-38.

［10］ 叶鉴文,杨静,耿少阳,等.一种新型自生酸压裂液的研发和评价[J].石油化工应用,2019,38(9):8-13.

第五章
地面工程技术进展

　　塔河油田是以奥陶系碳酸盐岩古岩溶油藏为主的油田,油藏埋深 4 200～7 000 m。油藏分布及流体性质十分复杂,平面上,由东南到西北,油气性质具有凝析气—中质油—重质油变化的特点,原油密度为 0.75～1.017 g/cm³,地层水矿化度为 20×10^4～22×10^4 mg/L,伴生气硫化氢质量浓度为 1.0×10^4～15×10^4 mg/m³,沥青质含量为 25%～62%,具有超稠、高含盐、高含硫化氢、高含沥青质等特点,给地面系统带来了更多、更高、更难的要求与挑战。

　　近年来,地面工程技术开展了油气集输处理、仪表自控、油田节能及经济评价等方面的研究,攻克了酸气回注稳定运行、原油高效脱硫、采出液就地分水、高含氮天然气脱氮、高温烟气余热利用等系列生产技术难题,保障了塔河油田的高效开发。

　　油气集输处理方面,针对高含硫原油脱除工艺复杂、成本高等技术难题,研发了高效油气脱硫剂及负压气提脱硫工艺,解决了含硫油气处理的技术难题;针对塔河油田大量污水无效加热和长距离往返输送的问题,形成了就地分水污水处理技术,实现了油水分离及油田污水净化,减轻了地面系统的集输负荷;针对塔河油田注水替油"注采交替运行、注水强度差异大、注水规模差异大、注水压力差别大、注水持续时间短"等特征,研发了掺稀-注水一管双用工艺技术,构建了适合碳酸盐岩油藏注水开发地面配套的新模式;针对塔河油田污水中富含酸性气体导致水体偏酸性的情况,研究探索了污水改性气浮工艺技术,可大幅度降低采出水改性处理成本;针对塔河油田天然气中含氮量过高的问题,开展了高含氮天然气溶剂吸收脱氮技术研究,提出了适合塔河油田一号联轻烃站工况的溶剂吸收脱氮方案。

　　仪表自控方面,开展了油气集输管道泄漏监测技术咨询。针对塔河油田现有的 22 套泄漏监测系统运行效率低、误报率高、可靠性差的问题,制定了适合塔河油田的泄漏监测技术优选标准、建设方案及管理规范,确保管道系统能够安全生产和运行;针对塔河油田天然气含氮超标的问题,研发了天然气氮气浓度在线检测装置,形成了实时快速检测天然气中的氮气浓度的方法,能及时地评估天然气的品质。

　　油田节能及经济评价方面,针对塔河油田现有保温材料存在导热系数高、保温效果差、材料易吸水且对金属表面造成较快腐蚀的问题,研发出一种新型保温隔热涂料,其隔热和保温性能较常规材料提升了 15%;评价了塔河一号联、二号联高温烟气余热利用工艺技术存在的问题及运行情况,针对性地提出了解决方案,建立了不同工况下换热器选型的标准和方案,并编制了余热利用技术指南。

　　通过近年来的技术攻关,集成创新和自主创新相结合,形成了超稠油集输处理、智能化集输、新能源高效利用等技术。相关技术进行了广泛的现场应用,并取得了良好的应用效果,不但为塔河油田油气高效开发提供了可靠的技术支撑,也为该类油藏的地面集输处理提供了良好的借鉴。

第一节　油气集输技术

一、酸气回注工程腐蚀评价实验及选材技术

1. 技术背景

由于酸气中硫化氢、二氧化碳含量高,在回注过程中对管道、设备腐蚀性较强,因此需开展从湿酸气进入压缩机经过管输再注入井筒内的全流程防腐及选材工艺研究,确保酸气注入安全,从而保证酸气回注工程的稳定运行和管道的安全输送。

2. 技术成果

成果 1:明确了集输管材和增压脱水设备酸气回注集输环境下的腐蚀行为规律。

模拟酸气集输和压缩条件,测试 $20^{\#}$ 钢、316L 钢和 17-4PH 钢 3 种不同材质的腐蚀情况,明确了 $20^{\#}$ 钢在原始气、一二级间、三四级间、出口 4 种条件下的腐蚀速率均大于 0.076 mm/a,17-4PH 和 316L 2 种不锈钢的均匀腐蚀速率均远小于 0.076 mm/a(图 5-1-1)。SCC(硫化物应力开裂)结果表明:初始酸气条件下 17-4PH 不锈钢出现裂纹,其他条件下未观察到裂纹,$20^{\#}$ 钢和 316L 钢在 4 种条件下均未出现裂纹。

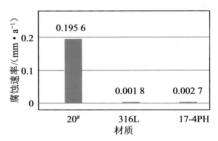

图 5-1-1　$20^{\#}$ 钢、316L 钢和 17-4PH 钢在初始酸气环境下的腐蚀速率

成果 2:明确了井口装置和井下管柱在酸气回注集输环境下的腐蚀行为规律。

根据酸气回注工艺,选取可能采用的材质种类,开展了腐蚀评价。实验结果(图 5-1-2)表明:SSC 试样未出现裂纹;P110 钢和 P110SS 钢在井下模拟水及环空保护液环境中的腐蚀速率均远高于 0.076 mm/a,为均匀腐蚀,825 钢在井下模拟水及环空保护液环境中的腐蚀速率均远低于 0.076 mm/a;P110 钢、P110SS 钢和 825 钢在井下模拟水环境中 SCC 试样表面均未出现裂纹。

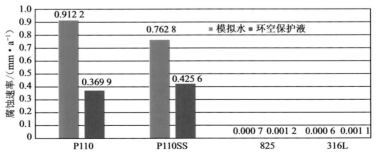

图 5-1-2　井下管柱工况下 P110,P110SS,825 和 316L 钢的腐蚀速率

成果 3：明确了封隔器橡胶材料在酸气回注集输环境下的抗硫性能及密封性能。

采用抗硫橡胶，依据 API 6A，Norsok M-530，Norsok M-710 和 ISO 23936-2 等标准，开展了抗硫性能浸渍、快速减压（图 5-1-3）、胶筒密封性能测试实验。结果表明：实验用封隔器胶筒抗硫橡胶材料浸渍实验结果优异，各项性能满足 ISO 23936-2 接收标准要求；O 形圈截面未出现裂纹，抗硫橡胶的抗爆性能优异；在模拟工况下胶筒具有良好的密封性能。

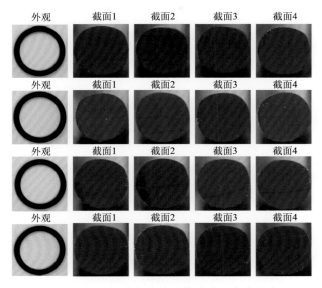

外观　截面1　截面2　截面3　截面4

图 5-1-3　不同组次抗硫橡胶快速减压实验照片图

成果 4：明确了酸气回注集输环境防腐蚀工艺技术。

在集输防腐中，缓蚀剂、内涂层、耐蚀合金双金属复合管均具有良好的保护效果，在使用碳钢管材的情况下，建议根据实际工况选择合适的防腐蚀技术，并针对缓蚀剂和内涂层进行充分的性能评估，筛选适用于现场的缓蚀剂或内涂层。

在井下管柱防腐中，2# 高温缓蚀剂（图 5-1-4）在井下管柱模拟工况下缓蚀效率达到80％以上，能对井下管柱起到良好的防护作用。

1# 缓蚀剂　　　2# 缓蚀剂　　　3# 缓蚀剂

图 5-1-4　井下管柱防腐高温缓蚀剂

3. 主要创新点

确定了 316L 不锈钢在酸气回注系统中的适用性，突破了国际标准有关 316L 不锈钢应用条件的限制。

4. 推广价值

进行集输系统防腐时,在使用碳钢管材的情况下,可以根据实际工况选择合适的防腐蚀技术(如缓蚀剂、内涂层、耐蚀合金双金属复合管等),并针对缓蚀剂和内涂层进行充分的性能评估,筛选合适的缓蚀剂或内涂层应用于现场。相同情况下,本项目316L不锈钢的模拟工况实验评条件可为其他类似油田开发选材提供技术支撑。

二、塔河油田酸性油气集输处理技术应用分析评价

1. 技术背景

常规原油脱硫剂选择性较差,易与原油中的二氧化碳、石油酸发生反应,这会加大脱硫剂的加量;常规稠油破乳剂具有加量大、沉降时间长、能耗高的问题。基于以上两个问题,拟研发新型原油脱硫剂和高效破乳剂,以降低生产处理成本和处理能耗。

2. 技术成果

成果1:研发了一种选择性高、反应快、环保、耐高温的稠油高效脱硫剂。

以羟乙基取代基,研发了一种三嗪类高效脱硫剂(图5-1-5),脱硫效率可达92%以上,吨油处理成本为9元/t,处理成本相对传统脱硫剂降低了15%。

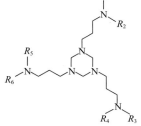

图5-1-5 高效脱硫剂化学结构式

成果2:研制出一种适合塔河油田稠油的高效破乳剂。

该破乳剂破乳速率相比现场破乳剂破乳效率大幅度提升。相比传统破乳剂,175 mg/L质量浓度下,高效破乳剂24 h脱水率从79%提高到92%以上(表5-1-1)。

表5-1-1 高效破乳剂与现场破乳剂性能对比

质量浓度 /(mg·L⁻¹)	类型	脱水率/%					水清晰度	界面整齐度
		2 h	3 h	4 h	5 h	24 h		
50	现场	11.61	13.39	16.07	16.07	17.86	清晰	不均匀
	自制	10.75	37.63	37.63	40.32	40.32	挂壁	较整齐
100	现场	26.79	35.71	40.18	44.64	51.79	较清晰	整齐
	自制	9.41	18.82	18.82	32.26	34.95	挂壁	不均匀
125	现场	31.25	36.61	45.54	50.89	62.50	较清晰	整齐
	自制	28.23	47.04	48.39	49.73	60.48	较清晰	不均匀
150	现场	33.93	50.00	53.57	54.46	62.50	清晰	整齐
	自制	22.85	41.67	56.45	57.80	76.61	较清晰	较差
175	现场	34.82	53.57	60.71	66.96	79.46	清晰	整齐
	自制	32.26	47.04	55.11	65.86	92.74	清晰	整齐
200	现场	41.96	58.04	61.61	66.96	75.89	清晰	整齐
	自制	24.19	40.32	41.67	52.42	90.05	清晰	整齐

3. 主要创新点

创新点 1: 研发了一种选择性高、反应快、环保、耐高温的稠油高效脱硫剂,解决了现场脱硫剂存在的问题,并申报一项发明专利。

创新点 2: 获得了适合塔河油田稠油的高效破乳剂,与现场破乳剂相比,其脱水效率大幅度提升,并申报一项发明专利。

4. 推广价值

研发的高效脱硫剂及高效破乳剂为塔河油田原油脱硫和破乳脱水提供了一条更加经济高效和节能环保的新途径。

三、顺北高含蜡原油防蜡剂实验评价

1. 技术背景

顺北原油含蜡量高、析蜡点高,析蜡严重的问题,目前用加热含盐水进行定期扫线处理,解堵效果不理想,因此拟通过研发高效原油防蜡剂,优选防蜡工艺,形成经济高效的原油防蜡技术。

2. 技术成果

成果 1: 揭示了顺北高凝原油结蜡原理及规律,揭示了原油组成、集输工况以及集输管材对结蜡的影响规律(图 5-1-6)。

成果 2: 研制了一种高效防蜡剂。

该高效防蜡剂的防蜡率达到 70% 以上(图 5-1-7),析蜡点降低 10 ℃ 以上(表 5-1-2、图 5-1-8),防蜡剂的有效浓度为 20%(质量分数),实际干剂加量约为 100 mg/L,原油防蜡吨油处理成本约为 10 元/t。

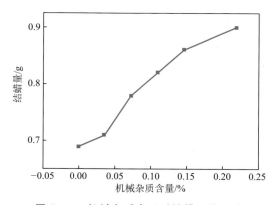

图 5-1-6　机械杂质含量对结蜡量的影响

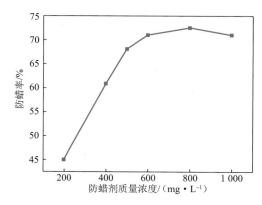

图 5-1-7　顺北原油防蜡率效果

表 5-1-2 高效原油防蜡剂与常规原油防蜡剂对比

井 号	原油凝点/℃	加防蜡剂后凝点/℃
BP-1	−16	−26
1-8	−16	−28
1-1	−13	−23
5-4	−12	−24

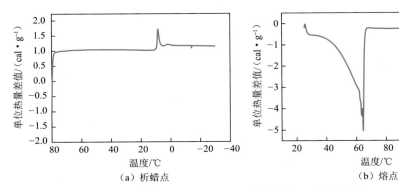

（a）析蜡点 　　（b）熔点

图 5-1-8　加入防蜡剂后原油析蜡点及石蜡的熔点

1 cal= 4.186 8 J

3. 主要创新点

创新点 1:揭示了原油组成、集输工况以及集输管材对结蜡的影响规律。

创新点 2:研制出一种适合顺北原油的高效防蜡剂。

4. 推广价值

该研究成果表明原油组成、集输工况对原油析蜡影响显著,并制备了适合顺北原油的高效防蜡剂,为顺北原油冷输提供了技术支撑。

四、有机硫脱除剂实验评价

1. 技术背景

针对二号联轻烃站天然气中以甲硫醇为主的高含量有机硫难以有效脱除,导致液化气、稳定轻烃产品总硫含量超标的技术难题,开展高效复合脱硫溶剂配方研究以适应二号联轻烃站天然气脱硫要求,实现二号联轻烃站液化气、稳定轻烃产品总硫达标。

2. 技术成果

成果 1:优选了 UDS 溶剂组分。

采用量子化学计算各溶剂分子与甲硫醇(MeSH)分子的相互作用,并结合溶解度理论预测优选溶剂组分,提高了 UDS 溶剂对 MeSH 等有机硫的选择性吸收溶解性能(表 5-1-3)。

表 5-1-3　各溶剂与 MeSH 形成的复合物在 6-31G(d)基组下的结合能

复合物	$\Delta E/(kJ \cdot mol^{-1})$	$BSSE/(kJ \cdot mol^{-1})$	$\Delta E + BSSE/(kJ \cdot mol^{-1})$
MeSH-HEP	−21.693	1.718	−19.975
MeSH-MOR	−13.635	1.538	−12.097
MeSH-PEGDME	−44.090	1.812	−42.278
MeSH-TBEE	−19.240	1.893	−17.347
MeSH-TDG	−27.336	2.992	−24.344

注：ΔE 为复合物和单体的能量差值，$BSSE$ 为基组重叠误差。

成果 2：获得了对二号联轻烃站天然气中甲硫醇等有机硫具有良好吸收效果的 UDS 溶剂及 UDS 溶剂吸收净化二号联轻烃站天然气的适宜吸收工艺条件。

采用优化配比（图 5-1-9）的 UDS 溶剂，有机硫脱除率较 MDEA 溶剂高出 30 余个百分点，达到 70% 以上，满足了二号联轻烃站天然气中高含量有机硫的脱除净化需求。

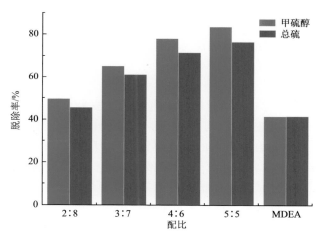

图 5-1-9　不同配比 UDS-Ⅱ的有机硫脱除率（V/L= 200）

成果 3：采用适宜配比的 UDS 溶剂，通过一步胺洗过程实现了液化气、稳定轻烃产品总硫达标（图 5-1-10、图 5-1-11），有效降低了处理成本，减少了碱渣等固废排放。

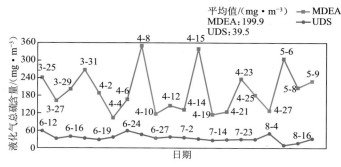

图 5-1-10　UDS 与 MDEA 脱后液化气总硫含量对比

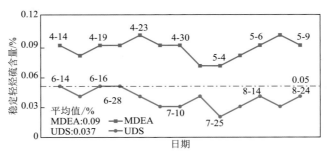

图 5-1-11　UDS 与 MDEA 脱后稳定轻烃总硫含量对比

3. 主要创新点

创新点 1：针对二号联轻烃站原料气组成特点，采用量子化学计算并结合溶解度理论预测，优选溶剂组分，提高了 USD 溶剂对有机硫的选择性吸收溶解性能，获得了适应二号联轻烃站天然气高效脱硫的 UDS 复合脱硫溶剂及优化工艺条件。

创新点 2：采用适宜配比的 UDS 溶剂，通过一步胺洗过程实现了液化气产品总硫达标，有效降低了处理成本，减少了碱渣等固废排放。

4. 推广价值

形成的 UDS 高效复合脱硫剂净化油田伴生天然气技术在二号联轻烃站脱硫装置上进行了应用，装置运行平稳，其安全性、可靠性得到有效验证。与改造前使用 MDEA 溶剂相比，改造后采用 UDS 高效复合脱硫剂的脱硫装置，净化天然气、干气、液化气及稳定轻烃硫含量均大幅下降，脱硫效率显著提升，产品外输液化气和稳定轻烃的硫含量均达到技术指标要求，取得了良好的工业应用效果，有效解决了二号联轻烃站天然气脱硫的技术难题，提高了装置的"安稳长满优"运行水平。该技术可望推广应用于顺北五号联合站等油田伴生天然气脱硫工艺。

五、天然气脱硫塔胺液发泡原因分析及抑制发泡塔盘应用评价

1. 技术背景

塔河油田原料气硫化氢含量高，采用 MDEA 脱硫工艺。由于 MDEA 溶液本身属于可发泡体系，二号联轻烃站、三号联轻烃站脱硫塔频繁出现淹塔现象，严重影响脱硫效果，影响天然气外销，加重了对外输管道的腐蚀。基于此，开展脱硫塔胺液发泡影响因素及抑制胺液发泡方法研究。

2. 技术成果

成果 1：完成了天然气脱硫塔胺液发泡影响因素分析。

通过分析不同杂质种类及含量、胺液浓度对发泡的影响，得出脱硫塔胺液发泡是多个因素综合影响的结果，现有消泡技术均不能从根本上解决胺液发泡问题（表 5-1-4）。

表 5-1-4　胺液发泡影响因素分析

杂质种类	来　　源	产生后果
表面活性剂	原料气中夹带缓蚀剂、泡排剂	增加泡沫起泡性和稳定性
固体杂质	设备腐蚀产物 FeS,活性炭颗粒	局部改变泡沫表面黏度,增加泡沫稳定性
降解产物	醇胺降解产物,热稳定盐	降低有效胺浓度,增加泡沫稳定性
重烃类物质	伴生气中夹带 C_{5+}	降低泡沫表面张力,增加气膜延伸性,增加泡沫稳定性

成果 2:制定了脱硫塔抑制胺液发泡方法。

通过脱硫过程中传质方式分析,经流体力学计算和塔盘结构设计,开发了高效抑制发泡塔盘(图 5-1-12),并在三号联轻烃站得以应用,脱硫后外输干气硫化氢含量小于 15 ppm(1 ppm≈1.5 mg/L),胺液循环量降低20%。

3. 主要创新点

开发了立式喷射态塔盘,改变了塔内流场及气液两相的接触状态,可以在不添加消泡剂的情况下实现泡沫的粉碎,解决了伴生气脱硫过程频繁发泡拦液问题。

4. 推广价值

图 5-1-12　新型塔盘安装现场

研发的立式喷射态塔盘在三号联轻烃站得到应用,提高了脱硫塔中天然气与胺液的传质效率,解决了伴生气脱硫过程频繁发泡拦液问题。该技术可推广至塔河油田二号联轻烃站、五号联合站以及其他含硫天然气处理站场。

六、雅库天然气长输管道完整性管理关键技术

1. 技术背景

塔河油田长输管道多、分布广,腐蚀因素多样,敷设环境复杂,随着管道运营年限增长,腐蚀穿孔时有发生,具有较大的风险隐患。特别是近年来,长输管道受腐蚀、第三方破坏、自然地质灾害等影响出现了变形、原油泄漏、污染等现象。塔河油田长输管道部分管段处于环境敏感区、民族聚居区、人口密集地,一旦发生事故,其后果影响较大。为此,开展了雅库天然气长输管道完整性管理关键技术咨询研究。

2. 技术成果

成果 1:调研了国内外天然气长输管道完整性管理的研究现状及塔河油田的实际情况,总结了可供塔河油田借鉴的先进管理模式及技术措施,给出了适用于塔河油田的管道完整性管理规划指导建议,建立了适应塔河油田长输管道完整性管理的指导文件架构(图5-1-13)。

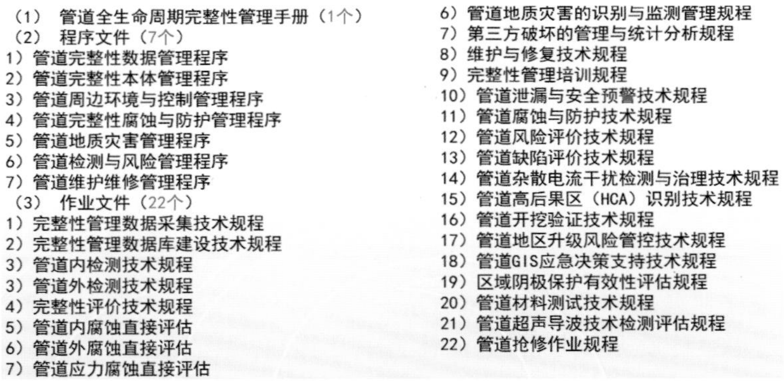

（1） 管道全生命周期完整性管理手册（1个）　　6）管道地质灾害的识别与监测管理规程
（2） 程序文件（7个）　　　　　　　　　　　　7）第三方破坏的管理与统计分析规程
1）管道完整性数据管理程序　　　　　　　　　8）维护与修复技术规程
2）管道完整性本体管理程序　　　　　　　　　9）完整性管理培训规程
3）管道周边环境与控制管理程序　　　　　　　10）管道泄漏与安全预警技术规程
4）管道完整性腐蚀与防护管理程序　　　　　　11）管道腐蚀与防护技术规程
5）管道地质灾害管理程序　　　　　　　　　　12）管道风险评价技术规程
6）管道检测与风险管理程序　　　　　　　　　13）管道缺陷评价技术规程
7）管道维护维修管理程序　　　　　　　　　　14）管道杂散电流干扰检测与治理技术规程
（3） 作业文件（22个）　　　　　　　　　　　15）管道高后果区（HCA）识别技术规程
1）完整性管理数据采集技术规程　　　　　　　16）管道开挖验证技术规程
2）完整性管理数据库建设技术规程　　　　　　17）管道地区升级风险管控技术规程
3）管道内检测技术规程　　　　　　　　　　　18）管道GIS应急决策支持技术规程
3）管道外检测技术规程　　　　　　　　　　　19）区域阴极保护有效性评估规程
4）完整性评价技术规程　　　　　　　　　　　20）管道材料测试技术规程
5）管道内腐蚀直接评估　　　　　　　　　　　21）管道超声导波技术检测评估规程
6）管道外腐蚀直接评估　　　　　　　　　　　22）管道抢修作业规程
7）管道应力腐蚀直接评估

图 5-1-13　天然气长输管道完整性管理指导文件架构

成果 2：总结了管道的主要失效模式（图 5-1-14），分析了管道存在风险的主要原因。

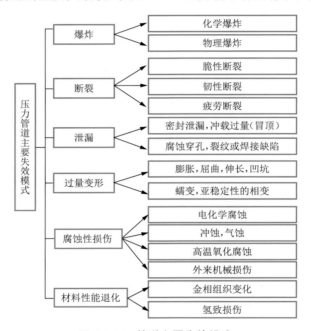

图 5-1-14　管道主要失效模式

　　建立了云模型、模糊综合评价模型、基于肯特法的打分模型，并通过对比分析，选择了打分模型来进行实际应用。利用打分模型对示范管段进行了风险评价（图 5-1-15），分析了示范管段的失效可能性及后果，并进行了各评价管段风险打分排序。研究了管道泄漏影响范围，进行了个人风险值计算（图 5-1-16），计算结果满足要求。

　　成果 3：确定了高后果区识别因素，通过 TOPSIS 方法将识别因素标准化，确定了高后果区函数和识别因素的欧几里得距离，划分了高后果区等级（表 5-1-5）。

　　根据提供的管桩坐标等数据，使用 Google Earth 进行了室内预处理，形成了初版高后果区列表。对照高后果区列表进行了现场复核，完善了高后果区列表，并编制了高后果区识别与分析报告、高后果区识别汇总表。

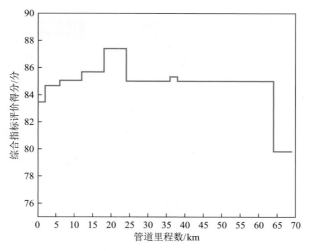

图 5-1-15　雅库天然气管道示范管段风险折线图

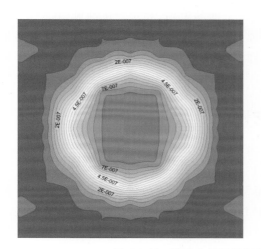 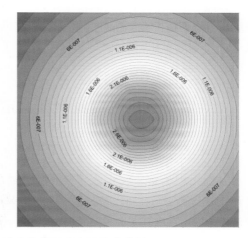

图 5-1-16　喷射火辐射及气云爆炸冲击波超压个人风险曲线图

表 5-1-5　高后果区等级划分表

后果严重度等级	一　级	二　级	三　级
高后果区(欧几里得距离)	[0,0.30)	[0.30,0.97)	≥0.97

3.主要创新点

创新点 1:总结了适合塔河油田参考借鉴的天然气长输管道完整性先进管理模式和技术措施,提出了适用于塔河油田的管道完整性管理规划指导建议,编制了程序作业指导文件,有利于指导塔河油田未来开展管道完整性管理。

创新点 2:对示范管段开展了风险评价,得出了各管段的风险分值以及失效可能性,计算了个人风险值,并对管道的风险水平进行了评估;建立了一套高后果区识别方法,得出了高后果区的具体位置(图 5-1-17)及等级。

图 5-1-17　高后果区识别示意图

4. 推广价值

该技术能对天然气长输管道高后果区进行系统全面的识别,并对管道的风险进行全面系统的评估,有利于加强高后果区管理及风险管理,预防不同风险导致的管道失效在高后果区造成严重危害,为塔河油田开展长输管道完整性管理奠定基础,有助于保障管道安全平稳运行,应用前景较好。

七、油田负压气提脱硫及稳定工艺评价

1. 技术背景

目前采用的正压气提普遍存在脱硫剂加注量大、安全风险高、硫化氢腐蚀等问题。针对目前正在运行的塔二联、塔四联、跃进 2 等原油负压气提脱硫稳定工艺,提出解决所存问题的对策方案,以降低原油中的硫化氢含量,实现原油稳定,减少储运过程中轻组分的损耗,提高混合轻烃产品收率在,提高经济效益。

2. 技术成果

成果 1:评价了工艺运行分析的脱硫效率。

经评价分析,塔四联的气提气量、来气压力、塔温和塔压均低于设计值,而跃进 2、塔二联、顺北 1 等基本达到可研设计指标。

成果 2:确定了负压气提脱硫与稳定工艺最佳运行参数。

用 PROII 工艺模拟软件进行工艺模拟,完成了原油稳定深度评价,考察了塔板数、塔操作压力、原油进塔温度、气提气用量等因素的影响。稠油的优化工艺条件:塔板数 7,塔操作压力 -30 kPa,原油进塔温度 75 ℃,气提气量 5 000 m³/d。稀油的优化工艺条件:塔板数 8,塔操作压力 -30 kPa,原油进塔温度 50 ℃,气提气量 2 000 m³/d。

成果 3:完成了各站场的装置运行成本等经济型评价(表 5-1-6)。

表 5-1-6　项目各站场效益测算表

序　号	名　称	单　位	四号联	跃进2	二号联	顺北1	一号联
1	项目总投资	万元	1 775	550	5 500	1 000	600
2	年平均收入	万元	4 222	471	15 527	636	606
3	年均利润总额	万元	3 585	270	14 150	346	113
4	投资回报率	%	202.0	49.1	257.3	34.6	18.8
5	税前指标						
5.1	财务内部收益率	%	187.4	55.9	264.2	41.2	24.8
5.2	投资回收期	年	1.74	2.79	1.38	3.41	4.87
5.3	财务净现值	万元	20 030.7	1 337.0	81 131.0	1 572.0	386.8
6	税后指标						
6.1	财务内部收益率	%	143.4	43.4	199.8	32.2	19.5
6.2	投资回收期	年	1.89	3.29	1.50	4.05	5.72
6.3	财务净现值	万元	14 811.9	9340	601 930	10 570	221.1

成果4:确定了负压脱硫与稳定工艺。

一是大罐沉降脱水前脱硫,未经大罐沉降脱水的、含水30%的原油进入脱硫塔后进行处理(图5-1-18);二是大罐沉降脱水后脱硫,经大罐沉降脱水的、含水小于10%的原油进入脱硫塔后进行处理(图5-1-19)。

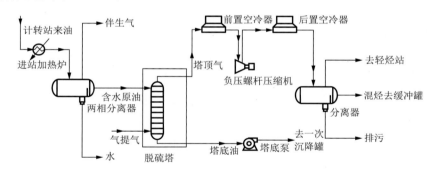

图 5-1-18　大罐沉降脱水前负压气提脱硫(稳定)工艺流程示意图

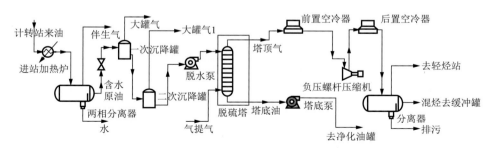

图 5-1-19　大罐沉降脱水后负压气提脱硫(稳定)工艺流程示意图

成果 5：形成了负压脱硫与稳定工艺标准化设计模板。

通过对已建工艺进行设备和运行参数优化研究，形成了一套包括标准化工艺流程设计图、标准化平面布置图和标准化设计技术手册等在内的负压脱硫与稳定工艺的标准化设计模板。

3. 主要创新点

集成了负压脱硫与稳定工艺标准化设计模板，形成了一套完善的标准化设计模板和技术指南，包括标准化工艺流程设计图、标准化平面布置图和标准化设计技术手册等，优化了生产流程，提高了混合轻烃产品收率。

4. 推广价值

与正压气提脱硫工艺相比，负压气提脱硫及稳定工艺脱硫效果更好，减少了脱硫剂加注量而降低了成本，气提气量减少 90% 左右，显著减少了重复处理量，同时有利于装置节能；混烃产量显著增加，经济效益明显，值得推广。

八、二号联轻烃站天然气有机硫分析及脱硫剂复配实验评价

1. 技术背景

塔河油田二号联轻烃站天然气脱硫装置处理来自 6 区、7 区、10 区、12 区的伴生气，处理量约为 20×10^4 m³/d，其中 H_2S 含量为 3.74%，CO_2 含量为 7.29%，硫化羰（COS）含量为 10.9 ppm，甲硫醇含量为 724.8 ppm，乙硫醇含量为 83.26 ppm，其他有机硫化物约 40.97 ppm，有机硫含量高。装置脱硫工艺采用 MDEA 胺法脱硫，由于 MDEA 溶剂对有机硫化物的脱除率较低，导致两方面问题：一是液化气总硫（平均 500～600 mg/m³）超标，不满足《液化石油气》（GB 11174—2011）总硫含量 ≤343 mg/m³ 的质量要求，对产品外销造成了影响；二是轻烃总硫（平均 0.186%）超标，不满足《稳定轻烃》（GB 9053—2013）2 号轻烃小于 0.1% 的质量要求，采用碱洗流程，但碱洗运行成本高、碱渣排放量大。为此，开展天然气有机硫脱除技术研究，进一步降低产品总硫含量，满足液化气外销质量要求，同时降低碱洗过程中碱的加入量和碱渣处理量。

2. 技术成果

成果 1：完成了样品的有机硫组分分析及有机硫来源分析。

取样分析（图 5-1-20）表明，二号联原料气主要包含 4 种硫醇类物质（甲硫醇、乙硫醇、异丙硫醇、正丙硫醇），硫元素含量占比高达 96% 以上，其中甲硫醇占比 92% 以上，是二号联天然气有机硫的主要来源。

成果 2：完成了有机硫脱除方法优选及适应性分析。

对典型的有机硫脱除方法（物理吸附法、化学溶剂脱除法）进行了适应性分析（表 5-1-7），根据甲硫醇的物理和化学特性以及现有 MDEA 脱硫溶剂的理化特性，脱硫剂复配理论研究表明可选用的溶剂需满足以下几点：一是与现有醇胺类溶剂的相溶和相容性；二是对硫醇的高溶解性；三是对烃类的低溶解性。

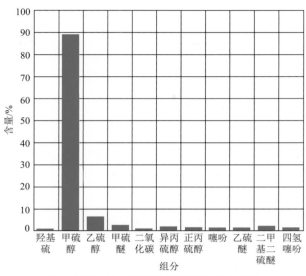

图 5-1-20　二号联样品有机硫组分分析图

表 5-1-7　典型有机硫脱除方法对比表

		原　理	优　点	缺　点	分析结论
物理吸附法	分子筛法	利用分子筛对硫化物有很强的亲和力的特点,通过分子筛来吸附天然气中的有机硫	污染小、常温操作、选择性高,即使在低组分分压下仍具有较高的吸附容量,硫醇脱除效率很高	再生过程产生的高浓度硫醇很难处理,是制约分子筛法发展的主要因素	适合小规模精脱硫工艺,不能用于天然气中有机硫的脱除
	活性炭法	活性炭内部孔隙发达,比表面积庞大,物理吸附性能很强,具有吸附作用、催化氧化作用、催化转化作用	许多改性后的活性炭能达到较理想的脱硫效果	活性炭价格昂贵,再生过程需要氧气,存在爆炸危险	适合小规模精脱硫工艺,不能用于天然气中有机硫的脱除
化学溶剂脱除法		有机硫在醇胺溶液中物理溶解,有机硫与醇胺直接反应生成可再生或难以再生的含硫化合物	对 H_2S 的脱除具有非常高的选择性,具有稳定性高、使用浓度高、溶液的酸气负荷高、对设备的腐蚀性低、再生能耗低、同时不易发生溶剂降解等	单纯的醇胺溶剂对有机硫的脱除效果较差,其处理高有机硫含量的酸性气体时,经常导致净化气中总硫含量超标	适用于有机硫含量较低的天然气处理过程

成果 3: 研发了综合有机硫脱除剂。

综合有机硫脱除剂($2^{\#}$)对 H_2S 的脱除率达 99.962%,总有机硫脱除率达 75.6%(表 5-1-8)。

表 5-1-8　综合有机硫脱除剂脱除效果表

脱硫溶剂	脱除率/%					总有机硫脱除率/%
	H_2S	CO_2	COS	CH_3SH	C_2H_5SH	
MDEA	99.972	90.67	39.9	31.8	25.2	32.3
$1^{\#}$	99.967	88.53	68.2	65.3	58.2	63.9
$2^{\#}$	99.962	91.98	78.1	77.3	71.4	75.6
$3^{\#}$	99.964	85.99	71.2	67.4	61.1	66.7

3. 主要创新点

研发了天然气有机硫脱除溶剂,解决了传统 MDEA 脱有机硫效率低、天然气和轻烃硫含量超标的问题,实现了 H_2S 和有机硫一体化脱除,H_2S 脱除率达 99.962%,总有机硫脱除率达 75.6%。

4. 推广价值

此项研究研发的天然气有机硫脱除剂为高含硫天然气气田提供了理论和实验数据支撑,丰富了天然气脱硫剂配方。

九、凝析油高效综合利用可行性技术

1. 技术背景

目前塔河油田轻质原油经过稳定后以凝析油产品直接对外销售,销售价格 3 000 元/t 左右,具有较大的提升空间。塔河油田目前约有 $70×10^4$ t/a 的优质凝析油,顺北油田原油也为优质凝析油,油品品质较好。凝析油具有较高的化工利用价值和经济效益,可生产化工轻油、芳烃等化工精细产品,提高产品附加值。

2. 技术成果

成果1:完成了塔河油田外销凝析油密度、黏度、凝固点、硫含量、氮形态及氮含量和实沸点分析评价。

通过分析发现,凝析油轻烃组分含量较高,属于轻质油,实沸点较低(图 5-1-21、表 5-1-9),品质优良,有非常好的深加工应用前景。

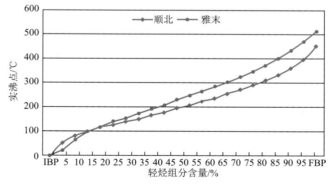

图 5-1-21　凝析油原料实沸点分析

IBP—初馏点;FBP—终馏点

表 5-1-9　凝析油物性分析

雅　末		顺　北	
轻烃组分含量/%	沸点/℃	轻烃组分含量/%	沸点/℃
IBP	21.10	IBP	55.51

雅 末		顺 北	
轻烃组分含量/%	沸点/℃	轻烃组分含量/%	沸点/℃
5	68.26	5	85.73
10	98.40	10	99.20
15	118.82	15	116.68
20	139.11	20	126.37
25	151.91	25	140.87
30	172.55	30	151.09
35	189.39	35	166.08
40	208.50	40	177.54
45	227.54	45	195.04
50	245.67	50	208.56
55	263.70	55	223.83
60	283.35	60	237.71
65	302.00	65	254.46
70	323.22	70	270.71
75	345.46	75	289.96
80	370.86	80	310.38
85	400.03	85	332.74
90	430.42	90	360.81
95	468.86	95	397.54
FBP	511.89	FBP	451.92

成果2：开发了两套凝析油常压精馏综合利用方案。

通过综合利用路线研究，形成了燃料油加工路线和溶剂油加工路线两套方案（图 5-1-22、图 5-1-23），分别生产汽油、煤油基础组分及溶剂油产品，可进一步深加工生产汽油、煤油及溶剂油产品。

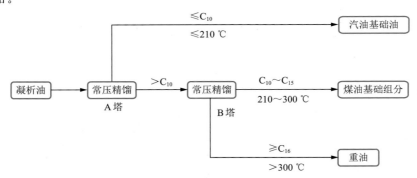

图 5-1-22 燃料油加工路线

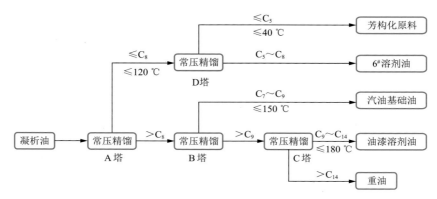

图 5-1-23 溶剂油加工路线

成果 3:确定了凝析油常压精馏综合利用产品定价。

通过对国内市场进行分析研究,根据产品市场供需状况,预测了价格走势,确定了不同产品定价(表 5-1-10)。

表 5-1-10 产品价格估算表

序 号	名 称	单 位	价 格	备 注
1	汽油基础油	元/t	4 900.00	
2	煤 油	元/t	4 300.00	
3	芳构化原料	元/t	4 000.00	
4	6[#] 溶剂油	元/t	5 500.00	
5	油漆溶剂油	元/t	4 100.00	
6	重 油	元/t	2 200.00	原油价格

成果 4:制定了顺北远期综合利用方案(图 5-1-24)及雅克拉近期综合利用方案(图 5-1-25)。

通过对顺北油田及雅克拉集气站所产凝析油的产能进行研究,因地制宜、实事求是地设计了顺北远期综合利用方案及雅克拉近期综合利用方案,两种方案所得产品附加值高,可根据油田业务及市场波动,灵活调节产品产量,操作弹性高,经济效益大。

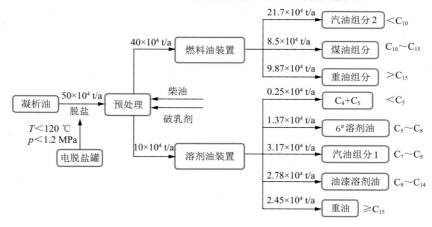

图 5-1-24 顺北远期综合利用方案流程图

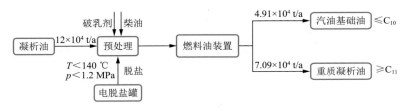

图 5-1-25 雅克拉近期综合利用方案流程图

3.主要创新点

创新点 1：分析评价了塔河油田外销凝析油密度、黏度、凝固点、硫含量、氮形态及氮含量和实沸点等物性参数，发现凝析油品质良好，具有较高的潜在利用价值。

创新点 2：集成了燃料油及溶剂油两种油品切割路线，根据顺北油田及雅克拉集气站的实际情况，分别设计并模拟优化了凝析油综合利用远期方案及近期方案。

创新点 3：完成了凝析油切割产品国内市场分析调研，研究发现终端产品市场稳定，容量大，经济价值高。

4.推广价值

本技术采用国内成熟的常压精馏技术，在自动化操作、节能、环保方面均先进可靠，其主要技术经济指标表明，工程项目建成投产后能够有效提高凝析油的附加值，经济效益较好，企业具有一定的抗风险能力和较强的市场竞争力。工程建设地点预定为顺北油田区域及雅克拉集气站内，项目区地理位置优越，交通条件便捷，基础设施较为完善，建厂条件较好。采用了先进的技术方案，尽可能地回收能量，节约能源、节约用水，同时在环保、安全方面采取了一系列保障措施，环保、安全风险可控。

十、高效油水分离装置设计

1.技术背景

塔河油田现场采出液具有含水率高、热化学破乳能耗大的问题，目前的重力沉降和旋流分离技术存在条件敏感、密度差敏感等缺陷，膜分离技术存在对油污染敏感、仅限于污水深度处理等缺陷。鉴于此，通过研发新型凝胶层网膜，优选制备条件，实现常温高效游离水脱除。

2.技术成果

成果 1：完成了油水分离技术调研。

通过对油水分离技术进行调研，对油水分离技术现状形成了较为全面的认识（表 5-1-11）。

表 5-1-11 油水分离技术对比分析研究

项 目	旋流分离	管道分离	膜分离	井下分离
分离原理	离心分离	离心分离	微孔截留	多种原理

技术难点	压降比不易控制	设计难度大	膜污染、成本高	设备昂贵、设备小型化难、处理量小
国外技术概况	成　熟	较成熟	成　熟	未成熟
国内技术概况	成　熟	较成熟	尚未开展	尚未开发
适应范围	污水处理	原油脱游离水	污水深度处理	井下脱水

成果 2:研制了一种金属网支撑的凝胶膜。

利用凝胶膜孔隙实现水高速透过,水通量可达 2 500 L/(m² · h),较常规商品膜大一个数量级,原油截留率大于 99%。通过凝胶水化层提高膜抗油污染能力,在含油达 50% 时仍具有抗污染性能,通量未见衰减,且通过简单物理清洗即可再生(图 5-1-26)。

（a）PVDF膜　　　　　　　　　　　　（b）金属凝胶膜

图 5-1-26　使用前后的 PVDF 膜和金属凝胶膜

成果 3:开发了一套基于凝胶膜的油水分离工艺(图 5-1-27)。

该工艺对 10%~30% 的油水混合物中游离水的脱除率大于 77%。

图 5-1-27　基于凝胶膜的油水分离工艺

成果 4:探明了集输管线和设备受硫化氢和二氧化碳腐蚀产物[FeS,$FeCO_3$ 和 $Fe(OH)_3$]对乳液稳定性的影响。

研究结果表明,在 FeS 质量浓度为 750 mg/L、$FeCO_3$ 质量浓度为 5 400 mg/L 时,水完全被乳化(图 5-1-28);$Fe(OH)_3$ 在质量浓度仅为 10 mg/L 时即可使 95% 以上的水乳化。通过制备一种疏水海绵,可在二级处理后使一号联 3 000 m³ 乳化液罐中油样的含水率从 60%

降至5％以下(图5-1-29)。研究结果表明,在FeS质量浓度为750 mg/L(含量为0.076％)、FeCO₃质量浓度为5 400 mg/L(含量为0.55％)。

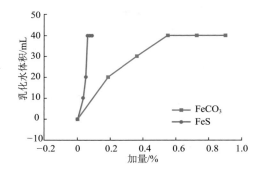

图5-1-28 FeS和FeCO₃加量对乳化水体积的影响

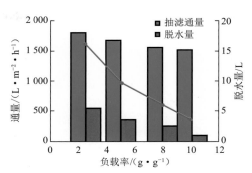

图5-1-29 不同负载率疏水海绵对3 000 m³乳化液的抽滤通量和脱水量

3.主要创新点

创新点1：研制了一种适用于采出液游离水分离的新型凝胶膜材料,脱水率大于77％,原油截留率大于99％,耐油污染性能好,并开发了一套相应常温油水分离工艺。

创新点2：探明了集输管线设备腐蚀对原油脱水的影响,通过新型疏水海绵实现乳化液脱水。

4.推广价值

该研究成果形成了一种新型膜材料和配套工艺,为塔河油田高含水采出液处理技术提供了一种更为经济和节能的新思路。

十一、酸气回注增压设备关键技术

1.技术背景

在天然气的处理过程中会产生主要成分为硫化氢和二氧化碳的酸气。酸气具有腐蚀性和毒性,会降低管道和设备的使用寿命。国内酸气处理面临地面硫回收经济效益差和二氧化碳排放引起空气污染等问题。目前国外采用的酸气处理方式是酸气回注,即将酸气压缩后输送至指定注入点并注入地下储层。酸气压缩机作为回注系统的核心部件,对进气气质有较高的要求,有必要开展酸气回注增压设备关键技术研究。

2.技术成果

成果1：完成了压缩机压缩过程中气体的物性变化和含水量变化实例计算。

通过对压缩机基础理论研究,明确了酸气的气体属性、压缩机的机械工作原理、压缩工艺流程,分析模拟了压缩过程中气体的物性变化和含水量变化(图5-1-30、图5-1-31)。

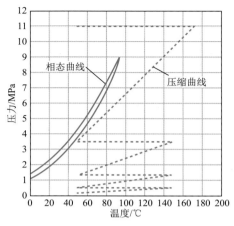

图 5-1-30　气体相态曲线及压缩曲线图

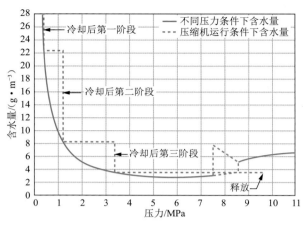

图 5-1-31　压缩冷却脱水曲线图

成果 2：系统分析了不同组分、压力对压缩机设计的影响。

结合实际应用案例研究分析，形成了不同气体组分相态曲线、水合物曲线对于压缩过程的相态变化曲线（图 5-1-32）。

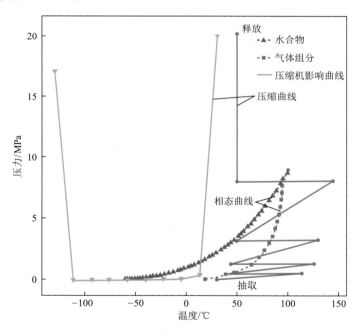

图 5-1-32　相态和压缩曲线图

成果 3：深化了酸气压缩机组的材质设计选择。

通过酸气腐蚀机理研究，为酸气压缩机组的材质选择提供了切实可行的设计依据。

成果 4：通过分析气缸、法兰、管道、阀门、冷却器等泄漏点及泄漏因素（图 5-1-33），制定出一套成熟的压缩机密封性和安全防泄漏控制技术规范。结合常规天然气压缩机组设计经验，并针对酸气压缩机应用特点，优化了压缩机工艺系统、冷却水系统、温度控制、仪表自动化及气体放空系统。

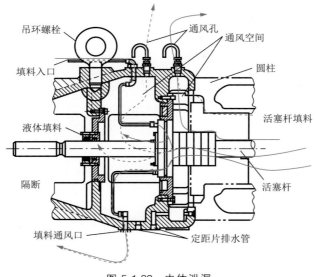

图 5-1-33　中体泄漏

3. 主要创新点

创新点 1：制定了一套成熟的压缩机密封性和安全防泄漏控制技术规范，优化了压缩机工艺系统、冷却水系统、温度控制、仪表自动化及气体放空系统。

创新点 2：绘制了酸气压缩过程相态曲线和气体压缩曲线，系统分析了含水量变化及水合物形成条件。

4. 推广价值

本研究成果形成了一套可以借鉴推广的酸气压缩机设计理论，基于酸气压缩机的回注系统，可实现碳、硫零排放，且相比硫黄回收工艺，可大大节省运营成本。

十二、天然气综合利用技术

1. 技术背景

塔河油田目前年销售天然气约 15×10^8 m^3，随着顺北油气田的不断开发，天然气资源优势显著。天然气具有较高的化工利用价值和经济效益，除用于合成氨和尿素之外，还可以生产甲醇及其下游产品、乙炔及其下游产品、氢氰酸、甲烷卤化物、二硫化碳、硝基甲烷、炭黑等，因此对天然气进一步深加工处理，产品提质增效迫在眉睫。

2. 技术成果

成果 1：分析了顺北油气田天然气和雅克拉处理站的天然气、液化气以及轻烃物性。

物性分析研究表明，顺北油气田各井区天然气中 H_2S 和 N_2 含量差异较大，顺北 5 区 H_2S 含量低、N_2 含量高（图 5-1-34～图 5-1-36），需净化分离后才能进行后续加工；雅克拉天然气中 CH_4 含量高，含有微量 H_2S，N_2 含量较低；雅克拉外输干气中 CH_4 含量高达 89%，

H_2S 含量优于一类;雅克拉液化气中 C_3 和 C_4 总含量高达 95.8%,无 H_2S 成分,无须脱硫处理,可作为下游产品加工原料;雅克拉轻烃油品较轻,H_2S 含量极少,是优异的芳构化、异构化原料。

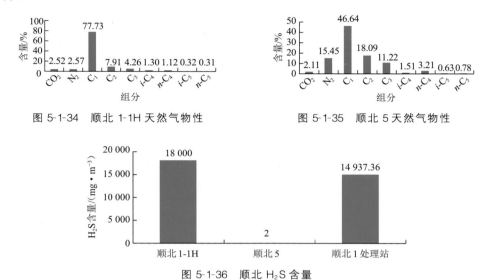

图 5-1-34　顺北 1-1H 天然气物性　　　　图 5-1-35　顺北 5 天然气物性

图 5-1-36　顺北 H_2S 含量

成果 2:调研分析了天然气资源利用现状。

通过对天然气重要的下游产品市场以及其在新疆市场的情况进行了调研(表 5-1-12),为天然气综合利用工艺技术路线的制定以及主要产品的拟定打下了基础。根据市场调研情况,结合天然气物性分析,天然气资源中 $C_1 \sim C_4$ 部分的产品初步拟定为炭黑、乙烯、GTL、R290、丙烯、R600 和 R600a,轻烃部分则建议作为芳构化、异构化原料。

表 5-1-12　天然气下游产品概况一览表

组　分		沸点 /℃	下游产品	本公司 应用情况
C_1	甲　烷	−161.5	GTL、炭黑、HCN、蛋氨酸(硒代蛋氨酸)	天然气
C_2	乙　烷	−88.6	NG 成分、乙烯	
	乙　烯	−103.7	乙醇、环氧乙烷、乙二醇、乙醛、乙酸、丙醛、丙酸	
C_3	丙　烷	−42.09	NG 成分、PDH 制丙烯、制冷剂 R290	液化气
	丙　烯	−47.7	丙烯醛、丙烯腈、环氧丙烷、异丙苯、环氧氯烷、异丙醇、丙三醇、丙酮、丁醇、辛醇、丙烯酸、丙烯醇、丙酮、甘油、聚丙烯	
C_4	正丁烯	−6.47	仲丁醇、丁二烯、烷基化汽油	
	异丁烯	−6.9	MTBE、聚异丁基橡胶、聚异丁烯、甲基丙烯腈、抗氧剂、叔丁酚	
	丁二烯	−4.5	丁苯橡胶、顺丁橡胶、丁腈橡胶、氯丁橡胶、环丁砜	
	正丁烷	−0.5	顺酐、丁烯、丁二烯、异丁烷、制冷剂 R600	
	异丁烷	−12	烷基化汽油、异丁烯、制冷剂 R600a	

组　分		沸点 /℃	下游产品	本公司 应用情况
C_5	异戊二烯	34.0	丁苯橡胶、顺式聚异戊二烯橡胶	轻　烃
	间戊二烯	42.3	石油树脂、油漆、橡胶、油墨、上胶剂、塑料改性剂	
	双环戊二烯	170.0	医药、农药、树脂	
	正戊烷	36.1	发泡剂、溶剂、麻醉剂、合成戊醇、异戊烷	
	异戊烷	28.0	聚乙烯生产中催化剂的溶剂、可发性聚苯乙烯发泡剂、聚氨酯泡沫体系的发泡剂、脱沥青溶剂等	
	新戊烷	9.5	汽油成分	
C_{6+}		—	溶剂油、Pt-Re 重整、芳烃、汽柴油	

成果 3：制定了产品拟定及其工艺路线。

将分离切割后的天然气、液化气以及轻烃的物性实验分析结果与其重要下游产品的市场调研结果结合进行分析，制定出以天然气、液化气、轻烃为原料生产高附加值产品的工艺技术路线（图 5-1-37）。天然气利用路线为等离子体法制炭黑、乙烷脱氢制乙烯；液化气利用路线为 Oleflex 工艺制丙烯和异丁烯、作为制冷剂原料直接出售、混合 C_4 生产 MTBE；轻烃则采用 UOP Penex 工艺或 Axens ISOM 工艺进行异构化处理。

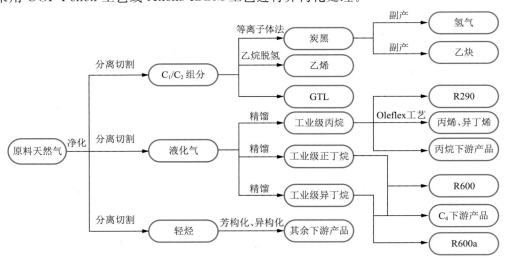

图 5-1-37　天然气总体利用工艺路线图

成果 4：模拟了产品工艺流程。

流程模拟研究表明，切割能分离出纯度达到工业级要求的丙烷产品、正丁烷产品和异丁烷产品。顺北原料天然气切割出的 C_1 和 C_2 含量、热值更高的天然气产品，一部分可用作自用天然气，一部分可作为东输天然气，同时还能作为制炭黑原料（图 5-1-38）。雅克拉原料天然气经除尘净化后分离出净化天然气，可用作东输天然气、自用天然气或制炭黑天然气（图 5-1-39）。将原方案中膨胀机出口压力从 2 520 kPa 降到 1 520 kPa，并且提高天然气的热值，增加脱丙烷塔，经分离可得到高纯丙烷产品。

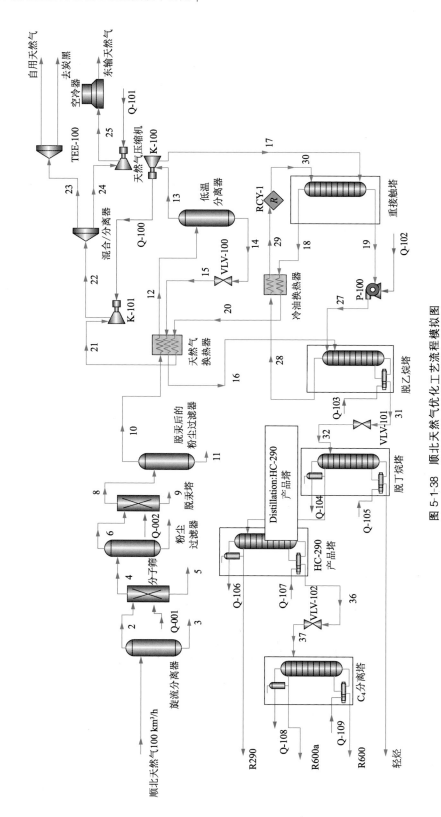

图 5-1-38　顺北天然气优化工艺流程模拟图
图中数字标号为物流编号

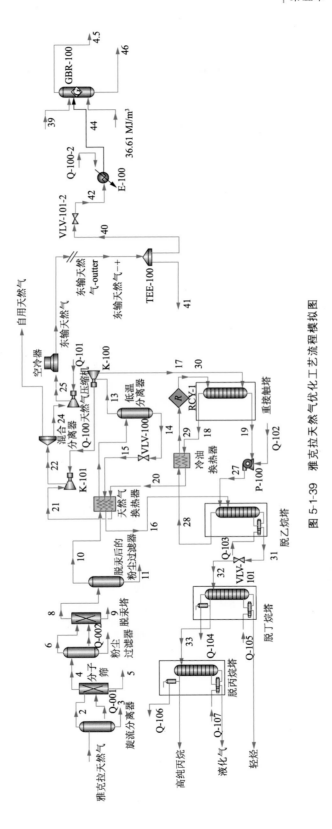

图 5-1-39　雅克拉天然气优化工艺流程模拟图

3. 主要创新点

创新点 1：基于天然气物性分析结果，提出了天然气综合利用技术路线。

创新点 2：结合产品市场情况，制定了天然气综合利用方案并进行了模拟分析，解决了天然气综合利用技术难题。

4. 推广价值

天然气综合利用方案可有效提升产品附加值，经济效益较好，在油田企业具有较好的推广前景。

十三、稠油地面改质工艺方案及经济评价研究

1. 技术背景

塔河油田产量中稠油占一半，低油价下，稀油缺口、稀稠价差是限制稠油产能提升、效益开发的两大瓶颈，"零敲碎打、细枝末节"的优化已无法满足稠油高效开采的需求。随着稠油地面改质回掺技术的突破，亟须开展稠油地面改质经济可行性研究。针对地面改质研究中存在的方案路线优选、工程投资概算、经济效益评价及对塔河炼化影响等难题，完成稠油地面改质技术经济可行性攻关，为稠油地面改质地面工程提供了技术支撑。

2. 技术成果

成果 1：确定了稠油地面改质工艺总体技术方案。

通过塔河掺稀稠油蒸馏再减黏微反实验和塔河掺稀稠油直接减黏裂化微反实验研究，结合塔河稠油改质需求，确定了塔河掺稀稠油先进行蒸馏，再将得到的轻组分打入地底循环使用，重组分进行减黏达到管输要求后外输的塔河稠油地面改质的基本技术路线（图 5-1-40），包含预处理、常压闪蒸、热裂化、循环掺稀、外输 5 个模块。

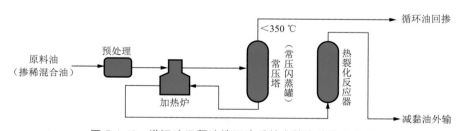

图 5-1-40　塔河油田稠油地面改质基本技术路线示意图

成果 2：确定了稠油热裂化工艺计算及设备选型。

通过稠油地面改质技术路线和工艺技术方案研究，确定了采用"两级电脱盐＋常压闪蒸＋热裂化"主工艺流程，并开展工艺模拟计算分析，得到了各关键节点能流、物流、产品等相关操作条件；完成了主要工艺设备选型，明确了主要工艺设备的型号及参数；完成了影响轻油收率关键参数的敏感性分析。

成果 3:完成了稠油改质工程投资估算研究。

完成了 50×10^4 t/a、100×10^4 t/a、150×10^4 t/a 和 200×10^4 t/a 4 种规模的稠油热裂化装置的工程建设投资估算(表 5-1-13)。

表 5-1-13　4 种规模的稠油热裂化装置投资估算简表　　　　　单位:万元

序　号	名　　称	装置设计规模 /(10^4 t·a^{-1})			
		50	100	150	200
1	工程费(含增值税)	5 536.28	6 778.63	8 467.62	10 467.30
2	工程费(不含增值税)	4 771.30	5 840.10	7 294.60	9 014.40
3	预备费 8%	481.81	584.74	722.75	884.87
4	建设投资(不含增值税)	6 504.45	7 893.96	9 757.09	11 945.73
5	应计增值税	802.62	983.19	1 226.63	1 516.76
6	建设投资(含增值税)	7 307.07	8 877.15	10 983.71	13 462.49

成果 4:建立了塔河稠油地面改质方案的经济评价模型。

开展了多规模(50×10^4 t/a,100×10^4 t/a,150×10^4 t/a 和 200×10^4 t/a)、多油价(塔河原油市场价、国际油价 60 美元/桶和 70 美元/桶)下稠油地面改质工程经济评价研究,其财务内部收益率均小于财务基准收益率(油品提标项目 10%)。塔河稠油销售价格(含税)分别达到 3 545 元/t,3 318 元/t,3 250 元/t,3 220 元/t 时,上述 4 种规模的稠油地面改质装置的内部收益率达到了财务基准收益率(油品提标项目 10%),在经济上可行。

3. 主要创新点

创新点 1:完成了改质稠油的适应性分析,确定了稠油地面改质技术路线和改质工艺流程技术方案。

创新点 2:开展了稠油地面改质工艺模拟计算分析,确定了稠油热裂化工艺和设备选型。

创新点 3:建立了塔河稠油地面改质方案的经济评价模型,完成了稠油改质工程投资估算,从经济上明确了项目的可行性。

4. 推广价值

形成的稠油地面改质技术路线和改质工艺流程技术方案,在稠油产量占比超半数、低油价下,能有效提升稠油产能和效益开发;通过稠油改质工程投资估算和方案经济性评价,稠油地面改质装置的内部收益率达到了财务基准收益率(油品提标项目 10%),能够提高经济效益,具有推广价值。

十四、酸性油气集输工艺分析评价

1. 技术背景

油气地面工程涉及管道、泵、阀门、分离器、加热炉等众多工艺设备,涉及油、气、水、电、通信等系统,涉及不同的集输工艺流程,工作范围广,并且工作内容烦琐,错综复杂,相关规范、标准、手册众多。一项工程计算涉及多种参数的收集和准备,并且对于无法直接计算解析解的问题往往束手无策。由于缺乏相应的油气地面工程分析计算工具,工程技术人员时常面临无法算、不会算的问题,因此有必要开展油气集输工程领域计算理论的研究,并以此为基础开发相应的工程计算工具。

2.技术成果

成果1:开发编制了平台集成的工程分析方法。

通过油气集输工艺分析计算理论研究,编制了油气集输工程工艺分析计算理论报告,详细分析总结了计算流程、参数选取、适用范围等。报告中包含油气物性计算、液体管道工艺计算、管道强度计算、多相流管道工艺计算、管道技术经济分析、泵和压缩机选型计算、阀门选型计算、计量工艺分析、炉及设备热力计算、油气分离计算、储罐损耗计算等共13类86种集输工艺计算项目。

成果2:开发编制了Windows集成应用平台(图5-1-41)、Android集成应用平台(图5-1-42)两大油气集输工程计算分析软件。

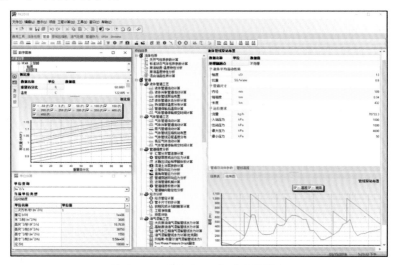

图5-1-41　Windows集成应用平台

图5-1-42　Android集成应用平台

基于油气集输工艺分析计算理论的研究成果,采用模块化编程、动态库技术,开发了油气集输工艺分析集成应用平台,平台的功能主要包括油气集输工程计算(86 项)、单位查询和换算(1 246 项)、软件使用帮助、数字化图表库、计算报告生成、计算项目管理、计算项目共享等功能,较为全面地覆盖了油气集输工程领域的主要计算问题。

3. 主要创新点

研究并开发了跨 Windows 平台和 Android 平台的集成应用技术(图 5-1-43),实现了多终端、多系统、多人员的协同工作。

图 5-1-43　跨平台应用

4. 推广价值

该成果可应用于油气集输地面工程的生产运行控制、运行参数分析、工艺设计、改造的设备选型参数计算,以及稠油、原油、天然气的物性参数分析等方面,为工程技术人员提供了随时、随地分析计算的工具,解决了工程技术人员无法算、不会算的问题。该项成果的推广,可使工艺、设备、施工、调度、管理的各项操作和决策做到有据可查、有数可依,为精准化生产、精细化管理提供工具,从而提高地面工程的生产效率。

十五、就地分水与处理技术室内实验研究

1. 技术背景

塔河油田产液量、综合含水率逐渐提升,造成了地面处理流程超负荷运行、大量污水无效加热和长距离往返输送等问题。针对上述问题,根据塔河油田油品性质、水质特点,开展就地分水及污水处理技术室内实验,研制一套能够实现采出液就地分水的小试装置,并在现场进行工艺适应性评价试验,为开发适应塔河油田地层产液的就地分水技术提供支撑,进而为实现地面集输系统节能降耗奠定基础。

2. 技术成果

成果 1：分析了塔河油田采出液就地分水的可行性。

通过计转站原油就地分水实验研究（图 5-1-44），在投加破乳剂条件下，高含水稀油和稠油采出液均可以实现就地分水，但分出的污水乳化油及悬浮物含量高、水质差。稀油污水净化需沉降 2 h，稠油污水沉降数小时也难以得到净化。因此，就地分水应综合应用物理法和化学法。此外，低含水稠油采出液分水困难，进行就地分水难度大。

静止 5 min　　　静止 30 min　　　静止 45 min

图 5-1-44　4-1 计转站分水实验

成果 2：优选了塔河油田高含水采出液就地分水工艺。

根据塔河油田产出水水质特点，污水处理工艺推荐采用"混凝沉降＋聚结"工艺；通过现场药剂评价试验（图 5-1-45），筛选出适合塔河油田水质的净水剂——聚铝＋阳离子聚丙烯酰胺，投加质量浓度分别为 $80 \sim 100$ mg/L 和 $2 \sim 3$ mg/L。

图 5-1-45　斜管聚结填料和药剂优选试验

成果 3：完成了一体化短流程就地分水与处理撬装装置研制、制造以及现场试验。

形成了"井口来液→气液分离→自然沉降初步分水→网格管强化分水→混凝沉降→斜管聚结净化→出水"的就地分水与处理工艺，搭建了处理量为 1 m³/h 的水处理实验装置。经过现场试验，一体化短流程就地分水与处理撬装装置（图 5-1-46）出水水质优于"出水含油 ≤50 mg/L、含悬浮物 ≤50 mg/L"的设计指标。

图 5-1-46　一体化短流程就地分水实验撬块

表 6-1-6　4种涂层在塔河油田集输管道适应性检测结果

环境类型	样品	试验后涂层试样评价结果				
		外观	附着力	冲击	弯曲	硬度
油田水介质	环氧树脂纳米涂层	无变化	A级	＞6J	无裂纹	＞2H
	JG-01耐酸涂层	无变化	A级	＞6J	无裂纹	＞2H
	环氧粉末1	无变化	A级	＞8J	无裂纹	＞2H
	环氧粉末2	无变化	A级	＞8J	无裂纹	＞2H
油气水介质的 H_2S 主控	环氧树脂纳米涂层	无变化	A级	＞6J	无裂纹	＞2H
	JG-01耐酸涂层	无变化	A级	＞6J	无裂纹	＞2H
	环氧粉末1	无变化	A级	＞8J	无裂纹	＞2H
	环氧粉末2	无变化	A级	＞8J	无裂纹	＞2H
H_2S-CO_2 共存	环氧树脂纳米涂层	无变化	A级	＞6J	无裂纹	＞2H
	JG-01耐酸涂层	无变化	A级	＞6J	无裂纹	＞2H
	环氧粉末1	无变化	A级	＞8J	无裂纹	＞2H
	环氧粉末2	无变化	A级	＞8J	无裂纹	＞2H
CO_2 主控	环氧树脂纳米涂层	无变化	A级	＞6J	无裂纹	＞2H
	JG-01耐酸涂层	无变化	A级	＞6J	无裂纹	＞2H
	环氧粉末1	无变化	A级	＞8J	无裂纹	＞2H
	环氧粉末2	无变化	A级	＞8J	无裂纹	＞2H

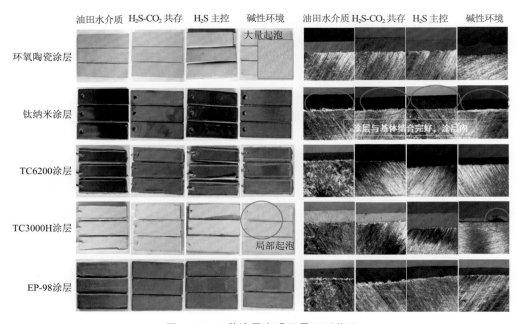

图 6-1-5　5种涂层宏观及界面形貌图

成果4：明确了优选的4种涂镀层在井下工况应用的适应性(图6-1-6～图6-1-9)。

1# Ni-W 合金镀层：在150 ℃时，镀层在 H_2S-CO_2-Cl^- 介质中可在表面形成一层由 Ni 和 S 元素组成的致密腐蚀产物膜，具有良好的保护性；当温度升高到200 ℃时，表面无法形成保护性腐蚀产物膜，因此推荐 Ni-W 合金镀层在 H_2S-CO_2-Cl^- 介质中的使用温度小于或等于150 ℃。2# 液体环氧酚醛树脂涂层：试验评价的液体环氧酚醛树脂涂层不适用于油气水介质的 H_2S 主控(150 ℃)、注氮气环境(3％氧)、油气水介质的 H_2S-CO_2-Cl^- 共存(200 ℃)3类工况。3# 粉末环氧酚醛树脂涂层：试验评价的粉末环氧酚醛树脂涂层不适用于注氮气环境(3％氧)、油气水介质的 H_2S-CO_2-Cl^- 共存(200 ℃)两类工况。

图6-1-6　3种涂镀层宏观及界面形貌图(H_2S 主控，150 ℃)

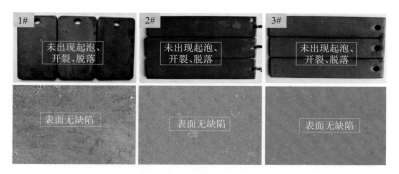

图6-1-7　3种涂镀层宏观及界面形貌图(CO_2 主控，150 ℃)

图6-1-8　3种涂镀层宏观及界面形貌图(H_2S-CO_2 共存，200 ℃)

图 6-1-9 3种涂镀层宏观及界面形貌图注氮气(3%氧,150 ℃)

3.主要创新点

通过开展地面集输管道、容器设备、井下油管在不同类型工况条件下内涂层防腐措施研究与评价,形成了相应的技术评价应用关键指标,建立了一套内涂层应用技术体系,解决了内涂层规模化应用的瓶颈问题。

4.推广价值

形成的地面集输管道、容器设备、井下油管在不同类型工况条件下相应的内涂层评价及应用关键技术指标,为解决内涂层规模化应用的瓶颈问题提供了理论支撑,同时对于国内外油气田涂层的应用具有较大的借鉴意义。

五、塔河油田缓蚀剂现场应用效果评价及优化

1.技术背景

塔河油田自 2008 年开始加注缓蚀剂以来,现场应用效果评价手段仅依靠挂片失重法,存在评价周期长、评价手段单一等缺点,同时受监测点位置、数量的影响,不能全面反应缓蚀剂应用效果,制约着缓蚀剂现场高效应用。通过缓蚀剂残余浓度检测、产出水中铁离子含量检测等手段,综合评价缓蚀剂应用效果,优化缓蚀剂加注浓度、加药位置、加注类型等现场应用技术,提升缓蚀剂防护效果。

2.技术成果

成果 1:建立了缓蚀剂残余浓度检测方法——显色萃取-分光光度法。

以二氯甲烷为萃取剂、甲基橙为显色剂,得到缓蚀剂的标准曲线回归系数 $R=0.99$,能够满足监测准确度要求,适应性较强(图 6-1-10)。该方法可以用于油用、水用缓蚀剂及油用、水用缓蚀剂混合的缓蚀剂残余浓度检测。

成果 2:形成了原油系统缓蚀剂现场应用优化技术。

(1)加药位置:含水较高的单井井口为第一加药点,计转站内生产汇管为补充加药的第二加药点。

(2)加药浓度:药剂加注浓度以水相中残余浓度达到 90 mg/L 为宜,实际加注量应根据

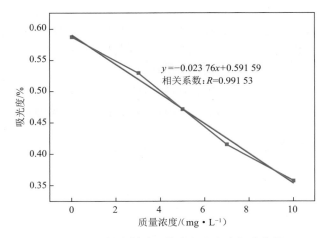

图 6-1-10　缓蚀剂质量浓度与吸光度标准曲线

腐蚀监测数据及缓蚀剂残余浓度检测结果及时调整。

（3）加药方式：连续加注。

（4）评价方法：现场采用残余浓度检测＋铁离子检测，结合腐蚀挂片监测，形成了缓蚀剂现场应用评价方法体系，指导现场药剂加注优化。

成果 3：形成了污水系统缓蚀剂现场应用优化技术。

（1）加药位置：污水来水进站端为第一加药点，污水外输端为第二加药点。

（2）加药浓度：药剂加注浓度以水相中残余浓度达到 90 mg/L 为宜，水质复杂，含氧高、含硫高的补加至 120 mg/L 以上。

（3）加药方式：连续加注。

（4）评价方法：现场采用残余浓度检测＋铁离子检测，结合腐蚀挂片监测，形成了缓蚀剂现场应用评价方法体系，指导现场药剂加注优化。

3. 主要创新点

创新点 1：建立了缓蚀剂残余浓度检测方法。

创新点 2：形成了原油系统和污水系统缓蚀剂现场应用优化技术。

4. 推广价值

缓蚀剂在塔河油田已实现全面加注，应用该技术所建立的缓蚀剂残余浓度检测方法，结合铁离子检测及腐蚀挂片监测数据，可优化塔河油田原油集输系统、污水系统等各个加药点的缓蚀剂加注浓度、加药位置、加注类型等参数，有望全面提升缓蚀剂防护效果。

六、高风险、高后果区管道腐蚀因素评价及防治

1. 技术背景

随着油田开发综合含水的上升及注水注气工艺的规模应用，部分井区的地面生产系统腐蚀日益突出，特别是塔河二区、四区、八区等区块，季度监测的腐蚀速率连续 5 期超标

（＞0.025 mm/a）。其中,4 号站伴生气管线、2 号站原油管线等管道因腐蚀穿孔问题突出被迫治理;由于油田自然环境发生了较大的变化,特别是随着近几年南疆降水的增加,油田多个区块的管道长期处于大面积水域之中,属于典型的高后果区,管道穿孔刺漏的影响和危害极大。随着油田采油工艺、地面环境发生巨大的变化,前期的管道设计及配套防腐工艺已经明显不能满足这些变化的需要,如大面积水域对内防工艺施工提出了新要求、腐蚀介质环境变化对配套监测防护工艺提出了新要求等,因此亟待开展配套腐蚀风险评价及防治技术的优选评价。

本技术研究拟通过对典型区块流体的监测评价,明确影响其腐蚀的主要因素;针对高后果区风险防控的新要求,开展配套防治技术攻关研究,形成针对性的技术对策方案,研发一种天然气氧含量监测配套设备,以指导腐蚀风险的有效控制与解决。

2. 技术成果

成果 1:明确了典型腐蚀速率异常区块腐蚀影响因素。

通过对近 6 个季度监测数据(图 6-1-11～图 6-1-14)的综合分析,确定了各系统的腐蚀敏感性:水系统＞集输干线气系统＞集输干线油系统＞单井系统;通过对各系统腐蚀参数及生产工艺分析,明确了典型腐蚀速率异常区块的腐蚀与注气引入的溶解氧有关,溶解氧的存在进一步促进了腐蚀进程。

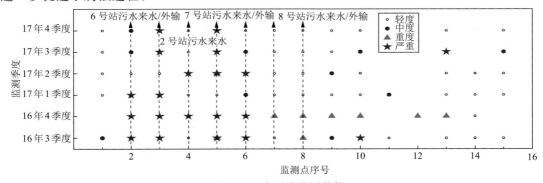

图 6-1-11　水系统监测数据

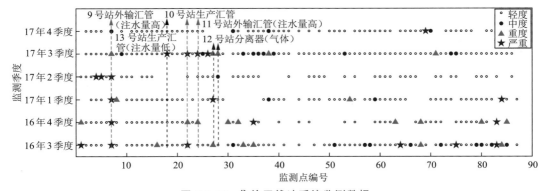

图 6-1-12　集输干线油系统监测数据

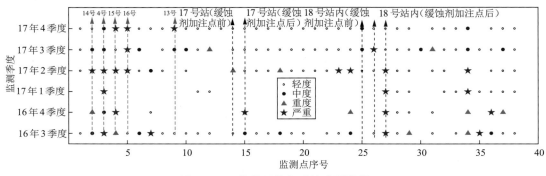

图 6-1-13　集输干线气系统监测数据

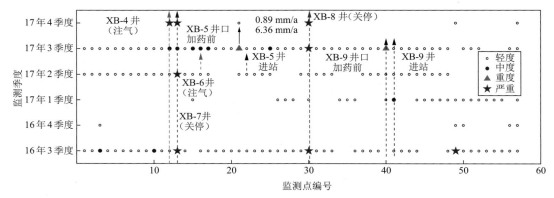

图 6-1-14　单井系统监测数据

成果 2：研发了现场氧含量在线检测装置(图 6-1-18)。

研发的装置可实现油水的快速分离，且最大限度降低了曝氧的可能性，通过对原油集输系统及污水系统 8 个监测点溶解氧含量的现场检测，结果显示溶解氧含量均在 0.4 mg/L 以上，测试精度优于检测管，现场应用效果显著。

成果 3：形成了高腐蚀风险区集输管线腐蚀防治工艺优化技术。

基于高腐蚀风险区防腐工艺应用效果对比分析，相比于非金属管与内穿插管来说，双金属复合管具有良好的耐腐蚀性与现场应用效果，但初期成本投入较高；从长期的经济效益来看，药剂防护的效果最差，建议选用非金属管、内穿插管及双金属复合管作为油气田集输管线高腐蚀风险区的腐蚀防治工艺技术。

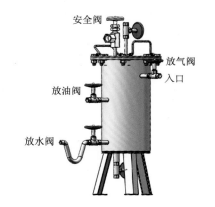

图 6-1-18　氧含量在线检测装置示意图

成果 4：形成了高后果区集输管线腐蚀防治工艺优化技术。

针对温度不超过 75 ℃的工况环境，可选用柔性复合管或金属管＋非金属内衬技术进行腐蚀防控，需关注非金属内衬材质耐老化性能对温度的敏感性。

服役温度超过 75 ℃时，对于 H_2S 分压小于 10 kPa 且不含氧工况环境，可选用 316L 不锈钢内衬复合管；对于 H_2S 分压超过 10 kPa 或含氧工况环境，可选用 825 耐蚀合金内衬复合管。

3. 主要创新点

创新点 1：研发了一套现场氧含量在线检测装置。

创新点 2：形成了高腐蚀风险区和高后果区管线腐蚀防治工艺优化技术。

4. 推广价值

研发的现场氧含量在线检测装置能够实现油/水管线溶解氧及气管线氧含量在线测试，有效避免了样品曝氧对测试结果的影响，现场应用效果显著，可在注气/注水等引入溶解氧的生产工艺井中开展溶解氧含量检测，及时掌握溶解氧含量对腐蚀速率的影响，对防腐措施及防腐方案的制定具有重要的指导意义，可进一步为国内外其他油气田溶解氧的检测方法提供借鉴依据。

第二节　井下防腐技术

一、注气增效防腐配套技术

1. 技术背景

塔河油田注气井井下腐蚀环境苛刻，针对井下管柱突出的腐蚀问题，经前期技术攻关及应用评价，尚未找到经济有效的注气配套防腐措施。本项目拟对非金属内衬、涂层、镀层等应用技术开展进一步的研究评价，形成技术可行、经济可靠的配套防腐工艺技术，为注气工艺井下管柱腐蚀防护提供技术支撑。

2. 技术成果

成果 1：明确了 POK 内衬管在塔河油田井下工况的应用效果。

POK 内衬管在塔河油田井下工况的现场试用效果（表 6-2-1）：在井下工况环境服役 7 个月，与钢管结合良好，宏观结构保持良好，材料的化学结构保持良好，晶体结构更加完善，材料韧性降低，变硬且脆，但还保持一定的强度（57.24 MPa），材料的耐热性能和对介质的阻隔性仍然较好。

表 6-2-1　POK 内衬管力学性能测试结果

	强度/MPa	断裂伸长率/%	杨氏模量/MPa	硬度/Shore D
未腐蚀 POK	59.17	211.72	293	69
腐蚀后 POK	57.24	18.59	679	82
变化率/%	−3.26	−91.22	+131.74	+18.84

成果 2：确定了新型涂镀层在塔河油田井下工况下的适用性。

现场评价了 5 种类型的涂镀层（表 6-2-2）：非晶纳米晶涂层在 H_2S 主控环境（130 ℃和 200 ℃）以及注氮气工况下不适用，可在 160 ℃ H_2S 和 CO_2 共存和 160 ℃ CO_2 主控环境中使用;JH-3 改性高分子涂层在 200 ℃ H₂S 主控环境中不能使用,在其他环境下可以使用;XB-18 环氧酚醛粉末涂层在 H₂S 主控环境(130 ℃ 和 200 ℃)中不能使用,在其他环境下可以使用;钨合金镀层在 200 ℃ H₂S 主控环境中出现鼓泡,不能使用,在注氮气环境中出现表层分层,能否使用需要现场验证,在其他环境中可以使用;纳米镀层在注氮气环境中边角出现破损,不能使用。

表 6-2-2　不同类型涂镀层评价结果

涂镀层	环境适用性				
	130 ℃ H₂S 主控	200 ℃ H₂S 主控	160 ℃ H₂S 和 CO₂ 共存	160 ℃ CO₂ 主控	注氮气
非晶纳米晶	× 不建议长期使用	× 不建议长期使用	√	√	× 边角破损
JH-3 改性高分子	√	× 涂层剥离	√	√	√
TK236 环氧酚醛粉末	× 出现鼓泡,附着力下降	× 出现鼓泡,附着力下降	√	√	√
钨合金镀层	√	× 出现鼓泡	√	√	× 表层分层需现场验证
纳米镀层	未做评价				× 边角破损

成果 3:明确了不同涂镀层在塔河油田井下工况现场试用效果。

现场评价了 4 种类型的涂镀层:改性环氧酚醛粉末在 XB-19 井的 3 个井深(2 000 m,4 000 m,5 300 m)下均可使用;环氧酚醛改性涂层在 5 300 m 下出现明显鼓泡和剥落,不能使用,在其他两个井深下没有明显缺陷,可以使用;三层复合镀层和环氧酚醛厚膜型涂层在 3 个井深下均出现明显的鼓泡等缺陷,不能使用。

成果 4:进行了接箍部位配套防腐工艺技术优选及性能评价。

氢化丁腈橡胶 150 ℃ 腐蚀实验后密封性受温度影响明显下降;四丙氟橡胶 180 ℃ 腐蚀实验后拉伸强度、断裂伸长率、硬度等参数没有明显下降,性能优于氢化丁腈橡胶。因此,建议采用四丙氟橡胶作为接箍部位密封材料。

3. 主要创新点

创新点 1:明确了各种涂镀层在不同工况下的性能表现,确定了涂镀层的适用区间及范围。

创新点 2:优选并评价出适合塔河井下工况的非金属内衬管,确定了 POK 的使用温度。

4. 推广价值

形成了耐高温涂层注气井防腐技术及耐高温内衬油管技术,可解决注气井油管腐蚀问题。由于具有耐高温性能好、适用范围广、服役时间长等特点,该技术成果可在塔河油田注气井中推广应用,且具有较好的推广前景。

二、井筒管柱腐蚀失效实验评价

1. 技术背景

塔河油气田腐蚀环境恶劣,具有"高 CO_2、高 H_2S、高 Cl^-、高 O_2、低 pH"的"四高一低"特点,随着开发进程的不断深入,井筒腐蚀问题凸显。针对此问题,通过对腐蚀环境的调研分析、失效件材质评价以及对腐蚀产物分析等,明确油气田腐蚀件的腐蚀失效原因,并提出具有针对性的防腐对策建议,为控制腐蚀提供技术支撑,为油田安全生产、持续稳定开发提供重要的参考和指导。

2. 技术成果

成果 1:对管件材质进行了检验分析,明确了各项指标是否合格。

送检的 XB-10,XB-11,XB-12,XB-13,XB-14 和 XB-15 等井的油管和抽油杆材质符合 API 5CT-2011(油管)和 GB/T 26075—2019(抽油杆)标准要求。

成果 2:明确了采出井、注气井、注水井、注采井腐蚀特性、风险点等。

依据采出井、注气井、注水井、注采井分类,明确了腐蚀高风险点、腐蚀形态、腐蚀类型、腐蚀主控因素等(表 6-2-3)。

表 6-2-3 不同井腐蚀特点总结表

项　目	采出井油管	注气井油管	注水井油管	注采井油管
平均穿孔年限/a	4.8	2.1	4.9	2.4
生产工艺特征	油管采油采气	油管注气(伴注水)、套管注水	油管注水	油管注气(伴注水),套管注水;油管采油采气
腐蚀高风险点	全井深内腐蚀	井底内腐蚀和外腐蚀	井口内腐蚀和井底外腐蚀	井底内腐蚀和外腐蚀
腐蚀形态	局部腐蚀、全面腐蚀、结垢	局部腐蚀、结垢	局部腐蚀、结垢	局部腐蚀、结垢
腐蚀类型	CO_2-H_2S 腐蚀、垢下腐蚀	氧腐蚀、CO_2-H_2S 腐蚀、垢下腐蚀	细菌腐蚀、垢下腐蚀、氧腐蚀、CO_2-H_2S 腐蚀	氧腐蚀、CO_2-H_2S 腐蚀、垢下腐蚀
腐蚀主控因素	CO_2-H_2S 含量、水质	注水/注气氧含量、CO_2-H_2S 含量、水质	细菌温度、注水/注气氧含量、CO_2-H_2S 含量	注水/注气氧含量、CO_2-H_2S 含量、水质

成果 3:明确了各管件失效原因以及腐蚀影响因素。

XB-10 井底水平段油管腐蚀穿孔的主要原因为底部 6 点钟位置积水发生 CO_2 腐蚀;XB-11 井底油管外腐蚀穿孔的主要原因为地层 CO_2-H_2S 腐蚀和注水/注气引入的氧腐蚀;XB-13 注水井油管内腐蚀穿孔的主要原因为细菌腐蚀;XB-16 注气井 PE 内衬管防腐效果明显,建议该内衬管使用井深不高于 3 000 m(70 ℃);XB-17 井底油管腐蚀的原因为注水/注气引入的氧腐蚀和采油过程中的 CO_2-H_2S 腐蚀;XB-15 井高硬度和高强度抽油杆断裂的原因为高 H_2S,低原位 pH 工况下发生硫化物应力腐蚀开裂;XB-12 井油管外腐蚀穿孔的主要原因为注水/注气过程中,油管内 N_2-O_2 混合气从气举阀进入油套环空,导致油管发生氧腐蚀穿孔。

成果 4:结合生产工况综合分析,提出了具有针对性的措施建议。

对于生产井井底水平段油管,建议使用 Cr 含量更高的低合金钢,具体 Cr 含量建议开展相应的腐蚀敏感性评价实验确定;对于注水、注气井油管内腐蚀,建议改善水质,如添加除氧剂、杀菌剂及优化制氮工艺等,或者选择适用于现场工况的内衬油管等;对于注水、注气井封隔器下部油管外腐蚀,建议一方面通过控氧/杀菌改善水质,另一方面考虑涂层油管防腐;对于内衬管,建议入井前开展室内长周期评价实验,明确内衬管的适用温度范围,同时深入研究内衬管的老化特性;对于注采井抽油杆开裂和腐蚀问题,建议优化选材设计,依据标准 ISO 15156(2015),选择低硬度(低于 30 HRC)、无明显开裂风险和具有一定抗 CO_2-H_2S 腐蚀的抽油杆,并对选择的抽油杆开展 SSC 敏感性评价实验。

3. 主要创新点

创新点 1:首次明确了 PE 内衬管在塔河油田注气井中的适应性及适用范围。

创新点 2:结合失效样及腐蚀台账,对采出井、注气井、注水井、注采井的腐蚀特征、腐蚀形态、腐蚀类型、腐蚀高风险点及主控因素进行了分类整理,并提出了针对性的防治措施建议。

4. 推广价值

通过多口井油管/抽油杆失效案例分析,结合塔河油田历年腐蚀台账和对前期相关项目的认识,梳理出塔河油田井筒管柱腐蚀规律和特征,明确了不同井况(包括采出井、注气井、注水井和注采井等)管柱腐蚀高风险点、腐蚀形态、腐蚀类型和腐蚀主控因素,为塔河油田的井下防腐工作提供了有力而全面的技术支撑。

第三节　腐蚀监/检测技术

一、高腐蚀风险埋地金属管线非开挖检测评价

1. 技术背景

本技术主要针对埋地金属管线腐蚀风险等级较高部位,结合管线低洼及爬坡段确定埋地金属管线腐蚀风险等级较高部位,然后对腐蚀风险点进行开挖。对缺陷部位腐蚀测厚数据进行分析,通过剩余强度及剩余寿命等安全评价,确定管线风险等级,并提出治理及修复建议。

2. 技术成果

成果 1:筛选出埋地管道非开挖腐蚀检测技术。

调研国内外腐蚀检测技术及内腐蚀检测技术现状,分析了不同检测技术的特点;结合塔

河油田埋地管道腐蚀环境及工况条件,进行了腐蚀检测技术比选及适应性分析,筛选出此次检测的技术及技术组合。

针对不具备开挖条件的管段,使用非开挖检测技术对管道进行了腐蚀评级及剩余寿命评价。

成果2:进行了埋地管道腐蚀原因分析。

结合现场调研以及数据分析,明确了管线内含水、酸性气体、硫化氢、氯离子、管线高程变化等腐蚀因素,确定了管线腐蚀机理,使用相关管道检测技术进行检测,发现管线大部分腐蚀为点蚀。

3. 主要创新点

创新点1:明确了外防腐层破损点检测采用交流地点位梯度法(ACVG法)是完全适用可行的,在检测过程中检测数据根据开挖情况进行对比,检测数据准确可靠。

创新点2:由检测数据分析得出,非开挖磁应力检测对大面积腐蚀点检出率较高,对小型腐蚀点(线性腐蚀穿孔)检出率较低。

4. 推广价值

通过埋地金属管线非开挖检测,对塔河油田高风险管线缺陷部位腐蚀测厚数据进行了分析,对剩余强度及剩余寿命等进行了安全评价,确定了管线危险程度,并给出了治理及修复建议,提出了腐蚀治理建议。该技术成果能够消除埋地管线存在的高安全环保风险隐患,有利于管道的安全运营和提高风险管理水平,具有良好的社会效益和经济效益。

二、高环境风险埋地金属管线非开挖检测评价

1. 技术背景

塔河油田近年来地面生产系统管道腐蚀给油气安全生产、环保及油田经济效益造成了较大的影响,不仅导致腐蚀穿孔问题突出,而且穿孔刺漏的次生影响与危害较大。通过对10条埋地管道进行腐蚀检测评价,为管道的修复和运行工作提供数据支撑。

2. 技术成果

成果1:确定了埋地金属管道非开挖检测及风险。

(1)埋地金属管道外防腐层及海拔高程进行检测。

(2)磁记忆检测确定埋地金属管线腐蚀风险部位,并进行开挖校验。

(3)结合管线低洼及爬坡段确定埋地金属管线腐蚀风险等级较高部位,确定腐蚀风险点进行开挖。

选择了至少3种检测技术开展埋地管道腐蚀检测评价,形成了一套高风险管道检测评价技术规程。

成果2:进行了风险点开挖验证及评价。

(1)对开挖风险点采用低频导波、C扫描等局部检测手段,确定风险段腐蚀缺陷部位并

检测壁厚。

（2）对缺陷部位腐蚀测厚数据进行分析，通过剩余强度及剩余寿命等安全评价，确定管线危险程度，并给出治理及修复建议。

（3）对管线非开挖检测风险识别准确率进行分析，完成非开挖及开挖检测技术综合分析，优化检测参数以提高非开挖检测风险段检测准确率，建立埋地金属管线非开挖检测及修复技术体系，提交检测报告。

3. 主要创新点

创新点 1: 优化了埋地管道腐蚀检测技术方案。

创新点 2: 评价了项目检测流程。

通过检测流程分析，可以得出管道的腐蚀情况和安全系数，为管道安全运行和修复提供科学的数据。

4. 推广价值

通过埋地管道检测及评价，可预测塔河油田同期建设、同期投产、同样材质、同样工况的弯管在油气输送过程中的开裂风险并提出腐蚀治理建议，能够消除弯管存在的高安全环保风险隐患，可提高管道的运营安全和风险管理水平，有利于油气生产的发展和周边社会的稳定，具有良好的社会效益和经济效益。

三、油气集输及处理系统腐蚀监测挂片测试及评价

1. 技术背景

塔河油田原油系统近年来腐蚀问题突出，通过定期开展挂片取放及分析，可以对系统内不同区块的管道介质腐蚀性进行有效的动态监测，进而掌握管道的腐蚀状况，为防腐措施的制定提供数据支撑，同时为防腐考核及管理提供决策依据。

2. 技术成果

成果 1: 塔河油田地面生产系统腐蚀监测。

对塔河油田地面生产系统进行了全面监测，2017 年第三季度腐蚀监测挂片取放 150 点次，第四期腐蚀监测挂片取放 100 点次，对监测点完好情况进行了排查，并统计了各二级单位监测点完好率。

对油气水系统进行了重点监测，2017 年第四季度腐蚀监测挂片取放 100 点次，2018 年第一季度腐蚀监测挂片取放 150 点次，对监测点完好情况进行了排查，并统计了各二级单位监测点完好率。

完善了塔河油田腐蚀监测网络，新建监测点 28 个。

成果 2: 进行了腐蚀监测结果分析及评价。

对塔河油田地面生产系统各二级单位四期腐蚀监测挂片共计 500 点次进行处理，并进行挂片失重及点腐蚀测试，主要测试参数包括均匀腐蚀速率、点腐蚀速率、点腐蚀开口尺寸、

点腐蚀密度、点腐蚀深度、点腐蚀因子等。

结合塔河油田地面生产系统管道工况,进行了均匀腐蚀及点腐蚀情况分析,对腐蚀程度进行了分级,并进行了腐蚀形貌观察及分析以及点腐蚀评级及评价。

3. 主要创新点

创新点 1:建立了系统的腐蚀监测网络。

塔河油田油气田生产系统腐蚀监测遵循"区域性、系统性、代表性"的原则,地面集输系统建立起了较系统的腐蚀监测网络。

创新点 2:监测数据与油藏管理相结合。

提高腐蚀监测数据分析力度和生产指导作用,将监测数据的分析与油藏经营管理紧密结合,提供了更准确的防腐依据,达到了降本增效的目的。

4. 推广价值

技术成果形成了较系统的腐蚀监测网络,通过对各采油区块乃至整个油田生产系统的各个环节实施腐蚀监测,结合现有监测点分布情况分析,合理制定了季度监测方案,并根据腐蚀监测结果对腐蚀程度进行了分级警示,对整个油田腐蚀现状进行了评价,掌握了油田生产系统的腐蚀过程及状况,从而使决策层和管理人员及时了解油田生产的腐蚀现状,准确制定防腐措施,防止和减缓腐蚀对集输系统的危害,提高防腐技术水平、管理水平,确保集输系统乃至整个油田生产系统的安全平稳运行。

四、污水系统腐蚀监测挂片测试及评价

1. 技术背景

针对塔河油田污水系统加注缓蚀剂的管线腐蚀监测点不全面,分析数据较分散,无法及时反映缓蚀剂保护效果的问题,近年来塔河油田地面油气系统腐蚀监测建立了较为完善和系统的地面集输系统腐蚀监测网络。2017 年通过开展连续监测,结合塔河油田污水处理系统管道工况,对腐蚀程度进行了分级;评价监测均匀腐蚀速率、点腐蚀速率、点腐蚀开口尺寸、点腐蚀密度、点腐蚀深度、点腐蚀因子等,并对加药后的缓蚀效果进行评价,对腐蚀严重的监测点提出了相应的防腐建议。

2. 技术成果

成果 1:分析了总体腐蚀监测数据。

进行了四期腐蚀监测和加密监测。其中,均匀腐蚀方面:轻度腐蚀 116 点次,占比77.3%;中度腐蚀 29 点次,占比 19.3%;严重腐蚀 2 点次,占比 1.3%;极严重腐蚀 3 点次,占比 2.0%。从统计数据上去掉污水注水点,其余各点均匀腐蚀均为轻度腐蚀。

点腐蚀方面:轻度点腐蚀 115 点次,占比 76.7%;中度点腐蚀 17 点次,占比 11.3%;严重点腐蚀 6 点次,占比 4.0%;极严重腐蚀 12 点次,占比 8.0%。从统计数据上去掉污水注水点,点腐蚀均为轻度腐蚀。

成果 2：分析了污水系统腐蚀监测数据。

（1）腐蚀监测执行情况：污水系统腐蚀监测工作量共计 151 点次（实际获得 150 点次）。监测数据表明污水系统仍是腐蚀高发区域。

（2）塔河油田均匀腐蚀速率方面，第一期监测均匀腐蚀速率为 0.051 3 mm/a，第二期为 0.061 3 mm/a，第三期为 0.020 9 mm/a，第四期为 0.011 69 mm/a，总体腐蚀程度介于轻度腐蚀和中度腐蚀之间。

（3）塔河油田点腐蚀速率方面，第一期监测点腐蚀速率均值为 0.613 0 mm/a，第二期为 0.409 7 mm/a，第三期为 0.123 6 mm/a，第四期为 1.080 9 mm/a，点腐蚀程度介于轻度和极严重点腐蚀之间。点腐蚀发生率 100％。

（4）四期监测点腐蚀形貌介于 A1～A5，B1～B4，C1～C3 之间。

成果 3：分析了缓蚀剂缓蚀效果。

（1）一厂前三期监测，来水的均匀腐蚀速率分别为 0.049 8 mm/a，0.033 9 mm/a 和 0.020 0 mm/a，对应的外输腐蚀速率分别为 0.249 4 mm/a，0.129 9 mm/a 和 0.031 0 mm/a，没有体现出缓蚀效果。分析原因与一厂水处理量大及处理流程与空气接触有关，外输挂片表面附着有铁锈状产物。点腐蚀程度来水和外输都介于轻度腐蚀到极严重腐蚀之间。

第四期监测来水均匀腐蚀速率为 1.061 1 mm/a，外输为 0.106 5 mm/a，缓蚀效率为 90％。来水点腐蚀速率为 5.949 2 mm/a，外输为 0.226 6 mm/a，缓蚀效率为 96％。

（2）二厂连续四期监测，8 号站各期来水的均匀腐蚀速率分别为 0.079 3 mm/a，0.001 2 mm/a，0.002 1 mm/a 和 0.003 0 mm/a，外输各期的均匀腐蚀速率分别为 0.012 4 mm/a，0.000 6 mm/a，0.012 3 mm/a 和 0.014 6 mm/a，腐蚀速率都较低。点腐蚀速率除第四期来水为严重点腐蚀外，其余各期来水和外输均为轻度点腐蚀。

（3）三厂第二期污水来水均匀腐蚀速率为 0.007 6 mm/a，外输腐蚀速率为 0.520 9 mm/a；来水点腐蚀速率为 0.536 8 mm/a 和 6.441 2 mm/a，没有体现出缓蚀效果。第四期监测情况与第三期类似，判断介质中有溶解氧进入，挂片表面附着有锈蚀产物，产生垢下腐蚀，影响了缓释效果。

（4）雅厂污水系统连续四期监测，来水均匀腐蚀速率分别为 0.007 3 mm/a，0.005 1 mm/a，0.003 2 mm/a，0.002 5 mm/a，对应的外输均匀腐蚀速率分别为 0.063 2 mm/a，0.058 0 mm/a，0.073 0 mm/a 和 0.015 1 mm/a。因间歇外输和挂片表面结垢，缓蚀效果没有体现出来。

（5）CR16 现场应用，19 号站加药前、19 号站外输汇管加药前后均匀腐蚀程度均为轻度腐蚀，缓蚀率 65％；点腐蚀程度加药前为中度腐蚀，加药后为轻度腐蚀，点腐蚀缓蚀率为 68％，体现出较好的缓蚀效果。

综上所述，污水处理流程要排除溶解氧的进入或者投加除氧剂，使缓蚀剂能够发挥出较好的保护效果。鉴于一厂、三厂污水处理流程的腐蚀程度，可考虑投加除氧剂去除溶解氧的影响，使缓蚀剂发挥出保护效能。

3. 主要创新点

创新点 1：明确了现场不具备上下游监测的缓蚀剂加注管线应完善前后端的监测点，有效地服务现场缓蚀剂评价工作。

创新点 2:明确了污水处理流程要排除溶解氧的进入或者投加除氧剂,使缓蚀剂能够发挥出较好的保护效果,同时对溶解氧、pH 等指标进行监测。

4. 推广价值

对塔河油田污水系统 2017 年度的腐蚀监测数据进行了汇总与分析,并通过缓蚀剂腐蚀监测数据对比分析了缓蚀剂现场应用效果,为油田防腐工作的开展提供了数据支持及决策依据。

第四节　防腐配套技术

一、地面生产系统缓蚀阻垢剂技术

1. 技术背景

塔河油田的结垢现象不仅会造成管线堵塞,导致原油产量下降、管线输量下降,同时会引发垢下腐蚀,造成管道穿孔,带来较大的经济损失及较高的环保风险。针对塔河油田系统结垢问题,分析结垢原因,开展针对性的防垢措施研究,并开发高效的缓蚀阻垢剂,具有重要的理论和实际意义。

2. 技术成果

成果 1:复配得到了缓蚀阻垢剂。

(1)合成了癸酸咪唑啉季铵盐缓蚀剂。

对咪唑啉的合成进行了研究,室内合成了癸酸咪唑啉季铵盐有效成分,并在原油集输系统和污水处理系统模拟工况下进行了评价,缓蚀率达 86%。反应通式如图 6-4-1 所示。

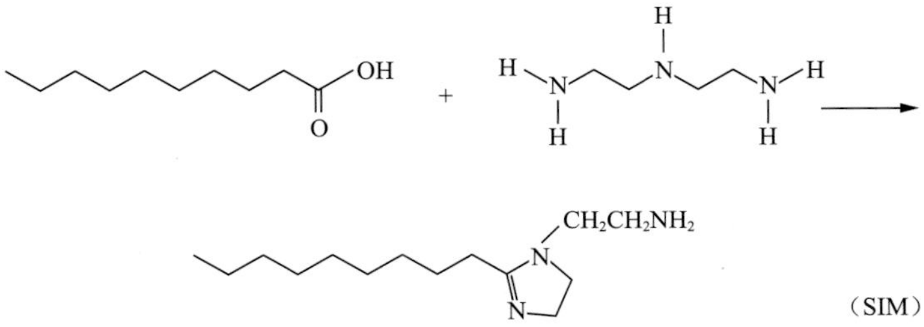

图 6-4-1　癸酸咪唑啉季铵盐合成路线

(2)合成了氨基三亚甲基膦酸阻垢剂(ATMP)。

室内合成了氨基三亚甲基膦酸有效成分,并在原油集输系统和污水处理系统模拟工况下进行了评价,阻垢率达 92%。反应通式如图 6-4-2 所示。

(3)缓蚀阻垢剂的复配。

将合成的阻垢剂与缓蚀剂进行不同比例的复配,并添加肉桂醛作为助剂以提升复配药剂的使用温度范围,当复配比例为 3∶1 时,缓蚀阻垢效果达到最佳,得到缓蚀率为 80%、阻垢率为 82% 的缓蚀阻垢剂。

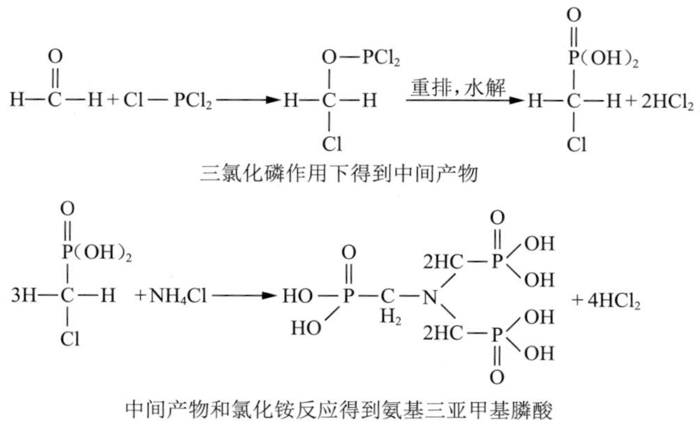

三氯化磷作用下得到中间产物

中间产物和氯化铵反应得到氨基三亚甲基膦酸

图 6-4-2　氨基三亚甲基膦酸合成路线

成果 2：提出了静态结垢测试方法

配制指示剂与标定溶液，并滴定测得静态结垢量，通过改变恒温实验箱温度和缓蚀阻垢剂加注浓度来改变实验条件，明确了用药浓度和结垢温度对复配药剂的影响。

溶液中钙离子浓度计算公式为：

$$C = \frac{C_1 V_1}{V_0} \times A$$

式中　C——溶液中钙离子浓度，mg/L；

$\quad\quad C_1$——EDTA-2Na 溶液的浓度，mmol/L；

$\quad\quad V_0$——滴定时加入的滤液体积，mL；

$\quad\quad V_1$——滴定所用 EDTA-2Na 溶液体积，mL；

$\quad\quad A$——钙的相对原子质量。

实验中结垢率计算公式为：

$$S = \frac{C_0 - C_1}{C_0} \times 100\%$$

式中　S——结垢率，%；

$\quad\quad C_0$——溶液模拟水样初始钙离子浓度，mg/L；

$\quad\quad C_1$——实验结束后测得的钙离子浓度，mg/L。

3. 主要创新点

创新点 1：复配得到了针对性强的缓蚀阻垢剂。

创新点 2：提出了静态结垢测试方法。

4. 推广价值

针对塔河油田原油集输系统和污水处理系统存在的问题和现状，经过评价筛选得到了氨基三亚甲基膦酸阻垢剂和癸酸咪唑啉季铵盐缓蚀剂复配的缓蚀阻垢剂，效果最佳，具有一定的推广价值。

二、高矿化度油田采出水 SRB 成因及腐蚀控制技术

1. 技术背景

塔河油田采出水矿化度大于 20×10^4 mg/L，Cl^- 浓度大于 10×10^4 mg/L，温度大于 50 ℃，属于高温高盐污水，现有理论认为此条件下硫酸盐还原菌（SRB）不易生长，不会发生 SRB 腐蚀。但对现场多处管道腐蚀穿孔分析发现，其腐蚀特征属于典型的 SRB 腐蚀特征，并且在穿孔位置检测出 SRB。因此，通过开展塔河油田高矿化度油田采出水中 SRB 来源、腐蚀机理及腐蚀影响规律研究，分析 SRB 腐蚀问题的关键节点及控制要素，为制定控制 SRB 腐蚀防治技术对策提供技术支撑。

2. 项目成果

成果 1：取得了集输系统腐蚀的新认识。

塔河油田地面集输系统腐蚀具有"以内腐蚀为主、外腐蚀较弱，以点腐蚀为主、均匀腐蚀较弱"的特征。点腐蚀穿孔是塔河油田集输系统腐蚀破坏的主要形式之一，尤其高 H_2S 稠油区的部分扫线单井管道存在快速腐蚀穿孔的问题，其平均穿孔腐蚀速率为 1.6 mm/a。

成果 2：明确了塔河油田高矿化度采出水 SRB 来源及菌种类型。

从油井、计转站、联合站、注水井整个生产系统中未检测到 SRB，而在管壁的油垢和地表水中均发现 SRB，共有 5 种细菌，均属硬壁菌门，以脱硫肠状菌为主。由于管壁垢下封闭环境为 SRB 提供了厌氧环境，同时油垢中的有机物提供了丰富的营养源，导致 SRB 快速繁殖，同时引起管壁的局部腐蚀。

成果 3：明确了 SRB 的生长及腐蚀规律。

温度对 SRB 活性影响较大。随着温度的升高，SRB 活性逐渐降低，40 ℃时 SRB 的活性最强，点腐蚀速率高，L245 的点腐蚀速率最高（5.5 mm/a）。当环境温度为 80 ℃时，SRB 基本无法进行增殖。

随着矿化度的增高，SRB 活性逐渐降低。均匀腐蚀呈现先上升后下降的趋势，矿化度为 9×10^4 mg/L 时均匀腐蚀速率达到峰值。点腐蚀呈现先下降后上升的趋势，矿化度为 9×10^4 mg/L 时点腐蚀速度达到谷值。这是因为一方面 SRB 活性降低，另一方面 SRB 不能在金属表面稳固富集，所以点腐蚀速率下降，而随着基体表面腐蚀产物膜为 SRB 提供了稳定垢壳，使其具有点腐蚀环境，因此点腐蚀速率又升高。

H_2S 和 CO_2 含量对 SRB 的生长影响不明显，腐蚀速率变化主要由于两者自身对腐蚀的影响。

成果 4：形成了 SRB 腐蚀控制技术方案。

根据现场 SRB 的分布规律，需要针对扫线水和管壁附着的 SRB 分别进行杀菌处理。扫线水中 SRB 细菌采用投加杀菌剂或紫外线杀菌。对在役的集输管线通过管道清管来清除管壁内油垢，破坏 SRB 生存的垢壳，然后利用预膜杀菌缓蚀剂进行预膜处理，在管道生产或扫线过程中投加低浓度杀菌剂控制采出水中的细菌。

3. 主要创新点

创新点 1：提出了塔河油田集输系统腐蚀的新机制，并查找到 SRB 来源及菌种，明确了腐蚀规律，对更新塔河油田腐蚀机理的认识提供了技术支撑。

创新点 2：建立了适合塔河油田地面集输系统 SRB 腐蚀控制方案，为塔河油田管道 SRB 腐蚀控制技术提供了技术支撑。

4. 推广价值

通过技术研究明确了塔河油田集输系统中 SRB 的来源及 SRB 的种类，研究确定了温度、矿化度等不同因素对 SRB 腐蚀的影响规律，提出了集输系统 SRB 腐蚀控制技术。该技术研究成果可在塔河油田推广应用，能够有效控制 SRB 腐蚀，降低塔河油田由 SRB 腐蚀造成的经济损失。

三、高矿化度水条件下压力容器内构件选材及配套防腐技术

1. 技术背景

塔河油田采出水具有矿化度高、Ca^{2+} 和 Mg^{2+} 含量高，结垢性强，Cl^- 含量高，pH 低，产出液含 CO_2、H_2S 和 O_2 气体，腐蚀性强等特点，油水集输处理系统的腐蚀严重，造成管道、容器、设备的损坏甚至停产，检/维修频繁，内构件更换等，经济损失较大。因此，通过开展高矿化度水条件下压力容器内构件选材及防腐措施技术研究、技术查新，结合塔河油田实际生产工况及腐蚀环境，给出压力容器内构件选材及防腐技术效果评价方案具有重要意义。

2. 技术成果

通过现场调研和资料调研，分析了在塔河油田高矿化度水介质中除油器和核桃壳过滤器内构件的腐蚀现状和主要影响因素，剖析了其他油田在除油器和核桃壳过滤器内构件上的腐蚀案例和所采用的防腐措施，给出了适合塔河油田除油器和核桃壳过滤器内构件的材料类型和防腐措施及各种措施的评价方案。

成果 1：明确了塔河油田高矿化度水处理系统压力容器内构件的腐蚀现状及规律。

塔河油田共有压力容器 3 275 台，包括加热炉、分离器、除油器、过滤器等。据统计，站场内压力容器共发生腐蚀案例 368 例，其中 80% 是压力容器内构件的腐蚀损坏。污水处理系统的腐蚀更加严重。

根据塔河油田现场高矿化度水处理系统压力容器内构件的腐蚀现状分析和文献调研情况，明确了高矿化度水、高氯离子浓度、采出液中的 CO_2 及 H_2S、油滴吸附是导致压力容器内构件高腐蚀速率的主要因素。内构件腐蚀的主要类型有均匀腐蚀、点腐蚀、电偶腐蚀、缝隙腐蚀、冲蚀和应力腐蚀。

成果 2：明确了塔河油田压力容器内构件防腐存在的问题。

塔河油田压力容器内构件腐蚀的主要原因在于：① 材质选择上，塔河油田从经济性和适用性两方面考虑大多采用不耐蚀的普通碳钢；② 内涂层防护技术上，由于内构件结构复

杂,施工难度大,施工质量难以保证,造成了涂层在短时间内脱落和破坏;③ 阴极保护技术使用上,没有实施外加电流阴极保护,牺牲阳极保护技术采用的大部分阳极材料已经消耗殆尽。上述因素综合作用,造成压力容器内构件的腐蚀非常严重。

塔河油田水处理系统中,污水的成分复杂,含有固体杂质、液体杂质、溶解气体和溶解盐类等多相体系。污水中含油,含油量一般在 1 000～2 000 mg/L 范围内,高的可达 5 000 mg/L 以上,油的存在形式按照油的颗粒大小可分为浮油、分散油、乳化油和溶解油;污水中含盐,含盐量为几千到几万甚至十几万毫克每升,其无机盐离子主要有 Ca^{2+},Mg^{2+},K^+,Na^+,Fe^{2+},Cl^-,HCO_3^- 等;污水中所含有机物主要有脂肪烃、芳香烃、酚类、有机硫化物、脂肪酸、表面活性剂、聚合物等;污水中所含无机物主要有溶解 H_2S、FeS 颗粒、黏土颗粒、粉砂和细砂等,以悬浮物形式存在于污水中;污水中所含微生物主要有硫酸盐还原菌、腐生菌和铁细菌等。

成果 3:明确了压力容器内构件应该采用的耐蚀材料及防护措施。

通过国内外压力容器内构件防腐措施应用现状及效果的调研分析和研究,明确了目前国内外在内构件上采用的防腐措施主要有采用耐蚀材料、涂层、阴极保护(外加电流的阴极保护和牺牲阳极的阴极保护)及添加药剂。

在塔河油田高矿化度水条件下,选材要兼顾电化学腐蚀、硫化物应力开裂腐蚀等性能,本技术研究推荐的选材方案为:

材料选择上,625 镍基合金＞825 镍基合金＞钛合金＞双相不锈钢、玻璃钢＞316L 不锈钢＞304 不锈钢＞碳钢;

涂层选择上,环氧酚醛涂层＞环氧玻璃鳞片涂层＞无溶剂型环氧涂层＞有溶剂型环氧涂层;

阴极保护选择上,可采取外加电流阴极保护＋牺牲阳极阴极保护;

根据腐蚀环境,可有针对性地添加相应药剂。

在现场应用前,应进行环境适用性评价及不同药剂之间的配伍性评价,并开发兼具杀菌、抗氧、阻垢及缓蚀等多种性能的药剂。

3. 主要创新点

创新点 1:明确了塔河油田高矿化度水处理系统压力容器内构件的腐蚀现状及规律。
创新点 2:提出了除油器和核桃壳过滤器内构件的选材和防腐措施的评价方案。

4. 推广价值

通过项目技术研究,明确了塔河油田高矿化度水处理系统压力容器内构件的腐蚀现状及规律,针对塔河油田高矿化度水条件下除油器和核桃壳过滤器内构件的防腐措施提出了 3 个方案:碳钢容器＋碳钢内构件＋防腐涂层＋外加电流阴极保护辅助牺牲阳极阴极保护;碳钢容器＋耐蚀合金内构件(根据环境可选钛合金、625 镍基合金、825 镍基合金、双相不锈钢、316L 不锈钢或 304 不锈钢);玻璃钢容器(碳钢＋玻璃钢内胆)＋玻璃钢内构件(部分内构件仍需选用金属材质)。技术研究成果可在塔河油田高矿化度水条件下压力容器内构件的腐蚀防护中推广应用,可降低塔河油田压力容器由于内构件腐蚀造成的经济损失。

参 考 文 献

[1] 王毅辉.西南油气田输气管道完整性管理方案研究及工程实践[D].成都:西南石油大学,2009.

[2] 万宇飞,邓道明,刘霞,等.稠油掺稀管道输送工艺特性[J].化工进展,2014,33(9):2293-2297.

[3] 张国忠,李立,刘刚.热油管道石蜡沉积层的传热特性[J].油气储运,2009,28(12):10-13,79.

[4] 张江江.塔河油田注气井管道腐蚀特征及规律[J].科技导报,2014,32(31):65-70.

[5] 刘冬梅,张志宏,孙海礁,等.塔河油田非金属管材应用与认识[J].全面腐蚀控制,2013,27(9):77-80.

[6] 张鹏,赵国仙,毕宗岳,等.油气管道内防腐涂层性能研究[J].焊管,2014,37(1):27-31.

[7] 葛彩刚.13Cr钢在含 CO_2/H_2S 介质中的腐蚀行为研究[D].北京:北京化工大学,2010.

[8] 王娜,卢志强,石鑫,等.塔河油田氧腐蚀防治技术[J].全面腐蚀控制,2013,27(8):48-50,72.

[9] 徐成孝.国外近年来油气田管材防腐技术[J].钻采工艺,1994(2):65-68.

[10] 李琼玮,奚运涛,董晓焕,等.超级13Cr油套管在含 H_2S 气井环境下的腐蚀试验[J].天然气工业,2012,32(12):106-109,136.

[11] 张利明,孙雷,王雷,等.注含氧氮气油藏产出气的爆炸极限与临界氧含量研究[J].中国安全生产科学技术,2013,9(5):5-10.

[12] 李伟,程建华.油气线20钢弯头腐蚀失效分析[J].理化检验(物理分册),2006(4):205-206,209.

[13] 姚红燕.油水井油管的腐蚀与防护措施研究[D].青岛:中国石油大学(华东),2007.

[14] 李哲锋.非开挖技术在大庆油田龙南地区供水管道更换工程中的初步应用[D].长春:吉林大学,2012.

[15] 霍富永,雷俊杰,魏爱军,等.油田常用缓蚀剂评价[J].管道技术与设备,2008(1):48-49,59.

[16] 古海娟.高温缓蚀剂配方筛选及评价研究[J].油气田地面工程,2009,28(6):21-22.